嵌入式 Linux 系统软硬件开发与应用

申 华　刘 龙　张云翠　主 编
张新强　图 雅　肖莹莹　参 编

北京航空航天大学出版社

内 容 简 介

本书全面介绍了嵌入式 Linux 系统开发过程中,从硬件设计到系统移植、软件开发的各方面内容。内容涵盖了硬件设备的设计原理(囊括了常见硬件,如 SDRAM、Flash、EEPROM、UART、USB、LCD 和电源管理等);Linux 操作系统的安装及相关嵌入式开发软件的使用;嵌入式 Linux 编程所需的基本知识(Makefile 语法、SHELL 编程等);Bootloader 和内核、文件系统、Qt4、SQlite 的移植;驱动程序的编写、测试;Qt4 与数据库 SQLite 应用程序的编写。

本书从底层系统设计到上层应用开发,均以具体的电路或程序实例来进行讲解。目的是带领读者熟悉嵌入式产品开发的全流程。本书由浅入深、循序渐进、内容丰富、取材典型、可作为大中专院校嵌入式相关专业的本科生、研究生的教材使用,也可供从事嵌入式 Linux 开发的工程师参考。

图书在版编目(CIP)数据

嵌入式 Linux 系统软硬件开发及应用 / 申华,刘龙,张云翠主编. -- 北京 : 北京航空航天大学出版社,
2013.9
 ISBN 978 - 7 - 5124 - 1197 - 5

Ⅰ.①嵌… Ⅱ.①申… ②刘… ③张… Ⅲ.①Linux 操作系统—程序设计 Ⅳ.①TP316.89

中国版本图书馆 CIP 数据核字(2013)第 156578 号

版权所有,侵权必究。

嵌入式 Linux 系统软硬件开发与应用
申 华 刘 龙 张云翠 主编
张新强 图 雅 肖莹莹 参编
责任编辑 苗长江 王 彤

*

北京航空航天大学出版社出版发行

北京市海淀区学院路 37 号(邮编 100191)　http://www.buaapress.com.cn
发行部电话:(010)82317024　传真:(010)82328026
读者信箱:emsbook@gmail.com　邮购电话:(010)82316876
涿州市新华印刷有限公司印装　各地书店经销

*

开本:710×1 000　1/16　印张:24　字数:511 千字
2013 年 9 月第 1 版　2013 年 9 月第 1 次印刷　印数:3 000 册
ISBN 978 - 7 - 5124 - 1197 - 5　定价:49.00 元

若本书有倒页、脱页、缺页等印装质量问题,请与本社发行部联系调换。联系电话:(010)82317024

前 言

近十年以来,嵌入式系统技术和嵌入式产品发展势头迅猛,其应用领域涉及通信产品、消费电子、汽车工业、工业控制、信息家电、国防工业等各个方面。嵌入式产品在 IT 产业以及电子工业的经济总额中所占的比重越来越大,对国民经济增长的贡献日益显著。随着手机、媒体播放器、PDA、数码相机和机顶盒等嵌入式产品的普及,嵌入式系统的知识在广大民众中间的传播也越来越广泛。出于对嵌入式高科技知识的追求,广大在校学生纷纷选修嵌入式系统课程,以获得嵌入式系统的理论知识和开发技能。嵌入式系统课程目前已经成为高等院校计算机及相关专业的一门重要课程,也是相关领域研究、应用和开发专业技术人员必须掌握的重要技术之一。

为了适应嵌入式技术的发展,当前国内众多院校都开设了这门课程,教学目标和内容各有特色和侧重。由于嵌入式系统的设计与开发作为一项实践性很强的专业技术,光有理论知识是无法真正深刻理解和掌握的。因此嵌入式系统课程教学的问题是:讲授理论原理比较容易,难在如何让学生能够有效地进行实践。因此根据近年嵌入式系统设计教学和工程实践的经验体会到,只通过书本难以让学生提高嵌入式系统的实际设计能力。传统的以课堂讲授为主,以教师为中心的教学和学习方法会使学生感到枯燥和抽象,难以锻炼嵌入式系统设计所必需的对器件手册、源代码和相关领域的自学能力,难以提高嵌入式系统的实际设计能力。本书则本着以实用、切合实际为原则,为读者提供直观、易懂的内容。书中采用了列举实例的方式,深入浅出地揭示嵌入式系统技术在一些具体项目中的应用。

本书共分 6 章,其中第一、二、三章详细地介绍了基于 S3C2410 实验平台,包括嵌入式硬件系统设计、嵌入式 Linux 开发环境搭建、嵌入式 Linux 操作系统移植、根文件系统制作内容。这些内容都是嵌入式系统开发中的基本内容也是嵌入式系统开发者的必备技能。第四章介绍嵌入式 Linux 驱动开发内容,第五章介绍 Qt 及数据库 SQLite 的移植和简单的一些应用,通过具体实例带领读者入门驱动及应用开发。第六章则介绍了两个具体的实用项目。通过对具体项目的讲解,读者可以清楚地看到运行的现象或结果,从而留下直观和深刻的印象。并且能迅速理解和掌握嵌入式系统的基本工作原理、一般设计流程和常用的设计技巧,具备初步的系统设计能力。

本书由申华、刘龙、张云翠主编,张新强、图雅、肖莹莹等参与了第 1、2、3 章的编写。周国顺、闫慧琦、孙丽飞、陈功、张阳、韩媞、宋文斌、李德胜等为本书提供了一些

前言

基础实例,并对本书的章节结构提出了有益的建议,同时本书部分章节中的实例来自郎彦懿,党震,张子龙等同学的课程设计实例,在此一并表示感谢。

在本书的编写过程中,大连东软信息学院电子工程系主任孙晓凌教授给予了全面的支持和建设性的指导,在此表示特别感谢。

由于水平有限,书中难免有遗漏和不足之处,恳请广大读者提出宝贵意见。本书作者的联系方式是 edaworld@yeah.net 或 QQ:915897209,欢迎来信交流。

刘 龙

2013年6月

目 录

绪 论 ………………………………………………………………………………… 1

第1章 嵌入式系统硬件设计 …………………………………………………… 8
1.1 硬件系统整体介绍 ………………………………………………………… 8
  1.1.1 硬件开发平台介绍 …………………………………………………… 9
  1.1.2 系统整体硬件原理图 ………………………………………………… 9
1.2 核心板电路设计 …………………………………………………………… 9
  1.2.1 处理器介绍 …………………………………………………………… 10
  1.2.2 开发板中地址分配 …………………………………………………… 11
  1.2.3 SDRAM 硬件设计原理 ……………………………………………… 13
  1.2.4 NOR Flash 硬件设计原理 …………………………………………… 17
  1.2.5 NAND Flash 硬件设计原理 ………………………………………… 20
1.3 外围接口电路设计 ………………………………………………………… 23
  1.3.1 蜂鸣器原理及电路设计 ……………………………………………… 23
  1.3.2 EEPROM 硬件电路设计 …………………………………………… 25
  1.3.3 发光二极管电路设计 ………………………………………………… 29
  1.3.4 按键电路设计 ………………………………………………………… 31
  1.3.5 异步串行通信接口电路设计 ………………………………………… 33
  1.3.6 USB 电路及相关知识 ………………………………………………… 36
  1.3.7 数码管显示电路设计 ………………………………………………… 41
  1.3.8 LCD 驱动电路设计 …………………………………………………… 44
  1.3.9 触摸屏电路设计 ……………………………………………………… 47
  1.3.10 电源及复位电路设计 ………………………………………………… 49
项目小结 ……………………………………………………………………………… 52
思考与练习 …………………………………………………………………………… 53

目 录

第2章 嵌入式 Linux 开发环境构建 ... 54

2.1 搭建开发环境 ... 54
- 2.1.1 基本概念 ... 55
- 2.1.2 软件包安装及配置 ... 56
- 2.1.3 宿主机服务器配置 ... 76
- 2.1.4 共享文件设置 ... 76

2.2 基础知识回顾 ... 82
- 2.2.1 开发过程中常用 Linux 命令 ... 82
- 2.2.2 Makefile 语法 ... 85
- 2.2.3 Shell 编程 ... 90

本章小结 ... 96

思考与练习 ... 96

第3章 嵌入式 Linux 系统移植 ... 97

3.1 Bootloader 移植 ... 97
- 3.1.1 Bootloader 概念 ... 98
- 3.1.2 U-Boot 简介 ... 99
- 3.1.3 U-Boot 移植过程 ... 101
- 3.1.4 U-Boot 命令格式 ... 122
- 3.1.5 U-Boot 启动参数 ... 123

3.2 Kernel 移植 ... 124
- 3.2.1 Kernel 介绍 ... 124
- 3.2.2 Kernel 目录介绍 ... 125
- 3.2.3 Kernel 内核裁剪与配置 ... 126
- 3.2.4 配置 tftp-sever 服务器 ... 128
- 3.2.5 Kernel 移植过程 ... 129

3.3 根文件系统制作 ... 142
- 3.3.1 根文件系统组成 ... 142
- 3.3.2 BusyBox 简介 ... 143
- 3.3.3 根文件系统制作 ... 143
- 3.3.4 设置 NFS 共享文件夹 ... 149

3.4 制作独立启动的系统 ... 151
- 3.4.1 制作原理 ... 151
- 3.4.2 制作过程 ... 152
- 3.4.3 如何使我们的程序能够启动自运行 ... 154

项目小结 ……………………………………………………………… 154
思考与练习 …………………………………………………………… 154

第 4 章 嵌入式 Linux 驱动开发 …………………………………… 155

4.1 基础知识 ………………………………………………………… 155
4.1.1 调试驱动程序常用命令 ………………………………………… 156
4.1.2 Makefile 模板 …………………………………………………… 156
4.1.3 系统调用 ………………………………………………………… 157
4.1.4 字符框架驱动程序 ……………………………………………… 160
4.1.5 设备驱动中的并发处理控制 …………………………………… 177
4.1.6 设备驱动中的阻塞处理机制 …………………………………… 183
4.1.7 IO 端口方式控制端口点亮 LED ……………………………… 189
4.1.8 IO 内存方式控制端口点亮 LED ……………………………… 197
4.1.9 位控制法控制端口点亮 LED …………………………………… 202
4.1.10 调试驱动程序的方法 …………………………………………… 211
4.1.11 创建设备节点的方法 …………………………………………… 212
4.1.12 中断与 TASKLET ……………………………………………… 217
4.1.13 中断与工作队列 ………………………………………………… 228
4.1.14 内核定时器 ……………………………………………………… 235

4.2 应用实例 ………………………………………………………… 241
4.2.1 普通按键驱动 …………………………………………………… 241
4.2.2 输入子系统下的按键驱动 ……………………………………… 250
4.2.3 虚拟总线管理下按键驱动 ……………………………………… 260
4.2.4 定时器控制的蜂鸣器驱动 ……………………………………… 264
4.2.5 四位串行控制的数码管驱动 …………………………………… 271
4.2.6 模数转换器驱动 ………………………………………………… 277
4.2.7 电阻式触摸屏驱动 ……………………………………………… 285

本章小结 ……………………………………………………………… 293
思考与练习 …………………………………………………………… 293

第 5 章 Qt 及数据库应用 …………………………………………… 294

5.1 Qt4 及触摸库移植 ……………………………………………… 294
5.1.1 Tslib1.4 的移植 ………………………………………………… 295
5.1.2 Qt4.6.3 的移植 ………………………………………………… 295

5.2 SQLite 移植及使用 …………………………………………… 299
5.2.1 SQLite 的移植 ………………………………………………… 299

目录

  5.2.2 控制台方式应用范例 ·· 300
 5.3 Qt4 实例 ··· 306
  5.3.1 动态控制 LED ·· 306
  5.3.2 简易计算器 ·· 315
  5.3.3 五子棋 ·· 321
  5.3.4 电话薄 ·· 333
 项目小结 ··· 346
 思考与练习 ··· 346

第 6 章 综合项目 ·· 347

 6.1 化工液位控制系统 ··· 347
  6.1.1 项目背景 ·· 347
  6.1.2 项目简介 ·· 348
  6.1.3 硬件设计 ·· 348
  6.1.4 软件设计 ·· 348
 6.2 工厂生产流水线计数系统 ··· 355
  6.2.1 项目背景 ·· 355
  6.2.2 项目简介 ·· 355
  6.2.3 硬件设计 ·· 355
  6.2.4 软件设计 ·· 356

附 录 原理图 ··· 361

参考文献 ··· 374

绪 论

目前各种各样的嵌入式系统大量应用到各个领域,从国防武器设备、网络通信设备到智能仪器、日常消费电子设备,再到生物微电子技术,处处都可以见到嵌入式系统的身影。嵌入式产品已经渗透到人类社会生活的各个领域。

1. 嵌入式系统的定义

根据美国电气和电子工程师协会(IEEE)的定义,嵌入式系统是用来控制、监视或辅助设备、机器或工厂操作的装置。

中国计算机学会微机专业委员会的定义是,嵌入系统是以嵌入式应用为目的的计算机系统,可分为系统级、板级和片级。

系统级:各种类型的工控机、PC104 模块。

板级:各种类型的带 CPU 的主板及 OEM 产品。

片级:各种以单片机、DSP、微处理器为核心的产品。

嵌入式系统是以应用为中心,以计算机技术为基础,软硬件可裁剪,适用于对功能、可靠性、成本、体积、功耗等方面有特殊要求的专用计算机系统。

2. 嵌入式系统的特点

嵌入式计算机系统与通用计算机系统相比具有以下特点。

(1) 嵌入式系统是面向特定系统应用的。嵌入式处理器大多数是专门为特定应用设计的,具有低功耗、体积小、集成度高等特点,一般是包含各种外围设备接口的片上系统。

(2) 嵌入式系统涉及计算机技术、微电子技术、电子技术、通信和软件等各行各业,是一个技术密集、资金密集、高度分散、不断创新的知识集成系统。

(3) 嵌入式系统的硬件和软件都必须具有高度可定制性。只有这样才能适应嵌入式系统应用的需要,在产品价格性能等方面具备竞争力。

(4) 嵌入式系统的生命周期相当长。当嵌入式系统应用到产品以后,还可以进行软件升级,它的生命周期与产品的生命周期几乎一样长。

(5) 嵌入式系统不具备本地系统开发能力,通常需要有一套专门的开发工具和环境。

(6) 嵌入式系统的目标代码通常是固化在非易失性存储器(ROM、EPROM、EE-

PROM 和 FLASH)芯片中。嵌入式系统开机后,必须有代码对系统进行初始化,以便其余的代码能够正常运行,这就是建立运行时的环境。比如,初始化 RAM 放置变量、测试内存的完整性、测试 ROM 完整性以及其他初始化任务。为了系统的初始化,几乎所有系统都要在非易失性存储器中存放部分代码(启动代码)。为了提高执行速度和系统可靠性,大多数嵌入式系统常常把所有代码(或者其压缩代码)固化。存放在存储器芯片或处理器的内部存储器件中,而不使用外部存储介质。

在计算机后 PC 技术时代,嵌入式系统将拥有最大的市场。计算机和网络已经全面渗透到日常生活的每一个角落。各种各样的新型嵌入式系统设备在应用数量上已经远远超过通用计算机,任何一个普通人可能拥有从大到小的各种使用嵌入式技术的电子产品,小到 MP3、PDA 等微型数字化产品,大到网络家电、智能家电、车载电子设备。而在工业和服务领域中,使用嵌入式技术的数字机床、智能工具、工业机器人、服务机器人也将逐渐改变传统的工业和服务方式。

3. 嵌入式系统的体系结构

嵌入式系统的硬件平台是以嵌入式处理器为核心,由存储器、I/O 单元电路、通信模块、外部设备等必要的辅助接口组成的,如图 0-1 所示。硬件平台是整个嵌入式实时操作系统和实时应用程序运行的硬件基础。

不同的应用通常有不同的硬件环境,硬件平台的多样性是嵌入式系统的一个主要特点。在实际应用中,除了微处理器和基本的外围电路以外,其余的电路都可根据需要和成本进行裁剪、定制。

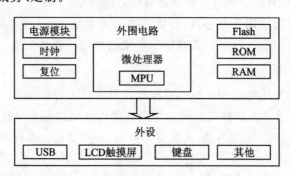

图 0-1 嵌入式系统硬件平台构成

4. 嵌入式系统的分类

(1)按嵌入式微处理器的位数分类。

嵌入式系统可分为 4 位、8 位、16 位、32 位和 64 位等,其中,4 位、8 位、16 位嵌入式系统已经获得了大量应用,32 位嵌入式系统正成为主流发展趋势。

(2)按软件实时性需求分类。

嵌入式系统可分为非实时系统(如 PDA)、软实时系统(如消费类产品)和硬实时系统(如工业实时控制系统)。

实时系统并非是指"快速"的系统,而是指有限定的响应时间,从而使结果具有可预测性的系统。实时系统与其他普通的系统之间最大的不同之处就是要满足处理与时间的关系。在实时计算中,系统的正确性不仅仅依赖于计算的逻辑结果,而且依赖于结果产生的时间。

大多数嵌入式系统都属于实时系统,根据实时性的强弱,可进一步分为"硬实时系统"和"软实时系统"。

硬实时系统是指系统对响应时间有严格要求,如果不能满足响应时限,响应不及时或反应过早,都会引起系统崩溃或致命错误,甚至导致灾难性的后果。比如说核电站中的堆芯温度控制系统,如果没有对堆芯过热做出及时的处理,后果不堪设想。

软实时系统是指系统对响应的时间有一定要求,如果在系统负荷较重的时候,响应时间不能满足,会导致系统性能退化,但不会造成太大的危害。比如,程控电话系统允许在 105 个电话中有 1 个接不通。

(3) 按嵌入式系统的复杂程度分类。

嵌入式系统可分为小型嵌入式系统、中型嵌入式系统和复杂嵌入式系统。

小型嵌入式系统是采用一个 8 位或者 16 位的微控制器设计的,硬件和软件复杂度很小,需要进行板级设计。它们甚至可以是电池驱动的。当为这些系统开发嵌入式软件时,主要的编程工具是使用的微控制器或者处理器专用的编辑器、汇编器和交叉汇编器。通常利用 C 语言来开发这些系统。C 程序被编译为汇编程序,然后将可执行代码存放到系统存储器的适当位置上。为了满足系统连续运行时的功耗限制,软件必须放置在存储器中。

中型嵌入式系统是采用一个 16 位或者 32 位的微控制器、DSP 或者精简指令集计算机(RISC)设计的,其硬件和软件复杂度都比较大。对于复杂的软件设计,可以使用的编程工具包括 RTOS、源代码设计工具、模拟器、调试器和集成开发环境(IDE)。软件工具还提供了硬件复杂性的解决方法。汇编器作为编程工具来说用处不大。中型嵌入式系统还可以运用已有的 ASSP 和 IP 来完成各种功能,例如,总线接口、加密、解密、离散余弦变换和逆变换、TCP/IP 协议栈和网络连接功能(ASSP 和 IP 可能还必须用系统软件进行适当的配置,才能集成到系统总线上)。

复杂嵌入式系统的软件和硬件都非常复杂,需要可升级的处理器或者可配置的处理器和可编程逻辑阵列。它们用于边缘应用,在这些应用中,需要硬件和软件协同设计,并且都集成到最终的系统中。但是,它们却受到硬件单元所提供的处理速度的限制。为了节约时间并提高运行速度,可以在硬件中实现一定的软件功能。例如,加密和解密算法、离散余弦变换和逆变换算法、TCP/IP 协议栈和网络驱动程序功能。系统中某些硬件资源的功能也可以用软件来实现。

5. 嵌入式系统的应用

嵌入式系统概念的提出已经有相当长的时间,其历史几乎和计算机的历史一样长。但在以前,它主要用于军事领域和工业控制领域,所以很少被人们关注和了解。

随着数字技术的发展和新的体积更小的控制芯片和功能更强的操作系统的出现,它才能广泛应用于人们的日常生活中。由于网络连接的实现,特别是 Internet 设备的出现,嵌入式系统在多个方面的应用迅速增长。

现在,嵌入式产品已经在很多领域得到广泛的使用,如国防、工业控制、通信、办公自动化和消费电子领域等。嵌入式技术不仅为各种现有行业提供了技术变革、技术升级的手段,同时也创造出许多新兴行业。

(1) 工业过程控制。

工业过程控制即对工业生产过程中的生产流程加以控制。这种控制是建立在对被控对象和环境不断进行监控的基础上的。在控制过程中,嵌入式的计算机处于中心位置,它通过分布在工业生产中的各个传感器收集信息,并对这些信息进行加工处理和判断,然后向执行器件发出控制指令。

目前,在工业控制和自动化行业中使用嵌入式系统非常普遍,例如,智能控制设备、智能仪表、现场总线设备、数控机床、机器人等。机器人是很复杂的嵌入式设备,甚至配置多个嵌入式处理器,各个处理器通过网络进行互连。

工业嵌入式系统的发展趋势是网络化、智能化和控制的分散化。

(2) 网络通信设备。

众多网络设备都是使用嵌入式系统的典型例子,如路由器、交换机、Web 服务器、网络接入设备等。另外,在后 PC 时代将会产生比 PC 时代多成百上千倍的瘦服务器和超级嵌入式瘦服务器。这些瘦服务器将为人们提供需要的各种信息,并通过 Internet 自动、实时、方便、简单地提供给需要这些信息的对象。设计和制造嵌入式瘦服务器、嵌入式网关和嵌入式因特网路由器已成为嵌入式系统的一大应用方向,这些设备为企业信息化提供了廉价的解决方案。

(3) 消费电子产品。

后 PC 时代的消费电子产品应具有强大的网络和多媒体处理能力、易用的界面和丰富的应用功能。这些特性的实现,都依赖于嵌入式系统提供的强大的数字处理能力和简洁实用的特性。

作为移动计算设备的 PCA 和手机已出现融合趋势,未来必然是二者合一,提供给用户随时随地访问 Internet 的能力。同时它还具有其他信息服务功能,如文字处理、邮件管理、个人事务管理和多媒体信息服务等,而且简单易用、价格低廉、维护简便。

信息电器是指所有能提供信息服务或通过网络系统交互信息的消费类电子产品。它是嵌入式系统在消费类电子产品中的另一大应用。如前几年打得火热的"维纳斯"与"女娲"之战就是信息家电中的机顶盒之争。如果在冰箱、空调、监控器等家电设备中嵌入计算机并提供网络访问能力,用户就可以通过网络随时随地地了解家中的情况,并控制家中的相应电器。

(4) 航空航天设备。

嵌入式系统在航空航天设备中也有着广泛的应用，如空中飞行器、火星探测器等。

1992年，美国兰德公司提交美国国防部高级研究计划署（Defense Advanced Research Projects Agency，DARPA）的一份关于未来军事技术的研究报告首次提出了微型飞行器（Micro Air Vehicle，MAV）的概念。由于对微型飞行器的超微型、超轻质量的要求，引起对控制器件、系统、能源等一系列挑战性和革命性的技术问题的探讨。

典型的微型飞行器有美国 AeroVironment 公司的"黑寡妇"（Black Widow）、加利福尼亚理工学院的"MicroBat"、Lutronix 公司与 Auburn 大学合作研制的"Kolibri"等。

（5）军事电子设备和现代武器。

军事电子设备和现代武器是早期嵌入式系统的重要应用领域。军事领域从来就是许多高新技术的发源地，由于内装嵌入式计算机的设备反应速度快、自动化程度高，所以威力巨大，自然很得军方青睐。从"爱国者"导弹的制导系统到战斗机的瞄准器，从 M1A2 的火控系统到单兵系统的通信器，都可觅得嵌入式系统的踪迹。

例如，美国 iRobot 公司研制出新型反狙击机器人，它能够察觉躲在暗处的敌人的一举一动。

6. 常见的嵌入式操作系统

据调查，目前全世界的嵌入式操作系统已经有两百多种。从 20 世纪 80 年代开始，出现了一些商用嵌入式操作系统，它们大部分都是为专有系统而开发的。随着嵌入式领域的发展，各种各样嵌入操作系统相继问世。有许多商业的嵌入式操作系统，也有大量开放源码的嵌入式操作系统。其中著名的嵌入式操作系统有 μc/OS、VxWorks、Neculeus、Linux 和 Windows CE 等。下面介绍一些主流的嵌入式操作系统。

（1）Linux

在所有的操作系统中，Linux 是一个发展最快、应用最广泛的操作系统。Linux 本身的种种特性使其成为嵌入式开发中的首选。在进入市场的头两年中，嵌入式 Linux 设计通过广泛应用获得了巨大的成功。随着嵌入式 Linux 的成熟，其提供更小的尺寸和更多类型的处理器支持，并从早期的试用阶段迈入嵌入式的主流，它抓住了电子消费类设备的开发者们的想象力。

根据 IDC 的报告，Linux 已经成为全球第二大操作系统。预计在服务器市场上，Linux 在未来几年内将以每年 25％的速度增长，中国的 Linux 市场更是保持 40％左右的增长速度。

嵌入式 Linux 版本还有多种变体。例如：RTLinux 通过改造内核实现了实时的 Linux；RTAI、Kurt 和 Linux/RK 也提供了实时能力；还有 μCLinux 去掉了 Linux 的 MMU（内存管理单元），能够支持没有 MMU 的处理器等。

（2）μC/OS

μC/OS 是一个典型的实时操作系统。该系统从 1992 年开始发展,目前流行的是第 2 个版本,即 μC/OS-II。它的特点是:公开源代码,代码结构清晰,注释详尽,组织有条理,可移植性好;可裁剪,可固化;抢占式内核,最多可以管理 60 个任务。自从清华大学邵贝贝教授将 JeanJ. Labrosse 的《μC/OS-II: the Real Time Kernel》翻译后,在国内掀起 μC/OS-II 的热潮,特别是在教育研究领域。该系统短小精悍,是研究和学习实时操作系统的首选。

(3) Windows CE

Windows CE 是微软公司的产品,它是从整体上为有限资源的平台设计的多线程、完整优先权、多任务的操作系统。Windows CE 采用模块化设计,并允许它对于从掌上电脑到专用的工控电子设备进行定制。操作系统的基本内核需要至少 200KB 的 ROM。从 SEGA 的 DreamCast 游戏机到现在大部分的高价掌上电脑都采用了 Windows CE。

(4) VxWorks

VxWorks 是 WindRiver 公司专门为实时嵌入式系统设计开发的操作系统软件,为程序员提供了高效的实时任务调度、中断管理、实时的系统资源以及实时的任务间通信。应用程序员可以将尽可能多的精力放在应用程序本身,而不必再去关心系统资源的管理。该系统主要应用在单板机、数据网络(以太网交换机、路由器)和通信方面等。其核心功能主要有以下几个。

- 微内核 wind。
- 任务间通信机制。
- 网络支持。
- 文件系统和 I/O 管理。
- POSIX 标准实时扩展。
- C++以及其他标准支持。

这些核心功能可以与 WindRiver 公司开发的其他附件和 Tornado 合作伙伴的产品结合在一起使用。谁都不否认这是一个非常优秀的实时系统,但其昂贵的价格使不少厂商望而却步。

7. 嵌入式 Linux 的发展历史

所谓嵌入式 Linux 是指 Linux 在嵌入式系统中的应用,而不是什么嵌入式功能。实际上嵌入式 Linux 和 Linux 是同一件事。

我们了解一下 Linux 的发展历史。

Linux 起源于 1991 年,由芬兰的 Linus Torvalds 开发,随后按照 GPL 原则发布。

Linux 1.0 正式发行于 1994 年 3 月,仅支持 386 的单处理器系统。

Linux 1.2 发行于 1995 年 3 月,它是第一个包含多平台(Alpha、Sparc、Mips 等)支持的官方版本。

Linux 2.0 发行于 1996 年 6 月,包含很多新的平台支持。最重要的是,它是第一个支持 SMP(对称多处理器)体系的内核版本。

Linux 2.2 于 1999 年 1 月发布,它带来了 SMP 系统性能上的极大提升,同时支持更多的硬件。

Linux 2.4 于 2001 年 1 月发布,它进一步提升了 SMP 系统的扩展性,同时它也集成了很多用于支持桌面系统的特性:USB、PC 卡(PCMCIA)的支持,内置的即插即用等。

Linux 2.6 于 2003 年 12 月发布,它的多种内核机制都有了重大改进,无论对大系统还是小系统(PDA 等)的支持都有很大提高。

最新的 Linux 内核版本可以从官方站点 http://www.kernel.org 获取。

Linux 是一种类 UNIX 操作系统。从绝对意义上讲,Linux 是 Linus Torvalds 维护的内核。现在的 Linux 操作系统已经包括内核和大量应用程序,这些软件大部分来源于 GNU 软件工程。因此,Linux 又叫做 GNU/Linux。目前 Linux 操作系统的发行版已经有很多,例如:Redhat Linux、Suse Linux、Turbo Linux 等台式机或者服务器版本,还有各种嵌入式 Linux 版本。

越来越多的个人、社团和公司已经和正在参与 Linux 社区的工作,他们为 Linux 系统开发、测试以及应用做了大量贡献。这使得 Linux 系统成为标准化的操作系统,功能日趋完善,应用更加广泛。

8. 嵌入式 Linux 开发

嵌入式 Linux 开发就是基于某种硬件平台构建一个 Linux 系统,需要熟悉项目所实用的硬件平台,该平台对应的 Linux 系统组成,熟悉 Linux 开发工具,还要熟悉 Linux 驱动开发及应用编程。

嵌入式 Linux 系统包含 Bootloader(引导程序)、内核和文件系统 3 部分。对于嵌入式 Linux 系统来说,这 3 个部分是必不可少的。当这 3 部分在硬件平台上运行成功后,即建立了一个基本的运行系统,相当于在用户电脑上面刚刚装好了 Windows 操作系统,用户需要的完成特定功能的应用程序还没有安装,接下来开发人员将要完成的是个性化的应用程序的编制,应用程序编制成功后加入到制作成功的嵌入式 Linux 中即完成了基本的嵌入式 Linux 开发过程。

第 1 章

嵌入式系统硬件设计

引言：

S3C2410 微处理器搭配 NAND Flash、NOR Flash 存储器及 SDRAM 等构成了基本的嵌入式系统运行的硬件平台，但一个实际的嵌入式应用系统还需配置一些外部设备。外设的种类很多，而且选择的硬件设备不同，用法就不同，与微处理器接口的方法、电路、设计的程序也随之而异，本项目中介绍最基本、最常用的外围扩展器件及其接口技术。

本章要求：

理解 S3C2410 硬件平台的核心板设计原理及方法，掌握 S3C2410 核心板的外围接口电路的工作原理及与微处理器的设计方法。

教学目标：

- 了解 NAND Flash 及 NOR Flash 工作原理。
- 理解各存储器地址分配。
- 掌握核心板外围接口电路设计原理。

内容介绍：

本章首先分析 S3C2410 核心板的设计原理，掌握各种存储器如 Flash、RAM 的设计方法，然后在此基础上，根据特定需求设计核心板外围电路，重点掌握串行通信接口电路、LCD 驱动电路、触摸屏电路及电源和复位电路设计方法，以此熟悉嵌入式产品硬件平台的基本设计流程。

1.1 硬件系统整体介绍

本节要求：

了解本书硬件开发平台构成。

本节目标：

- 了解 S3C2410 微处理器的特点。

1.1.1 硬件开发平台介绍

本实训教程的硬件平台是以三星公司推出的 S3C2410 处理器为核心,搭配丰富的外围接口电路构成。教程中讲述的硬件设计原理同样适用于 S3C2440 或其他半导体公司推出的 ARM9 开发系统。

硬件平台由核心板和底板两部分组成。核心板构成 S3C2410 平台能够运行 Linux 的基本系统。底板根据不同项目的需要进行个性化的设计。

1. 核心板组成:

- ◆ SAMSUNG S3C2410 处理器,ARM9TDMI,主频 203 MHz 存储器。
- ◆ 64 MB NAND Flash(K9F1208U0M)。
- ◆ 2 MB NOR Flash (SST39VF1601)。
- ◆ 64 MB SDRAM(K4S561632D−TC75)。
- ◆ 10M 网口(CS8900Q3)。
- ◆ 20Pin 的 JTAG 接口。

2. 底板组成:

- ◆ 50 Pin LCD 接口引出了 LCD 控制器和触摸屏的全部信号。
- ◆ 2 个标准 5 线串行接口。
- ◆ 1 个 USB 1.1 DEVICE 接口。
- ◆ 2 个 USB 1.1 HOST 接口。
- ◆ EEPROM(AT24C02)。
- ◆ 16 个按键组成 4×4 的矩阵按键。
- ◆ LM2596 配合 LM1117 实现 5 V 及 3.3 V 电压输出。
- ◆ 4 个贴片红色发光 LED。
- ◆ 1 个蜂鸣器(带使能控制的短路块)。
- ◆ 1 个精密可调电阻接到 ADC 引脚上用来验证模数转换。
- ◆ 4 个共阴极数码管,通过 74HC164 驱动。

1.1.2 系统整体硬件原理图

见附录。

1.2 核心板电路设计

本节要求:

了解 SDRAM、NAND Flash、NOR Flash 工作原理,掌握 S3C2410 存储空间地址分配,掌握 S3C2410 与各存储器的接口电路设计方法。

第1章　嵌入式系统硬件设计

本节目标：
- 了解 NAND Flash 的访问方式及设计原理。
- 理解 S3C2410 存储器中 Bank 概念。
- 掌握同步动态随机存储器（SDRAM）与 S3C2410 连接原理。
- 掌握 NOR Flash 与 S3C2410 连接原理。

1.2.1　处理器介绍

1. S3C2410 简介

S3C2410 处理器是 Samsung 公司基于 ARM 公司的 ARM920T 处理器核，采用 0.18 μm 制造工艺的 32 位微控制器。

(1) 内部功能单元
- ARM920T CPU 核，支持 ARM 调试的体系结构。
- 内部核心工作电压 1.8 V，存储器工作电压 3.3 V，外部 I/O 工作电压 3.3 V。
- CPU 内置 16 KB 数据 Cache，16 KB 指令 Cache，内存管理单元 MMU。
- 内部先进的位控制器总线(AMBA)(AMBA2.0,AHB/APB)。
- CPU 内置外部存储器控制器(SDRAM 控制和芯片选择逻辑)。
- 内置 LCD 控制器，1 个 LCD 专用 DMA。
- 3 个通用异步串行端口，2 通道 SPI。
- 1 个多主 I^2C 总线，1 个 I^2S 总线控制器。
- SD 卡接口。
- 2 个 USB HOST，1 个 USB DEVICE(VER1.1)控制器。
- 4 个 PWM 定时器和 1 个内部定时器。
- 看门狗定时器。
- 117 个通用 I/O。
- 56 个中断源。
- 24 个外部中断。
- 电源控制模式：标准、慢速、休眠、掉电。
- 8 通道 10 位 ADC 和触摸屏接口。
- 带日历功能的实时时钟。
- 芯片内置 PLL。

(2) 系统管理
- 小端/大端支持。
- 地址空间：每个 BANK 128 MB(全部为 1 GB)。
- 支持等待信号用以扩展总线周期。
- 支持 SDRAM 掉电模式下的自刷新。

◆ 支持不同类型的 ROM 用于启动（NOR/NAND Flash、EEPROM 和其他）。

1.2.2 开发板中地址分配

1. 地址分配

S3C2410 芯片采用的是 ARM920T 核，地址空间总共为 4 GB，1 GB 地址空间用于支持外部存储器的连接，另外的空间有一小部分用于 IO 端口或部件的寻址，其他的地址空间没有用到。芯片内部集成有存储控制器，为芯片外部存储器的访问提供控制信号，芯片还提供外部存储器所需的数据总线和地址总线。

S3C2410 芯片外部可寻址的存储空间是 1 GB，具体分布如图 1-1 所示。

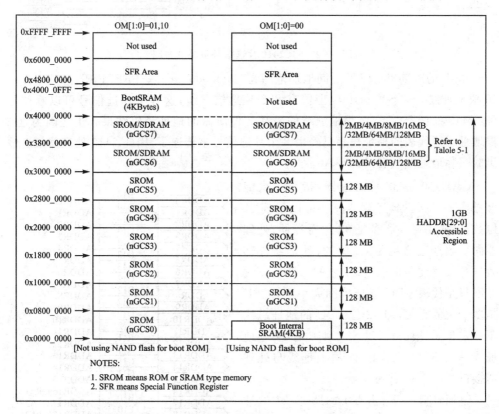

图 1-1 S3C2410 存储空间分配图

这 1 GB 的空间，S3C2410 处理器又根据所支持设备的一些特点，将其等分为 8 份，每一份空间有 128 MB，每一份空间称为一个 Bank。为了方便操作，S3C2410 处理器给了每个 Bank 一个片选信号（nGCS7～nGCS0），片选信号在 CPU 的引脚分布如图 1-2 所示，8 根片选信号 nGCS0～nGCS7 共 8 根片选信号线对应 8 个 Bank，分别是 Bank0～Bank7，当访问 Bankx 的地址空间，nGCSx 引脚为低电平，即选中某外设。

第1章 嵌入式系统硬件设计

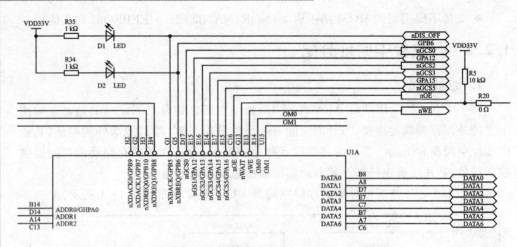

图 1-2 S3C2410 片选信号引脚分布图

1 GB 的外部可寻址的空间地址范围为 0x00000000～0x3FFFFFFF,总共应该有 30 根地址线。但 S3C2410 处理器有 8 个片选信号线,这 8 个片选信号可以看作是 S3C2410 处理器内部 30 根地址线的最高 3 位所做的地址译码结果。正是因为这 3 根地址线所代表的地址信息已经由 8 个片选信号来传递了,因此 2410 处理器最后输出的实际地址线只有 A26～A0。

S3C2410 是 32 位处理器,指令一次能够操作 32 位数据,运算器一次可以处理 32 位数据;通用寄存器多是 32 位寄存器;处理器内部数据通道也是 32 位的;处理器外部数据总线宽度通常也是 32 位的。地址总线宽度只是代表 CPU 寻址范围大小,与 CPU 是多少位的无关,即 32 位 CPU 的地址总线不一定是 32 根的,所以 S3C2410 有 27 根地址线 ADDR[26:0],此 27 根地址线与处理器接口如图 1-3 所示。

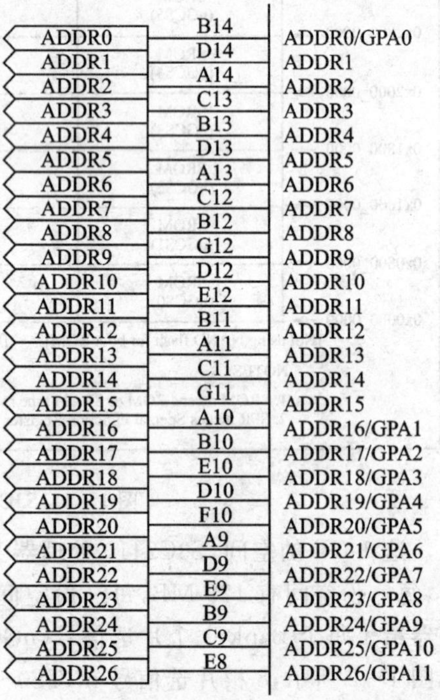

下面计算一下:由 S3C2410 的 27 地址线计算可访问的地址空间:$2^{27} = 2^7 \times 2^{10} \times 2^{10} = 128$ MB。又因为 S3C2410 有 8 个 Bank。所以 8×128 MB $= 1$ GB,可以证明 S3C2410 总的寻址空间是 1 GB。

由图 1-1,S3C2410 存储空间分配图得出 SDRAM 可以接至 Bank6 或 Bank7。本书硬件平台中 SDRAM 接的是微处理器片

图 1-3 S3C2410 地址总线示意图

选引脚 nGCS6，也就是接 Bank6。因为选择的是 2 片 32 MB SDRAM，总容量是 64MB，所以 SDRAM 的地址范围是 0x3000 0000～0x33ff ffff。NOR Flash 接的是微处理器片选引脚 nGCS0，也就是接在 Bank0。因为选择的 NOR Flash 是 2 MB，所以 NOR Flash 的地址范围是 0x00000000～0x001fffff。

NAND Flash 是接在 NAND Flash 控制器上而不是系统总线上，没有在 8 个 Bank 中分配地址。如果 S3C2410 被配置成从 NAND Flash 启动，S3C2440 的 NAND Flash 控制器有一个特殊的功能，在 S3C2410 上电后，NAND Flash 控制器会自动地把 NAND Flash 上的前 4 KB 数据搬移到 4 KB 内部 SRAM 中，系统会从起始地址是 0x00000000 的内部 SRAM 启动。程序员需要完成的工作，是把最核心的启动程序放在 NAND Flash 的前 4 KB 中，也就是说，你需要编写一个长度小于 4 KB 的引导程序，作用是将主程序复制到 SDRAM 中运行。由于 NAND Flash 控制器从 NAND Flash 中搬移到内部 RAM 的代码是有限的，所以在启动代码的前 4 KB 里，我们必须完成 S3C2410 的核心配置以及把启动代码剩余部分搬到 RAM 中运行。

最后，不管是从 NOR Flash 启动还是从 NAND Flash 启动，S3C2410 都是从 0x00000000 地址开始执行的。

1.2.3 SDRAM 硬件设计原理

SDRAM 是在嵌入式系统设计时最常用的一类 DRAM，其全称是同步动态随机存储器（Synchronous Dynamic Random Access Memory，简称 SDRAM）。由于 SDRAM 集成度高，单片存储容量大，并且读写速度快，因此在嵌入式系统设计时，它经常被用作主存储器。

SDRAM 类型的存储器芯片有很多，由于市面上很少有 32 位宽度的单片 SDRAM，一般选择 2 片 16 位 SDRAM 扩展得到 32 位 SDRAM。本书硬件平台核心板动态存储器（SDRAM）采用的 SDARM 是 K4S561632D(HY57V561620F)，芯片容量为 4 Mb×4Bank×16，共 32 MB。注意芯片内部的 4 Bank 不是指该芯片需要占用 S3C2410 芯片的 4 个存储块，而是指 SDRAM 芯片内部把 32 MB 容量分成了 4 块存储区，每块存储区的容量为 4MB×16 b。

下面介绍 K4S561632D 的工作原理及与 S3C2410 的连接方法。

1. SDRAM 的工作原理

SDRAM 内部是一个存储阵列。可以把它想象成一个表格，和表格的检索原理一样，先指定行，再指定列，就可以准确找到所需要的存储单元。这个表格称为逻辑 Bank。目前的 SDRAM 基本都是 4 个 Bank。寻址的流程就是先指定 Bank 地址，再指定行地址，最后指定列地址。这就是 SDRAM 的寻址原理。SDRAM 存储阵列示意图如图 1-4 所示。

查看 K4S561632D 的数据手册，K4S561632D 的引脚分布如图 1-5 所示，引脚定义如表 1-1 所列。

第1章 嵌入式系统硬件设计

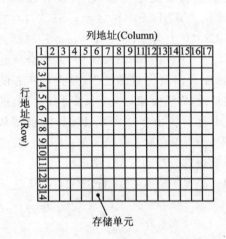

图1-4 SDRAM存储结构示意图

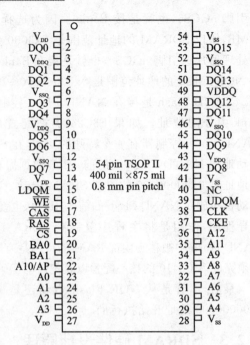

图1-5 SDRAM引脚分布示意图

表1-1 SDRAM引脚功能

引　脚	引脚名称	引脚功能描述
CLK	时钟引脚	系统时钟输入引脚,在此引脚的上升沿,其他引脚输入的数据寄存到SDRAM中
CKE	时钟使能引脚	使能内部时钟信号,当系统处于掉电、挂机等状态时关闭SDRAM
$\overline{CS}$	片选引脚	使能或者禁止所有的引脚,除CLK,CKE,UDQM和LDQM外
BA0、BA1	Bank地址引脚	在RAS引脚有效期间使选择的Bank处于活动状态,在CAS引脚有效期间使选择的Bank可以进行读写
A0~A12	地址引脚	行地址引脚:RA0~RA12,列地址引脚:CA0~CA8,自动预充电指示引脚:A10,此13个引脚为复用引脚。
UDQM、LDQM	数据输入\输出控制位	在数据读模式下控制数据输出缓冲 在数据写模式下禁止默写数据
DQ0~DQ15	数据输入输出	数据输入输出引脚
VDD/VSS	电源/地	内部电路及输入缓冲电源输入引脚
VDDQ/VSSQ	数据输出电源/地	输出缓冲电源输入引脚
NC	无连接	无功能

图 1-5 中，DQ0～DQ15 是数据总线引脚。A0～A12 是地址总线引脚，其中 A0～A8 是复用的，行地址时是 RA0～RA12，列地址时是 CA0～CA8，地址总线总位数是 22 位，寻址空间是 4 MB。BA0 和 BA1 是块地址引脚。在 $\overline{RAS}$ 有效时，所选中的存储块被激活；在 $\overline{CAS}$ 有效时，所选中的存储块可进行读写操作。$\overline{CS}$、$\overline{WE}$、$\overline{RAS}$、$\overline{CAS}$ 分别是片选、写、行地址选通、列地址选通。LDQM、UDQM 是用于控制输入、输出数据的。CLK 是时钟信号引脚。SDRAM 的所有输入在 CLK 上升沿有效。CKE 是时钟信号使能引脚，当其无效时，SDRAM 处于省电模式。更详细的信息可以从表 1-1 中得到。

SDRAM 有 13 根行地址线 RA0～RA12，9 根列地址线 CA0～CA8，2 根 Bank 选择线 BA0～BA1。SDRAM 的地址引脚是复用的，在读写 SDRAM 存储单元时，操作过程是将读写的地址分两次输入到芯片中，每一次都由同一组地址线输入。两次送到芯片上的地址分别为行地址和列地址。它们被锁存到芯片内部的行地址锁存器和列地址锁存器。$\overline{RAS}$ 是行地址锁存信号，该信号将行地址锁存在芯片内部的行地址锁存器中；$\overline{CAS}$ 是列地址锁存信号，该信号将列地址锁存在芯片内部的列地址锁存器中。

2. S3C2410 与 SDRAM 的连接原理

SDRAM 与 S3C2410 的地址线、数据线及控制引脚连接方式如图 1-6、图 1-7 所示。

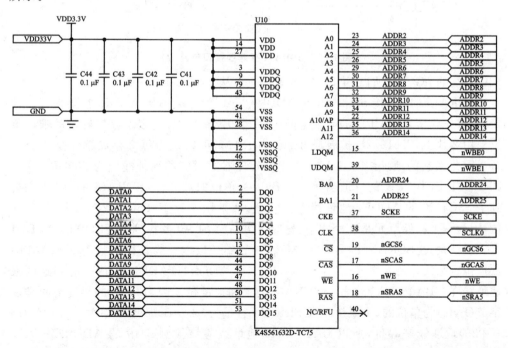

图 1-6 SDRAM 存储器接口电路(1)

我们一般将 SDRAM 接到第 6 个 Bank 上面。SDRAM 的片选信号 $\overline{CS}$ 连接的是

第1章 嵌入式系统硬件设计

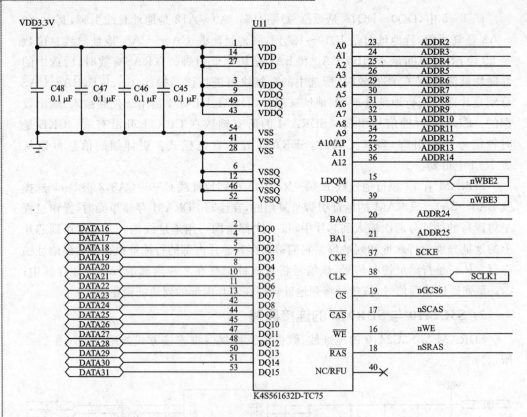

图 1-7 SDRAM 存储器接口电路(2)

S3C2410 的 nGCS6，所以 SDRAM 的地址应该从 0x30000000 开始。

SDRAM 的 A0 接 S3C2410 的 ADDR2。A0 为什么不接 ADDR0？要理解这种接法，首先要清楚在 CPU 的寻址空间中，字节 Byte(8 位)是表示存储容量的唯一单位。用 2 片 K4S561632D 扩展成 32 位 SDRAM，可以认为每个存储单元是 4 个字节。因此当它的地址线 A1：A0＝01 时，处理器上对应的地址线应为 ADDR3：ADDR2＝01(因为 CPU 的寻址空间是以 Byte 为单位的)。所以 SDRAM 的 A0 引脚接到了 S3C2410 的 ADDR2 地址线上。同理，如果用 1 片 K4S561632D，数据线是 16 位，因为一个存储单元是 2 个字节，这时 SDRAM 的 A0 要接到 S3C2410 的 ADDR1 上。也就是说 SDRAM 的 A0 接 S3C2410 的哪一根地址线是根据整个 SDRAM 的数据位宽来决定的。图 1-7 中，BA0、BA1 接 ADDR24、ADDR25，为什么用这两根地址线呢？BA0~BA1 代表了 SDRAM 的最高地址位。因为 CPU 的寻址空间是以字节(Byte)为单位的，本系统单片 SDRAM 容量为 64 MB，那就需要 A25~A0(64M＝2^26)地址线来寻址，所以 BA1~BA0 地址线应该接到 2410 的 ADDR25~ADDR24 引脚上。13 根行地址线＋9 根列地址线＝22 根。另外 K4S561632D 一个存储单元是 2 个字节，两片 SDRAM 并接，考虑到字节对齐，相当于有了 24 根地址线。

BA0、BA1 是最高地址位，所以应该接在 ADDR24、ADDR25 上。这样一共具有 26 根地址线。也就是说，SDRAM 的 BA0、BA1 接 S3C2410 的哪几根地址线是根据整个 SDRAM 的容量来决定的。

1.2.4　NOR Flash 硬件设计原理

在嵌入式系统中，有很多信息需要在系统关闭电源后不丢失，这些信息需要使用非易失性存储器来存储，这时可以使用 NOR Flash 和 NAND Flash 来实现。

1. 两种 Flash 的对比

NOR Flash 和 NAND Flash 是现在市场上两种主要的非易失闪存技术。Intel 于 1988 年首先开发出 NOR Flash 技术，彻底改变了原先由 EPROM 和 EEPROM 一统天下的局面。紧接着，1989 年，东芝公司发表了 NAND Flash 结构。

NAND Flash 和 NOR Flash 的主要区别如表 1-2 所列。

表 1-2　两种 Flash 特性对比

类　型		NOR Flash	NAND Flash
容量		1 MB～32 MB	16 MB～几 G
XIP		Yes	No
性能	擦除	非常慢	快
	写	慢	快
	读	快	快
可靠性		比较高，位翻转的比例小于 NAND Flash 的 10%	比较低，位翻转比较常见，必须有校验措施
可擦写次数		10 000～100 000	100 000～1 000 000
接口		与 RAM 相同	IO 接口
访问方法		随机访问	顺序访问
易用性		容易	复杂
主要用途		常用于保存关键代码和关键数据	保存数据
价格		高	低

2. NOR Flash 特点

NOR Flash 的特点是芯片内执行（XIP，eXecute In Place），这样应用程序可以直接在 Flash 闪存内运行，不必再把代码读到系统 RAM 中。NOR Flash 的传输效率很高，在 1～4 MB 的小容量时具有很高的成本效益，但是很低的写入和擦除速度大大影响了它的性能。因此 NOR Flash 比较适合于小代码的存储。

3. NOR Flash 引脚及功能

核心板 NOR Flash 采用的是 SST 公司的 SST39VF160 芯片，该芯片容量为

2 MB。该 NOR Flash 的引脚分配如图 1-8 所示。

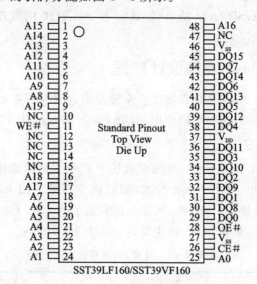

图 1-8　NOR Flash 引脚示意图

NOR Flash 引脚说明如表 1-3 所列。

表 1-3　NOR Flash 引脚功能

引　脚	引脚名称	功能描述
A19～A0	地址输入引脚	提供内存地址,在扇区删除操作中,A19～A11 地址线决定选择哪个扇区,在块删除操作中,A19～A15 地址线决定选择哪个块
DQ15～DQ0	数据输入输出引脚	在读周期内输出数据,在写周期内输入数据,在写周期内数据会内部锁存,输出引脚在 OE♯ 和 CE♯ 引脚是高电平时处于三态模式
CE♯	片选引脚	当 CE♯ 引脚为低电平时使能芯片
OE♯	写使能引脚	门控输出缓冲
WE♯	写使能引脚	控制写操作
VDD	电源引脚	提供电源电压:3.0～3.6V 针对 SST39LF160　　　　　　　　2.7～3.6V 针对 SST39VF160
V_{SS}	地	
NC	无连接	无连接引脚

表 1-3 中,DQ0～DQ15 是数据总线引脚,A0～A19 是地址总线引脚,CE♯ 为片选引脚,OE♯、WE♯ 分别是读写使能引脚。

4. S3C2410 与 NOR Flash 的连接原理

SST39VF160 是一个 2 MB 的 NOR Flash，NOR Flash 与 S3C2410 的连接方式如图 1-9 所示。NOR Flash 存储器芯片的接口特性类似于 SRAM，它与微处理器接口电路和 SDRAM 的很类似。

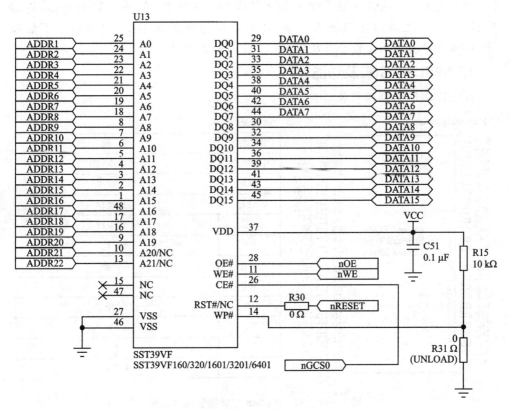

图 1-9　NOR Flash 存储器接口电路

我们一般将 NOR Flash 接到第 0 个 Bank 上面。NOR Flash 的片选信号 CE♯连接的是 S3C2410 的 nGCS0，所以 SDRAM 的地址应该从 0x00000000 开始。

SST39VF160 是 16 位的存储芯片，DQ0～DQ15 作为数据输入输出口，A0～A19 是地址线。因为数据位是 16 位，地址线 A0～A19 可以选择 2^{20} = 1M×2 Byte＝2 MB，正好是 SST39VF160 的容量。由于该 NOR Flash 是 16 位，考虑到字节对齐，所以 S3C2410 的 ADDR1 要接 SST39VF160 的 A0。图 1-9 中 SST39VF160 的 A20、A21 是空脚，分别接的是 ADDR21、ADDR22。这是为了以后方便扩展 NOR Flash 的容量而设定的，ADDR21、ADDR22 对 SST39VF160 是没用的。在本书的硬件平台中，SST39VF160 作为 16 位来使用，可用来存储系统引导代码。

针对 SST39VF160 有字写、扇区擦除、块擦除、整片擦除等操作，在

第1章 嵌入式系统硬件设计

SST39VF160 的数据手册中提供了详细的使用说明,请读者自行查阅。

1.2.5 NAND Flash 硬件设计原理

NAND Flash 存储器因其单片容量大、写入速度快且价格低,在许多嵌入式系统中作为系统辅助存储器使用,用来存储系统应用程序文件。但是 NAND Flash 存储器与微处理器之间的接口较为复杂,存取数据通常采用串行 IO 方式。下面以 K9F1208 为例分析其工作原理及与 S3C2410 的电路设计。

1. K9F1208 引脚及功能

K9F1208 的引脚排列及功能如图 1-10 所示。

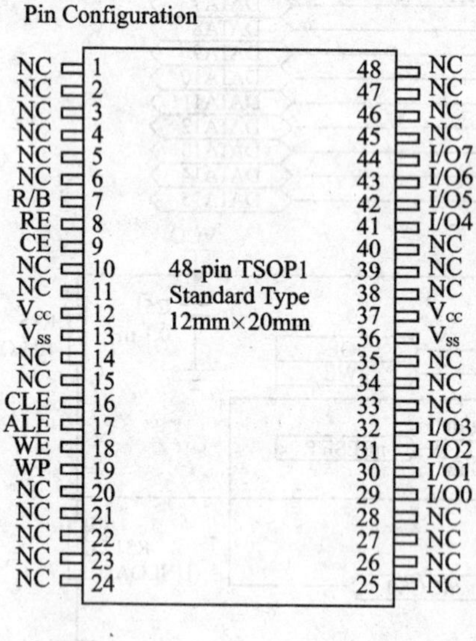

Pin Configuration

Pin Description

引脚名称	功 能
$IO_0 \sim I/O_7$	数据输入输出
CLE	锁存使能
ALE	地址锁存
$\overline{CE}$	片选引脚
$\overline{RE}$	读使能
$\overline{WE}$	写使能
$\overline{WP}$	写保护
$R/\overline{B}$	读/忙输出
V_{cc}	电源(+2.7V~3.6V)
V_{ss}	地
NC	未使用

图 1-10 NAND Flash 存储器引脚示意图

图 1-10 中,IO0~IO7 用来输入/输出地址、数据和命令。控制信号有 5 个,CLE 和 ALE 分别是命令锁存使能引脚和地址锁存使能引脚,用来选择 IO 输入的信号是命令还是地址;$\overline{CE}$、$\overline{RE}$ 和 $\overline{WE}$ 分别为片选信号、读使能信号和写使能信号。状态引脚 $R/\overline{B}$ 表示设备的状态,当数据写入、编程和随即读取时,$R/\overline{B}$ 处于高电平,表明芯片正忙,否则输出低电平。

K9F1208 内部结构如图 1-11 所示。

NAND Flash 设备的存储容量是以页(Page)和块(Block)为单位,1Page=528B (512B 用于存放数据,其余 16B 用于存放其他信息,如块好坏的标记、块的逻辑地址、页内数据的 ECC 校验和等)。1Block=32Page。容量为 64 MB 的 NAND Flash 存储结构为:512 B×32 Page×4 096 Block。NAND Flash 以页为单位进行读和编程(写)操作,一页为 512B;以块为单位进行擦除操作,一块为 512 B×32 page=16 KB。

Device、Block、Page 之间的关系:

第1章 嵌入式系统硬件设计

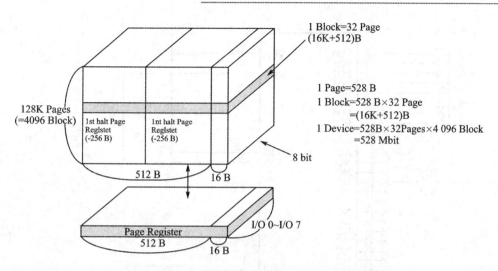

图 1-11 NAND Flash 存储器内部结构示意图

1 Device=4 096 Block=4096×32 Page=128K Page
1 Block=32 Page
1 Page=528 B=512 B+16 B

1Page 中的 512 Byte 的数据寄存器又分为两个部分 1st 256 B 和 2nd 256 B。

用于数据存储的单元有 512 B×32 Page×4096 Block=64 MB,用于 ECC 校验单元有 16 B×32 Page×4096 Block=2MB。

2. S3C2410 与 NAND Flash 的连接原理

S3C2410 和 K9F1208 的连接方式如图 1-12 所示。

NAND Flash 的命令地址和数据皆从 IO0~IO7 输入输出,重点在地址的确定。

对 K9F1208 来说,地址和命令只能在 I/O[7:0]上传递,数据宽度是 8 位。地址传递分为 4 步,如表 1-4 所列。

表 1-4 访问 NAND Flash 时引脚功能

	I/O 0	I/O 1	I/O 2	I/O 3	I/O 4	I/O 5	I/O 6	I/O 7
1st Cycle	A_0	A_1	A_2	A_3	A_4	A_5	A_6	A_7
2nd Cycle	A_9	A_{10}	A_{11}	A_{12}	A_{13}	A_{14}	A_{15}	A_{16}
3rd Cycle	A_{17}	A_{18}	A_{19}	A_{20}	A_{21}	A_{22}	A_{23}	A_{24}
4th Cycle	A_{25}	*L	*L	*L	*L	*L	*L	*L

第 1 步发送列地址,既选中 1 页 512 B 中的 1 个字节。512 B 需要 9bit 来选择,这里只用了 A0~A7,原因是把 1 页分成了 2 部分,每部分 256 字节。通过发送的读命令字来确定是读的前 256 字节还是后 256 字节。

当要读取的起始地址(Column Address)在 0~255 内时我们用 00h 命令,当读

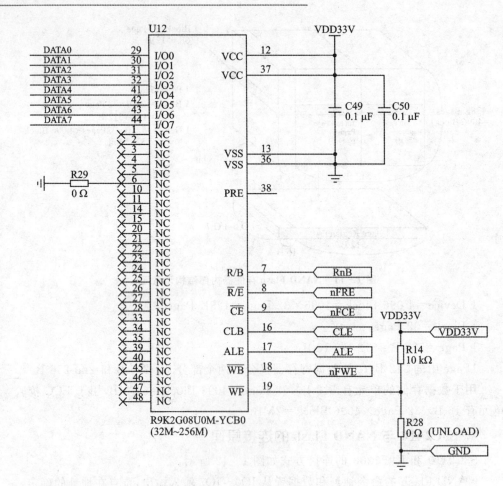

图 1-12 NAND Flash 存储器接口电路

取的起始地址是在 256～511 内时,则使用 01h 命令。1 个块有 32 页,用 A9～A13 共 5 位来选择一个块中的某个页。总共有 4 096 个块,用 A14～A25 共 12 位来选择一个块。K9F1208 总共有 64 MB,所以需要 A0～A25 共 26 个地址位。

例如要读 NAND Flash 的第 5 000 字节开始的内容。把 5 000 分解成列地址和行地址。

```
Column_address = 5000 % 512 = 392
Page_address = (5000 >> 9) = 9
```

因为 column_address＞255,所以用 01h 命令读。

发送命令和参数的顺序是:

```
NFCMD = 0x01;从后 256 字节开始读
NFADDR = column_address & 0xff;取 column_address 的低 8 位送到数据线
NFADDR = page_address & 0xff;发送 A9～A16
```

```
NFADDR = (page_address >> 8) & 0xff; 发送 A17~A24
NFADDR = (page_address >> 16) & 0xff; 发送 A25
```

其中 NFCMD 是 S3C2410 控制器芯片内部提供的 NAND Flash 命令寄存器,存储用户需要传入的命令值;NFADDR 是 NAND Flash 的地址寄存器,存放 NAND Flash 的地址值;另外还有 NFDATA 数据寄存器,在写时是编程数据,在读时是读出的数据。上述寄存器的操作只是为了演示 NAND Flash 的操作过程。

1.3 外围接口电路设计

本节要求：

针对核心板,设计外围接口电路,能够使 S3C2410 硬件平台正常运行,硬件上满足产品设计要求。

本节目标：

- 了解蜂鸣器的工作原理及电路设计方法。
- 了解 EEPROM 的工作原理及电路设计方法。
- 了解发光二极管的工作原理及电路设计方法。
- 了解 USB 接口定义及电路设计方法。
- 掌握异步串行通信接口设计方法。
- 掌握触摸屏电路工作原理。
- 掌握 LM2596 电源模块设计方法。

1.3.1 蜂鸣器原理及电路设计

1. 什么是蜂鸣器

蜂鸣器是一种一体化结构的电子讯响器,因为其发出的声音像蜜蜂一样,被称为蜂鸣器。蜂鸣器采用直流电压供电,作为发声器件广泛应用于计算机、打印机、复印机、报警器、电子玩具、汽车电子设备、电话机、定时器等电子产品中。

蜂鸣器主要分为压电式蜂鸣器和电磁式蜂鸣器两种类型,也可以分为有源蜂鸣器和无源蜂鸣器,亦或分体蜂鸣器和一体蜂鸣器等。蜂鸣器的外观如图 1-13 所示。

图 1-13 蜂鸣器外观图

2. 蜂鸣器的结构原理

(1) 压电式蜂鸣器

压电式蜂鸣器主要由多谐振荡器、压电蜂鸣片、阻抗匹配器及共鸣箱、外壳等组成。有的压电式蜂鸣器外壳上还装有发光二极管。多谐振荡器由晶体管或集成电路构成。当接通电源后(1.5～15 V 直流工作电压),多谐振荡器起振,输出 1.5～2.5 kHz 的音频信号,阻抗匹配器推动压电蜂鸣片发声。压电蜂鸣片由锆钛酸铅或铌镁酸铅压电陶瓷材料制成,在陶瓷片的两面镀上银电极,经极化和老化处理后,再与黄铜片或不锈钢片粘在一起。

(2) 电磁式蜂鸣器

电磁式蜂鸣器由振荡器、电磁线圈、磁铁、振动膜片及外壳等组成。接通电源后,振荡器产生的音频信号电流通过电磁线圈,使电磁线圈产生磁场。振动膜片在电磁线圈和磁铁的相互作用下,周期性地振动发声。

从外表上看这两种的蜂鸣器,都是一个黑色的圆柱体,有两个引脚。具体可以判断蜂鸣器是哪个结构的方法有:可以用磁铁去吸,会粘在一起的即为电磁式蜂鸣器,反之为压电式蜂鸣器。因为压电式蜂鸣器没有磁铁,膜片多数是铜片,不会相吸。或者从音孔向内看,可看到内部黄铜片的即是压电式蜂鸣器。

3. 蜂鸣器的种类

(1) 有源式蜂鸣器

这里的"源"不是指电源,而是指振荡源。就是说,有源蜂鸣器内部带振荡源,所以只要一通电就会鸣叫。

(2) 无源式蜂鸣器

内部不带振荡源,所以如果用直流信号无法令其鸣叫。必须用 2K～5K 的方波去驱动它。

有源蜂鸣器往往比无源的贵,就是因为里面多个振荡电路。无源蜂鸣器的优点是:便宜,声音频率可控,可以做出"多来米发索拉西"的效果。有源蜂鸣器的优点是:程序控制方便。

本书中硬件平台上面采用的是压电无源式蜂鸣器。

4. S3C2410 与蜂鸣器连接原理

由于蜂鸣器的工作电流一般比较大,无法被 S3C2410 的 I/O 口直接驱动,所以要使用放大电路来驱动,一般使用三极管。蜂鸣器的硬件连接示意图如图 1-14 所示。

BEEP_BNABLE 是一个短路开关,当导通时,5V 电源就连接到蜂鸣器上;断开后有两个作用,一是关闭蜂鸣器,减少噪音,二是不需要蜂鸣器的时候关闭蜂鸣器,可以减少功耗。

SPEAKER 是发声设备——蜂鸣器,有电流通过就响,没电流通过就不响。

第1章 嵌入式系统硬件设计

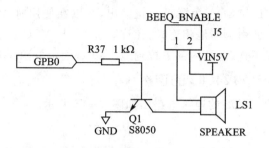

图 1-14 蜂鸣器接口电路

S8050 是个 NPN 型三极管,有 3 个引脚分别是集电极、基极和发射极。集电极接到蜂鸣器上,基极通过一个限流电阻接到单片机的一个 I/O 口上,发射极直接接地。CPU 通过控制三极管基极来控制蜂鸣器的导通与截止,当基极为高电平时,三极管导通,电流流过蜂鸣器,蜂鸣器发声;当基极为低电平时三极管截止,无电流流过蜂鸣器,蜂鸣器关闭。三极管有电流放大作用,集电极连接的蜂鸣器能够得到较大的电流,充分振动发声。

GPB0 是 S3C2410 的 B 组 0 号引脚,通过该引脚提供相应的高低电平(高电平 3.3V,低电平 0V),该高低电平加到三极管基极控制三极管导通与否,从而间接控制蜂鸣器发声。

1.3.2 EEPROM 硬件电路设计

只读存储器简称 ROM(Read Only Memory)。ROM 中的信息一旦写入,就不能随意更改。EEPROM 是一种用电信号编程,也用电信号擦除的 ROM 芯片。典型的芯片是 ATMEL 公司的 AT24CXX 系列。

1. AT24C02 简介

AT24CXX 系列 EEPROM 是 ATMEL 公司生产的串行电可擦的可编程只读存储器,产品广泛,包括 AT24C01/02/04/08/16 等,其容量(字节数 x 页)分别为 128x8/256x8/512x8/1024x8/2048x8,适用电压范围为 2~5 V,封装形式为 8 引脚双排直插式,具有结构紧凑、存储容量大等特点,特别适用于具有高容量数据储存要求的数据采集系统。本书硬件平台采用的是 AT24C02。

AT24C02 引脚排列如图 1-15 所示。

图 1-15 中,A0、A1、A2 为地址选择输入端。在串行总线结构中,可以连接 8 个 AT24C02,用 A0、A1、A2 来区分各 IC。A0、A1、A2 悬空时为 0。SCL 为串行时钟输入引脚,上升沿将 SDA 上的数据写入存储器,下降沿从存储器读出数据送 SDA 上。SDA 是双向串行数据输入输出口,用于存储器与单片机之间的

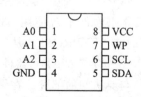

图 1-15 AT24C02 引脚示意图

数据交换。由于 SCL 和 SDA 为漏极开路输出,所以在使用时,需加上拉电阻。WP 为输入写保护引脚,此引脚与地相连时,允许写操作;与 VCC 相连时,所有的写存储器操作被禁止,如果不连,芯片内部下拉到地。VCC 表示电源,GND 为地。

2. S3C2410 与 AT24C02 的连接

S3C2410 与 AT24C02 的连接电路图如图 1-16 所示。

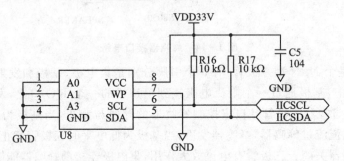

图 1-16 EEPROM 存储器连接图

3. AT24C02 的访问

AT24C02 与微处理器的通信协议为两线串行连接协议(I^2C 协议),AT24C02 的 SDA、SCL 即为 I^2C 总线引脚,标准传输速率为 100kbps,增强型可达 400kbps。

I^2C 总线可构成多主和主从系统。在多主系统结构中,系统通过硬件或软件仲裁获得总线控制使用权。应用系统中 I^2C 总线多采用主从结构,即总线上只有 1 个主控节点,总线上的其他设备都作为从设备。I^2C 总线上的设备寻址由器件地址接线决定,并且通过访问地址最低位来控制读写方向。

4. I^2C 总线的读写控制逻辑

开始条件(START):在开始条件下,当 SCL 为高电平时,SDA 由高转为低。
停止条件(STOP):在停止条件下,当 SCL 为高电平时,SDA 由低转为高。
确认信号(ACK):在接收方应答下,每收到一个字节后便将 SDA 电平拉低。
数据传送(Read/Write):I^2C 总线启动或应答后 SCL 高电平期间数据串行传送;低电平期间为数据准备,并允许 SDA 线上数据电平变换。总线以字节(8bit)为单位传送数据,且高有效位(MSB)在前。上述信号的时序示意图如图 1-17 所示。

5. EEPROM 的读写操作

本书硬件平台使用 S3C2410 处理器内置的 I^2C 控制器作为 I^2C 通信主设备,AT24C02 EEPROM 为从设备。电路设计如图 1-16 所示,AT24C02 的存储容量为 256×8 个字节(2KB),器件地址是 1010,A0、A1、A2 3 位地址线决定了芯片的访问地址与要访问的部件。在硬件平台中,A0、A1、A2 分别接地,故只能操作 256 个字节的存储单元。AT24C02 由输入缓冲器和 EEPROM 阵列组成。由于 EEPROM 的半导体工艺特性写入时间为 5~10 ms,如果从外部直接写入 EEPROM,每写一个字节

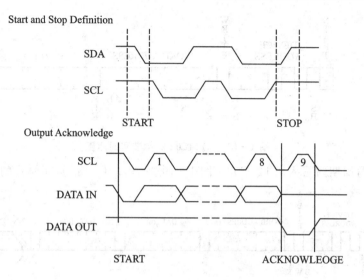

图 1-17 I²C 总线信号的时序

都要等候 5~10 ms,成批数据写入时则要等候更长的时间。具有 SRAM 输入缓冲器的 EEPROM 器件,其写入操作变成对 SRAM 缓冲器的装载,装载完后启动一个自动写入逻辑将缓冲器中的全部数据一次写入 EEPROM 阵列中。对缓冲器的输入称为页写,缓冲器的容量称为页写字节数。AT24C02 的页写字节数为 8,占用最低 3 位地址。写入不超过页写字节数时,对 EEPROM 器件的写入操作与对 SRAM 的写入操作相同;若超过页写字节数时,应等候 5~10 ms 后再启动一次写操作。由于 EEPROM 器件缓冲区容量较小(只占据最低 3 位),且不具备溢出进位检测功能,所以,从非零地址写入 8 个字节数或从零地址写入超过 8 个字节数会形成地址翻卷,导致写入出错。

(1) AT24C02 写操作

AT24C02 支持字节写和页写两种模式。在字节写模式下,主器件发送起始命令和从器件地址信息(R/W 位置零)给从器件,在从器件产生应答信号后,主器件发送 AT24C02 的字节地址,主器件在收到从器件的另一个应答信号后,再发送数据到被寻址的存储单元,AT24C02 再次应答,并在主器件产生停止信号后开始内部数据的擦写,在内部擦写过程中,AT24C02 不再应答主器件的任何请求。AT24C02 的字节写模式的时序图如图 1-18 所示。

在页写模式下,AT24C02 可以一次写入 8 个字节的数据。页写操作的启动和字节写的启动几乎一样,不同之处在于传送了一字节数据后并不产生停止信号,主器件被允许发送 7 个额外的字节,每发送一个字节数据后 AT2402 产生一个应答位并将字节地址低位加 1,高位保持不变。如果在发送停止信号之前,主器件发送超过 8 个字节,地址计数器将自动翻转,先前写入的数据被覆盖。接收到 8 个字节数据和主器件发送的停止信号后,AT24C02 启动内部写周期将数据写到数据区,所有接收的数

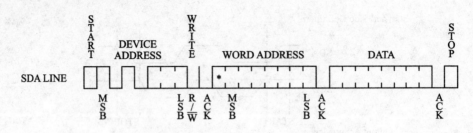

图 1-18　AT24C02 的字节写时序图

据在一个写周期内写入 AT24C02。图 1-19 是 AT24C02 的页写模式的时序图。

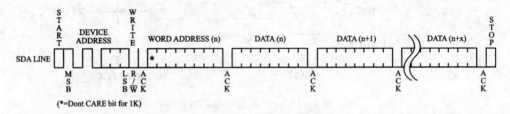

图 1-19　AT24C02 的页写时序图

(2) AT24C02 读操作

AT24C02 支持立即地址读、选择读和连续读 3 种模式。在立即地址读模式下，AT24C02 的地址计数器内容为最后操作字节的地址加 1，如果上次读/写的操作地址为 N，则立即读的地址为 N+1。如果 N=255，则计数器将翻转到 0，且继续输出数据。AT24C02 接收到从器件地址信号后（R/W 位置 1），它首先发送一个应答信号，然后发送一个 8 位字节数据。主器件不需要发送一个应答信号，但要产生一个停止信号。立即读时序如图 1-20 所示。

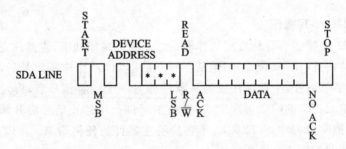

图 1-20　AT24C02 的立即地址读模式时序图

在选择读模式下，允许主器件对 AT24C02 的任意字节进行读操作，主器件首先通过发送起始信号、从器件地址和它想读取的字节数据的地址执行一下伪写操作。在 AT24C02 应答之后，主器件重新发送起始信号和从器件地址，此时 R/W 置 1，AT24C02 响应并发送应答信号，然后输出所要求的一个 8 位字节数据，从器件不能发送应答信号但产生一个停止信号。选择读时序如图 1-21 所示。

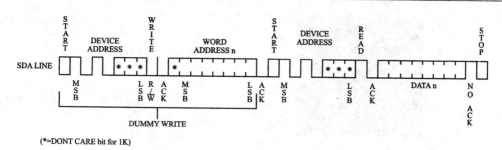

图 1-21 AT24C02 的选择读模式时序图

在连续读模式下(连续读操作可通过立即读或选择性读操作启动),AT24C02 发送完一个 8 位字节数据后,主器件产生一个应答信号为响应,告知 AT24C02 主器件要求更多的数据,对应每个主机产生的应答信号 AT24C02 将发送一个 8 位数据字节。当主器件不发送应答信号而发送停止位时结束此操作。从 AT24C02 输出的数据按顺序由 N 到 N+1 输出。读操作时地址计数器在 AT24C02 整个地址内增加,这样整个寄存器区域都可以在一个读操作内全部读出。当读取的字节超过 255,计数器将翻转到零并继续输出数据字节。连续读时序如图 1-22 所示。

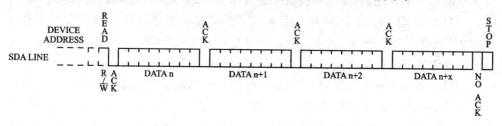

图 1-22 AT24C02 的连续读模式时序图

1.3.3 发光二极管电路设计

1. 什么是发光二极管

发光二极管在日常使用的电器中无处不在,它能够发光,颜色有红色、绿色、黄色和蓝色等,外形上有直径 3 mm、5 mm 圆型和 5 mm 长方型。与普通二极管一样,发光二极管也是由半导体材料制成的,也具有单向导电的性质,即只有接对极性才能发光。发光二极管的电路符号比一般二极管多了两个箭头,示意能够发光。通常发光二极管用作电路工作状态的指示,它比小灯泡的耗电低得多,而且寿命也长得多。发光二极管的实物如图 1-23 所示,电路中符号如图 1-24 所示。

第1章 嵌入式系统硬件设计

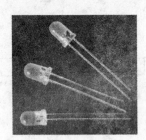

图 1-23 发光二级管

图 1-24 发光二极管电路符号

2. 发光二极管的检测

发光二极管有正负极之分,辨别发光二极管正负极的方法,有实验法和目测法。实验法就是通电看看能不能发光,若不能就是极性接错或是发光管损坏。

注意发光二极管是一种电流型器件,虽然在它的两端直接接上 5 V 的电压后能够发光,但容易损坏,在实际使用中一定要串接限流电阻,工作电流根据型号不同一般为 1 mA 到 30 mA。发光二极管的导通电压一般为 1.7 V 以上,一般取 2 V,假定工作电流选 10 mA 的话,那么限流电阻值为 (5 V−2 V)/10 mA,即为 300 Ω。

一般万用表的 R×1 档到 R×1K 档均不能测试发光二极管,而 R×10K 档由于使用 9V 或者 15V 的电池,能把有的发光管点亮。如果万用表有检测短路档,也可将发光二极管接至两表笔之间测试,会发现发光二极管发光。

用眼睛来观察发光二极管(草帽型二极管),可以发现内部的两个电极一大一小。一般来说,电极较小、个头较矮的一个是发光二极管的正极,电极较大的一个是它的负极。若是新买来的发光管,管脚较长的一个是正极。如果是贴片发光二极管,芯片背后有绿色的指示标志,较容易识别。

3. 发光二极管的工作电路

本书硬件平台发光二极管与 S3C2410 连接方式如图 1-25 所示。二极管正极(阳极)接的是 VDD33V,工作电压为 3.3 V,GPF4~GPF7 连接 S3C2410 的 F 组端口引脚 4 到引脚 7,当 GPF4~GPF7 端口为低电平时,二极管发光。

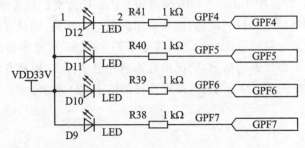

图 1-25 发光二级管与 ARM9 连接示意图

1.3.4 按键电路设计

键盘是最常用的人机输入设备,与台式计算机不同,嵌入式系统中的键盘,其所需的按键个数及功能通常是根据具体应用来确定的,不同的应用其键盘中的按键个数及功能可能不一致。因此在设计嵌入式系统的键盘接口时,通常根据应用的具体要求来设计键盘的硬件接口电路,同时还需要完成识别按键动作、生成按键键码和按键具体功能的软件程序设计。

1. 按键介绍及分类

开发板上常用按键有带锁与不带锁两种。不带锁按键如图 1-26 所示,常用来制作个性的小键盘。

图 1-26 不带锁按键

带锁按键如图 1-27 所示,电路板中常用作电源开关等。

图 1-27 带锁按键

2. 按键输入原理

通过按键的接通和断开,产生两种相反的逻辑状态:低电平"0"和高电平"1"。有电平变化时,由软件控制完成按键所设定的功能。

3. 键盘的分类

(1) 独立式键盘

独立式键盘将每一个按键分别连接到一个输入引脚上,如图 1-28 所示。微处理器根据对应输入引脚上的电平是 0 还是 1 来判断按键是否按下,并完成相应按键的功能。

(2) 矩阵键盘

矩阵键盘用于按键数目较多的场合,通常把按键排成阵列形式,按键位于行、列的交叉点上,当按键按下的时候,行列线导通。本书硬件平台按键与 S3C2410 连接方式如图 1-29 所示。

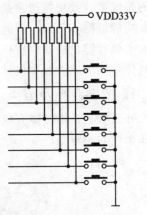

图 1-28 独立式键盘

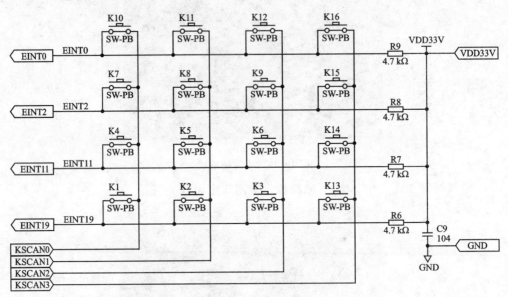

图 1-29 矩阵键盘

4. 矩阵键盘扫描原理

实际应用中,矩阵按键用的较多,因为占用 IO 口较少,节省资源。但是工作原理相对复杂。

(1) 工作原理

无键按下,该行线为高电平,当有键按下时,行线电平由列线的电平来决定。由于行、列线为多键共用,各按键彼此将相互发生影响,必须将行、列线信号配合起来处理,才能确定闭合键的位置。

(2) 扫描法读取键值

第一步:使行线为输入线,列线是输出线。拉低所有的列线,判断行线变化。如果有按键按下,对应的行线拉低,否则,所有的行线都为高电平。此步为判断是否有按键按下,并不能得到最后的键值。

第三步:开始扫描按键位置。采用逐行扫描,分别拉低第一列、第二列、第三列、第四列,读取行值找到按键位置。(具体为判断按键所在的列:在使行线为低电平的那一列,行列交叉点即为按键按下的位置)

5. 消 抖

抖动是机械开关本身的一个最普遍问题。它是指当键按下时,机械开关在外力的作用下,开关簧片的闭合有一个从断开到不稳定接触,最后到可靠接触的过程。即开关在达到稳定闭合前,会反复闭合、断开几次,同样的现象在按键释放时也存在。开关这种抖动的影响若不设法消除,会使系统误认为键盘按下若干次。按键抖动的示意图如图 1-30 所示。键抖动的时间一般为 10 ms~20 ms,去抖动的方法主要采用软件延时和硬件延时电路。一般采用软件延时。

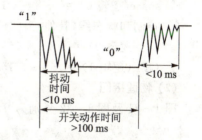

图 1-30 按键抖动示意图

软件延时消抖方法:检测到有键按下,则读到的键对应的行线为低,软件延迟 10 ms 后,行线如果仍为低,则确认该行有键按下。按键松开时,行线变高,软件延时 10 ms 后,行线仍为高,说明按键已松开。采取这种措施,躲开了两个抖动期的影响。

1.3.5 异步串行通信接口电路设计

数据通信的基本方式可分为并行通信与串行通信两种。

并行通信:是指利用多条数据传输线将一个资料的各个位同时传送。它的特点是传输速度快,适用于短距离通信,但要求通信速率较高的应用场合。

串行通信:是指利用一条传输线将资料一位位地顺序传送。特点是通信线路简单,利用简单的线缆就可实现通信,降低成本,适用于远距离通信,但传输速度慢的应用场合。

串行通信的传输模式有同步传输和异步传输两种。异步传输以一个字符为传输单位,通信中两个字符间的时间间隔是不固定的,在同一个字符中的两个相邻位代码间的时间间隔是固定的。

1. RS-232C 标准

目前,串行通信接口标准已有多种,但都是在 RS-232C 标准的基础上经过改进而形成的,本节首先介绍 RS-232C 的相关知识。

RS-232C 标准时美国 EIA(电子工业联合会)与 BELL 等公司一起开发的,于 1969 年公布的串行通信协议,它适合于数据传输速率不高的场合。这个标准对串行通信接口的有关问题,如信号线功能、电气特性都做了明确规定。RS-232C 作为一种串行通信接口标准,目前已经在嵌入式系统中广泛应用。

(1) 电气特性

RS-232C 对电气特性规定如下。

a、数据线(TXD,RXD)上的信号电平(负逻辑):

  mark(逻辑 1) = $-3 \sim -15V$

  space(逻辑 0) = $+3 \sim +15V$

b、控制和状态线(其他)上的信号电平:

  ON(逻辑 0)= $+3 \sim +15V$(接通)

  OFF(逻辑 1)= $-3 \sim -15V$(断开)

(2) 物理接口

图 1-31 及图 1-32 分别为"D"型 9 针 RS-232C 物理接口的公头与母头。

 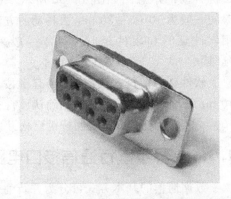

图 1-31 "D"型 9 针插头(公头或阳头)   图 1-32 "D"型 9 针插头(母头或阴头)

"D"型 9 针插头串口各个引脚功能定义如图 1-33 所示。

应当注意的是如下几个引脚:2,接收数据 RXD;3,发送数据 TXD;5,信号地。

由于 RS-232C 标准中表示逻辑 0、1 状态的电平,与嵌入式微处理器表示逻辑 0、1 状态的电平不同,因此为了使嵌入式微处理器能与 RS-232C 接口的设备连接,必须在嵌入式系统的 RS-232C 中设计电平转换电路。实现这种转换的集成电路芯片有多种,目前广泛使用的芯片有 MAX3232 等。

2. MAX3232 原理

图 1-34 所示为 MAX3232 引脚示意图,MAX3232 为+3.3V 供电。MAX3232

引脚	信号名	功 能
1	DCD	载波检测
2	RXD	接收数据
3	TXD	发送数据
4	DTR	数据终端准备就绪
5	GND	信号地线
6	DSR	数据准备完成
7	RTS	发送请求
8	CTS	发送清除
9	RI	振铃指示

9针 信号接口

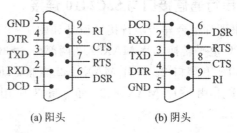

(a) 阳头　　(b) 阴头

图 1-33 "D"型 9 针插头引脚定义

采用专有的低压差发送器输出级，通过双电荷泵，在 3.0 V 供压下，表现出 RS-232C 协议器件性能。硬件连接中只需 4 个 0.1 μF 的外部小电容，用于电荷泵。其中：1、3 和 4、5 脚之间加 0.1 uf 电容，2、6 脚对地之间 2 个电容为 0.1 uf。

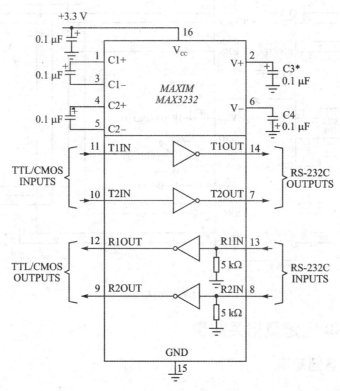

图 1-34　MAX3232 引脚示意图

电平转换的连接原理如图 1-34 所示，图 1-34 左边 11、10 号引脚与 12、9 号引脚连接嵌入式微处理器的串行接口控制部件引脚，为 TTL 电平，右边连接 RS-232C 连接器，要求是 EIA 电平。因此，RS-232C 所有输出、输入信号都要分别经过电平转换器,进行电平转换后才能发送到连接器上或者从连接器上接收进来。

3. 串行通信接口与 S3C2410 连接

本书硬件平台异步串行接口设计如图 1-35 所示,包含 RS-232C 物理接口及 RS-232C 电平转换芯片 MAX3232 两部分。S3C2410 具有 3 个串行接口,分别为串口 0、串口 1 和串口 2。一片 MAX3232 能够驱动两个简单串口,如图 1-35 所示,串口 0 和 1 采用一片 MAX3232,而串口 3 应用在更加复杂的场合,单独使用一片 MAX3232。

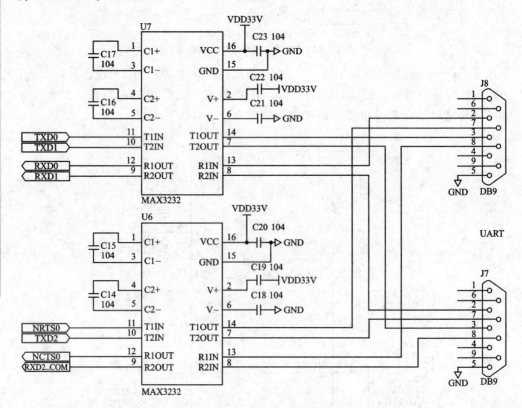

图 1-35 串行通信接口连接图

1.3.6 USB 电路及相关知识

1. USB 基础知识

(1) 定义

通用串行总线协议 USB(Universal Serial Bus)是由 Intel、Compaq、Microsoft 等公司联合提出的一种新的串行总线标准,主要用于 PC 机与外围设备的互联。1994 年 11 月发布第一个草案,1996 年 2 月发布第一个规范版本 1.0,2000 年 4 月发布高速模式版本 2.0,对应的设备传输速度也从 1.5 Mbps 的低速和 12 Mbps 的全速提高到如今的 480 Mbps 的高速。目前 USB 技术已经发展到 USB 3.0，传输速度达到 5 Gbps，相应硬件接口也发生了变化，本书仅介绍 USB 2.0 以下知识。

USB 主要特点是：

a、支持即插即用：允许外设在主机和其他外设工作时进行连接配置使用及移除。

b、传输速度快：USB 支持 3 种设备传输速率。低速设备 1.5 Mbps、中速设备 12 Mbps 和高速设备 480 Mbps。

c、连接方便：USB 可以通过串行连接或者使用集线器 Hub 连接 127 个 USB 设备，从而以一个串行通道取代 PC 上其他 I/O 端口如串行口、并行口等，使 PC 与外设之间的连接更容易。

d、独立供电：USB 接口提供了内置电源。

e、低成本：USB 使用 4 针插头作为标准插头。

(2) 组成

USB 规范中将 USB 分为 5 个部分：控制器、控制器驱动程序、USB 芯片驱动程序、USB 设备以及针对不同 USB 设备的客户驱动程序。

控制器（Host Controller），主要负责执行由控制器驱动程序发出的命令，如位于 PC 主板的 USB 控制芯片。

控制器驱动程序（Host Controller Driver），在控制器与 USB 设备之间建立通信信道，一般由操作系统或控制器厂商提供。

USB 芯片驱动程序（USB Driver），提供对 USB 芯片的支持，设备上的固件 (Firmware)。

USB 设备（USB Device），包括与 PC 相连的 USB 外围设备。

设备驱动程序（Client Driver Software），驱动 USB 设备的程序，一般由 USB 设备制造商提供。

(3) 传输方式

针对设备对系统资源需求的不同，在 USB 规范中规定了 4 种不同的数据传输方式。

同步传输（Isochronous），该方式用来连接需要连续传输数据，且对数据的正确性要求不高而对时间极为敏感的外部设备，如麦克风、喇叭以及电话等。同步传输方式以固定的传输速率，连续不断地在主机与 USB 设备之间传输数据，在传送数据发生错误时，USB 并不处理这些错误，而是继续传送新的数据。同步传输方式的发送方和接收方都必须保证传输速率的匹配，不然会造成数据的丢失。

中断传输（Interrupt），该方式用来传送数据量较小，但需要及时处理，以达到实时效果的设备。此方式主要用在偶然需要少量数据通信，但服务时间受限制的键盘、鼠标以及操纵杆等设备上。

控制传输（Control），该方式用来处理主机到 USB 设备的数据传输，包括设备控制指令、设备状态查询及确认命令。当 USB 设备收到这些数据和命令后,将依据先进先出的原则处理到达的数据。主要用于主机把命令传给设备、及设备把状态返回给主机。任何一个 USB 设备都必须支持一个与控制类型相对应的端点 0。

批量传输(Bulk),该方式不能保证传输的速率,但可保证数据的可靠性,当出现错误时,会要求发送方重发。通常打印机、扫描仪和数字相机以这种方式与主机联接。

(4) 关键词

USB 主机(Host):USB 主机控制总线上所有的 USB 设备和所有集线器的数据通信过程。一个 USB 系统中只有一个 USB 主机,USB 主机检测 USB 设备的连接和断开、管理主机和设备之间的标准控制管道、管理主机和设备之间的数据流、收集设备的状态和统计总线的活动、控制和管理主机控制器与设备之间的电气接口,每一毫秒产生一帧数据,同时对总线上的错误进行管理和恢复。

USB 设备(Device):通过总线与 USB 主机相连的称为 USB 设备。USB 设备接收 USB 总线上的所有数据包,根据数据包的地址域来判断是否接收,接收后通过响应 USB 主机的数据包与 USB 主机进行数据传输。

端点(Endpoint):端点是位于 USB 设备中与 USB 主机进行通信的基本单元。每个设备允许有多个端点,主机只能通过端点与设备进行通信,各个端点由设备地址和端点号确定在 USB 系统中唯一的地址。每个端点都包含一些属性:传输方式、总线访问频率、带宽、端点号、数据包的最大容量等。除控制端点 0 外的其他端点必须在设备配置后才能生效,控制端点 0 通常用于设备初始化参数。USB 芯片中,每个端点实际上就是一个一定大小的数据缓冲区。

管道(Pipe):管道是 USB 设备和 USB 主机之间数据通信的逻辑通道,一个 USB 管道对应一个设备端点,各端点通过自己的管道与主机通信。所有设备都支持对应端点 0 的控制管道,通过控制管道主机可以获取 USB 设备的信息,包括:设备类型、电源管理、配置、端点描述等。

USB 设备的读写是通过管道来完成的。管道是 USB 设备和 USB 主机之间进行数据通信的逻辑通道,它的物理介质就是 USB 系统中的数据线。在设备端,管道的主体是"端点",每个端点占据各自的管道和 USB 主机通信。所有的设备都需要有支持控制传输的端点,协议将端点 0 定义为设备默认的控制端点。在设备正常工作之前,USB 主机必须为设备分配总线上唯一的设备地址,并完成读取设备的各种描述符,根据描述符的需求为设备的端点配置管道,分配带宽等工作。另外,在设备的工作过程中,主机希望及时的获取设备的当前状态。以上的过程是通过端点 0 来完成的。USB 设备和主机之间的数据的接收和发送采用的是批量传输方式。端点 1 为批量输入端点,端点 3 为批量输出端点(输入和输出以 USB 主机为参考)。端点 3 数据的批量传输由 DMA 接口实现。由于篇幅有限,本书不能对 USB 规范协议做更详细的介绍,有兴趣的读者可以参考相关书籍。

2. USB 物理接口基础

在普通用户看来,USB 系统就是外设通过一根 USB 电缆和 PC 机连接起来。通常把外设称为 USB 设备,把其所连接的 PC 机称为 USB 主机。

USB 接口实物如图 1-36 所示。

图 1-36 USB 接口实物

USB 使用一根屏蔽的 4 线电缆与网络上的设备进行互联。数据传输通过一个差分双绞线进行,这两根线分别标为 D+和 D-,另外两根线是 VCC 和 GND,其中 VCC 向 USB 设备供电。为了避免混淆,USB 电缆中的线都用不同的颜色标记,如图 1-37 所示。

从一个设备连回到主机,称为上行连接;从主机到设备的连接,称为下行连接。为了防止回环情况的发生,上行和下行端口使用不同的连接器,所以 USB 在电缆和设备的连接中分别采用了两种类型的连接头,即下图所示的 A 型连接头和 B 型连接头。每个连接头内的电线号与下图的引脚编号是一致的。A 型连接头,用于上行连接,即在主机或集线器上有一个 A 型插座,而在连接到主机或集线器的电缆的一端是 A 型插头。在 USB 设备上有 B 型插座,而 B 型插头在从主机或集线器接出的下行电缆的一端。采用这种连接方式,可以确保 USB 设备、主机/集线器和 USB 电缆始终以正确的方式连接,而不可能出现电缆接入方式出错,或直接将两个 USB 设备连接到一起的情况。

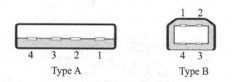

USB PIN Definition

Pin	Name	Cable color	Description
1	VCC	Red	+5V
2	D-	White	Data-
3	D+	Green	Data+
4	GND	Black	Ground

图 1-37 USB 接口引脚定义

3. 设备检测简介

在 USB 设备连接时,USB 系统能自动检测到这个连接,并识别出其采用的数据传输速率。USB 采用在 D+或 D-线上增加上拉电阻的方法来识别低速和全速设备。USB 支持 3 种类型的传输速率:1.5 Mbps 的低速传输、12 Mbps 的全速传输和

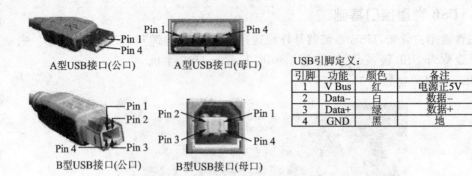

图 1-38 USB 接口种类

480 Mbps 的高速传输。

　　USB 主机与设备的连接方式如图 1-39 所示。当主控制器或集线器的下行端口上没有 USB 设备连接时,其 D+ 和 D- 线上的下拉电阻使得这两条数据线的电压都是近地的(0V);当低速/全速设备连接以后,电流流过由集线器的下拉电阻和设备在 D+/D- 的上拉电阻构成的分压器。由于下拉电阻的阻值是 15 kΩ,上拉电阻的阻值是 1.5 kΩ,所以在 D+/D- 线上会出现大小为(VCC * 15/(15+1.5))的直流高电平电压。当 USB 主机探测到 D+/D- 线的电压已经接近高电平,而其他的线保持接地时,它就知道全速/低速设备已经连接了。

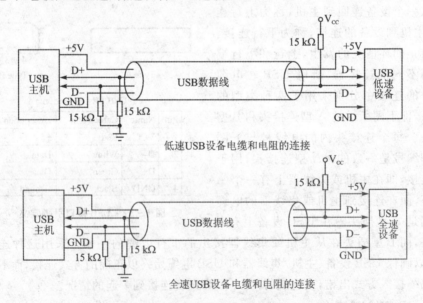

图 1-39 USB 设备检测示意图

　　高速设备在连接起始时需要以全速速率与主机进行通信,以完成其配置操作,这时需要在 D+ 线上连接 1.5 kΩ 的上拉电阻。当高速设备正常工作时,如果采用高速传输的话,D+线不可上拉;但如果仍采用全速传输,则在 D+线上必须使用上拉电阻。所以,为识别出高速设备,需要在上拉电阻和 D+线之间连接一个由软件控制的开关,它通常被集成在 USB 设备接口芯片的内部。

4. S3C2410 微处理器的 USB 接口

S3C2410 微处理器提供了 USB Host 控制器和 USB Device 控制器,用户只需简单地通过电阻将 S3C2410 的相应引脚连接至 USB 接口器件即可。S3C2410 与 USB 接口连接方式如图 1-40 所示。

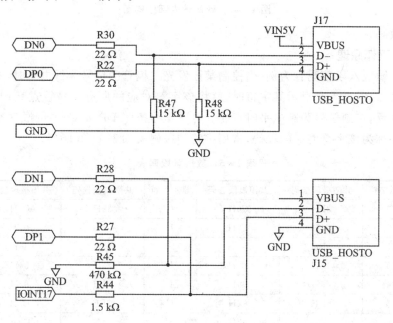

图 1-40 USB 硬件设备连接图

1.3.7 数码管显示电路设计

1. 数码管原理

嵌入式系统中,经常使用八段数码管来显示数字或符号,由于它具有显示清晰、亮度高、使用电压低、寿命长的特点,因此使用非常广泛。

(1) 结构

八段数码管由 8 个发光二极管组成,其中 7 个长条形的发光管排列成"日"字形,右下角一个点形的发光管作为显示小数点用,八段数码管能显示所有数字及部分英文字母。数码管内部结构见图 1-41。

(2) 类型

八段数码管有两种不同的形式:一种是 8 个发光二极管的阳极都连在一起的,称之为共阳极八段数码管;另一种是 8 个发光二极管的阴极都连在一起的,称之为共阴

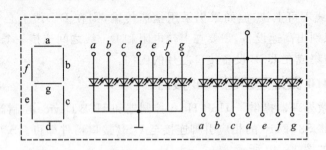

图1-41 数码管内部结构图

极八段数码管。

(3) 工作原理

以共阳极八段数码管为例,当控制某段发光二极管的信号为低电平时,对应的发光二极管点亮,当需要显示某字符时,就将该字符对应的所有二极管点亮;共阴极二极管则相反,控制信号为高电平时点亮。电平信号按照DP,g,e…a的顺序组合形成的数据字称为该字符对应的段码,常用字符的段码表如表1-5所列。

表1-5 数码管段码表

显示字符	共阴极段选码	共阳极段选码	显示字符	共阴极段选码	共阳极段选码
0	3FH	C0H	C	39H	C6H
1	06H	F9H	D	5EH	A1H
2	5BH	A4H	E	79H	86H
3	4FH	B0H	F	71H	84H
4	66H	99H	P	73H	82H
5	6DH	92H	U	3EE	C1H
6	7DH	82H	r	31H	CEH
7	07H	F8H	y	6EH	91H
8	7FH	80H	8	FFH	00H
9	6FH	90H	"灭"	00H	FFH
A	77H	88H			
B	7CH	83H			

(4) 显示方式

八段数码管的显示方式有两种,分别是静态显示和动态显示。静态显示是指当八段数码管显示一个字符时,该字符对应段的发光二极管控制信号一直保持有效。动态显示是指当八段数码管显示一个字符时,该字符对应段的发光二极管是轮流点亮的,即控制信号按一定周期有效,在轮流点亮的过程中,点亮时间是极为短暂的(约1 ms),由于人的视觉暂留现象及发光二极管的余辉效应,数码管的显示依然是非常稳定的。

2. 数码管驱动芯片

74HC164 是 8 位边沿触发式移位寄存器,串行输入数据,然后并行输出。74HC164 引脚分布如图 1-42 所示。

在图 1-42 中,CLK 为时钟输入端;$\overline{CLR}$为同步清除输入端(低电平有效);A 与 B 是串行数据输入端;QA~QH 则是并行数据输出端。当清除端($\overline{CLR}$)为低电平时,输出端(QA~QH)输出低电平。数据通过两个输入端(A 或 B)之一串行输入;任一输入端可以用作高电平使能端,控制另一输入端的数据输入。当 A、B 任意一个为低电平,则禁止新数据输入;在时钟端 (CLK)脉冲上升沿作用下,当 A、B 有一个为高电平,则另一个就允许输入数据,并在 CLK 上升沿作用下决定 QA 的状态。使用时注意两个输入端或者连接在一起,或者把不用的输入端接高电平,不要悬空。

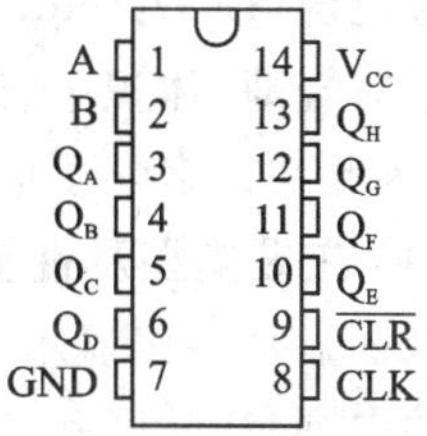

图 1-42 74HC164 引脚示意图

3. 74HC164 数码管驱动电路

本书硬件平台采用 4 个共阴极数码管,由 4 片 74HC164 控制数码管输出,电路连接方式如图 1-43 所示。数码管显示由芯片 74HC164 进行控制,每一个 74HC164 对应一个数码管,74HC164 的输入端与前一级 74HC164 输出端 QH 相连,数据由 S3C2410 的 A 组端口 GPA12 引脚送至第一级 74HC164 的 AB 端,移位脉冲由 S3C2410 的 A 组端口 GPA15 送至 4 个 74HC164 的 CLK 端,在 CLK 引脚接收到脉冲作用下,串行数据自 AB 端逐位由 QA 至 QH 发送,由于上下级 74HC164 首尾级联,上级芯片接收到数据会依次传至下级芯片,32 个脉冲后,完整的需要送显数据即出现在 4 位数码管上。

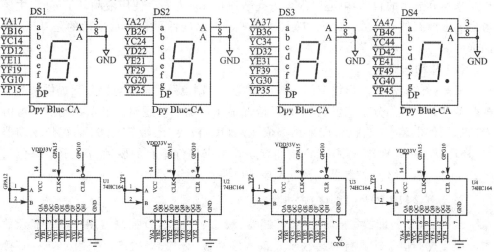

图 1-43 数码管驱动电路

1.3.8 LCD 驱动电路设计

1. 液晶显示屏(LCD)

液晶屏(LCD:Liquid Crystal Display)主要用于显示文本及图形信息。液晶显示屏具有轻薄、体积小、低耗电量、无辐射危险、平面直角显示以及影像稳定不闪烁等特点,因此在许多电子应用系统中,常使用液晶屏作为人机界面。

(1) 主要类型及性能参数

液晶显示屏按显示原理分为 STN 和 TFT 两种:STN(Super Twisted Nematic,超扭曲向列)液晶屏和 TFT(Thin Film Transistor,薄膜晶体管)彩色液晶屏。

STN 液晶显示器与液晶材料、光线的干涉现象有关,因此显示的色调以淡绿色与橘色为主。STN 液晶显示器中,使用 X、Y 轴交叉的单纯电极驱动方式,即 X、Y 轴由垂直与水平方向的驱动电极构成,水平方向驱动电压控制显示部分为亮或暗,垂直方向的电极则负责驱动液晶分子的显示。STN 液晶显示屏加上彩色滤光片,并将单色显示矩阵中的每一像素分成 3 个子像素,分别通过彩色滤光片显示红、绿、蓝三原色,也可以显示出色彩。单色液晶屏及灰度液晶屏都是 STN 液晶屏。

随着液晶显示技术的不断发展和进步,TFT 液晶显示屏被广泛用于制作电脑中的液晶显示设备。TFT 液晶显示屏既可在笔记本电脑上应用(现在大多数笔记本电脑都使用 TFT 显示屏),也常用于主流台式显示器,分 65 536 色、26 万色、1 600 万色 3 种,其显示效果非常出色。TFT 的显示采用"背透式"照射方式——假想的光源路径不是像 TN 液晶那样从上至下,而是从下向上。这样的做法是在液晶的背部设置特殊光管,光源照射时通过下偏光板向上透出。由于上下夹层的电极改成 FET 电极和共通电极,在 FET 电极导通时,液晶分子的表现也会发生改变,可以通过遮光和透光来达到显示的目的,响应时间大大提高到 80 ms 左右。使用液晶显示屏时,主要考虑的参数有外形尺寸、像素、点距、色彩等。本书硬件平台显示采用的是 TFT 液晶屏。

(2) 驱动与显示

液晶屏的显示要求设计专门的驱动与显示控制电路。驱动电路包括提供液晶屏的驱动电源和液晶分子偏置电压,以及液晶显示屏的驱动逻辑。显示控制部分可由专门的硬件电路组成,也可以采用集成电路(IC)模块,比如 EPSON 的视频驱动器等,还可以使用处理器外围 LCD 控制模块。本书硬件平台的驱动与显示系统包括 S3C2410X 片内 LCD 控制器以及外围驱动电路。

2. S3C2410 内部 LCD 控制器

S3C2410X 处理器集成了 LCD 控制器,S3C2410X LCD 控制器用于传输显示数据和产生控制信号并支持屏幕水平和垂直滚动显示。数据的传送采用 DMA(直接内存访问)方式,以达到最小的延迟。它可以支持多种液晶屏,具体参数如下。

(1) STN LCD：

- 支持 3 种类型的扫描方式：4 位单扫描、4 位双扫描和 8 位单扫描；
- 支持单色、4 级灰度和 16 级灰度显示；
- 支持 256 色和 4 096 色彩色 STN LCD；
- 支持多种屏幕大小；
- 典型的实际屏幕大小是：640×480、320×240、160×160 及其他；
- 最大虚拟屏幕占内存大小为 4MB；
- 256 色模式下最大虚拟屏幕大小：4096×1024，2048×2048，1024×4096 及其他。

(2) TFT LCD：

- 支持 1、2、4 或 8 bpp 彩色调色显示；
- 支持 16 bpp 和 24 bpp 非调色真彩显示；
- 在 24 bpp 模式下，最多支持 16 兆种颜色；
- 支持多种屏幕大小；
- 典型的实际屏幕大小是：640×480、320×240、160×160 及其他；
- 最大虚拟屏幕占内存大小为 4 MB；
- 64K 色模式下最大虚拟屏幕大小：2048×1024 及其他。

3. LCD 控制器结构

LCD 控制器主要提供液晶屏显示数据的传送、时钟和各种信号的产生与控制功能。S3C2410X 处理器的 LCD 控制器主要部分框图如图 1-44 所示。

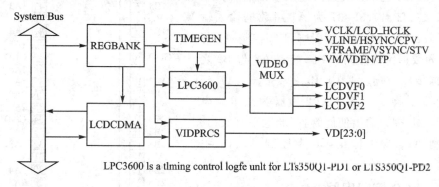

LPC3600 ls a tlming control logfe unlt for LTS350Q1-PD1 or LTS350Q1-PD2

图 1-44 S3C2410 内部 LCD 控制器结构

S3C2410X LCD 控制器用于传输显示数据和产生控制信号，例如 VFRAME、VLINE、VCLK、VM 等。除了控制信号之外，S3C2410X 还提供数据端口供显示数据传输，也就是 VD[23:0]，如表 1-5 所列。

第1章 嵌入式系统硬件设计

表 1-5 S3C2410 内部 LCD 控制器引脚定义

输出接口信号	描 述
VFRAME/VSYNC/STV	帧同步信号(STN)/垂直同步信号(TFT)/SEC TFT 信号
VLINE/HSYNC/CPV	行同步信号(STN)/水平同步信号(TFT)/SEC TFT 信号
VCLK/LCD_HCLK	时钟信号(SEC/TFT)/SEC TFT 信号
VD[23:0]	LCD 显示输出输出端口(STN/TFT/SEC TFT)
VM/VDEN/TP	交流控制信号(STN)/数据使能信号(TFT)/SEC TFT 信号
LEND/STH	行结束信号(TFT)/SEC TFT 信号
LCD_PWREN	LCD 电源使能
LCDVF0	SEC TFT 信号 OE
LCDVF1	SEC TFT 信号 REV
LCDVF2	SEC TFT 信号 REVB

4. 74LVCH162245 芯片

本书硬件平台 LCD 控制器使用 74LVCH162245 作为数据总线连接器件，74LVCH162245 的引脚分布如图 1-45 所示。

图 1-45 中 2、3、5、6、8、9、1、12 为 B1 组数据输入输出引脚；13、14、16、17、19、20、22、23 为 B2 组数据输入输出引脚；36、35、33、32、30、29、27、26 为 A2 组数据输入输出引脚；47、46、44、43、41、40、38、37 为 A1 组数据输入输出引脚；1、24 为方向控制引脚；1 脚控制 A1 与 B1 之间数据传输方向，24 脚控制 A2 与 B2 之间数据传输方向。4、10、15、21、28、34、39、45 为 GND 引脚。7、18、41、32 引脚为正电源电压。25、48 脚为输出使能管脚，低电平有效，48 脚控制 A1、B1 组输出，25 脚控制 A2、B2 组输出。

5. LCD 接口电路

如图 1-46 所示，S3C2410 的 LCD 控制器输出引脚通过两片 74LVCH162245 连接至外部 LCD 显示器。作为连接 CPU 微控制器与外部设备接口的芯片，74LVCH162245 的

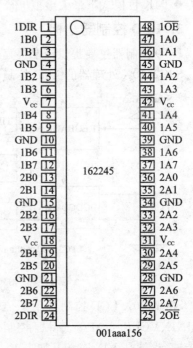

图 1-45 74LVCH162245 引脚示意图

作用主要有 3 个：电平转换、总线隔离和总线驱动。使用 74LVCH162245 有效地减少了 EMI，能够保证数据传输的稳定与准确。

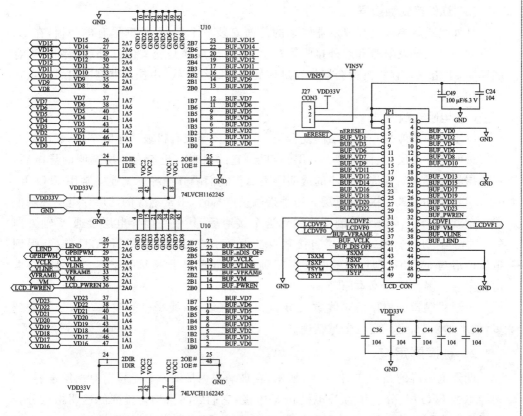

图 1-46 LCD 设备硬件连接示意图

1.3.9 触摸屏电路设计

1. 触摸屏原理及种类

触摸屏(TSP：Touch Screen Panel)按其技术原理可分为 5 类：矢量压力传感式、电阻式、电容式、红外线式和表面声波式，其中电阻式触摸屏在嵌入式系统中应用较多。

(1) 表面声波式触摸屏

表面声波式触摸屏的边角有 X、Y 轴声波发射器和接收器，表面有 X、Y 轴横竖交叉的超声波传输。当触摸屏幕时，从触摸点开始的部分被吸收，控制器根据到达 X、Y 轴的声波变化情况和声波传输速度计算出声波变化的起点，即触摸点。

(2) 电容感应式触摸屏

电容感应式触目屏原理为：人相当于地，给屏幕表面加上一个很低的电压，当用户触摸屏幕时，手指头吸收走一个很小的电流，这个电流分别从触摸屏 4 个角或 4 条边上的电极中流出，并且理论上流经这 4 个电极的电流与手指到 4 角的距离成比例，控制器通过对这 4 个电流比例的计算，得出触摸点的位置。

(3) 红外线式触摸屏

红外线式触摸屏是在显示器屏幕的前面安装一个外框,外框里有电路板,在X、Y方向排布红外发射管和红外接收管,一一对应形成横竖交叉的红外线矩阵。当有触摸时,手指或其它物体就会挡住经过该处的横竖红外线,由控制器判断出触摸点在屏幕的位置。

(4) 电阻式触摸屏

电阻式触摸屏是一个多层的复合膜,由一层玻璃或有机玻璃作为基层,表面涂有一层透明的导电层,上面再盖有一层塑料层,它的内表面也涂有一层透明的导电层,在两层导电层之间有许多细小的透明隔离点把它们隔开绝缘。工业中常用ITO(Indium Tin Oxide 氧化锡)导电层。当手指触摸屏幕时,平常绝缘的两层导电层在触摸点位置就有了一个接触,控制器检测到这个接通后,其中一面导电层接通Y轴方向的5V均匀电压场,另一导电层将接触点的电压引至控制电路进行A/D转换,得到电压值后与5V相比即可得触摸点的Y轴坐标,同理得出X轴的坐标。这是所有电阻技术触摸屏共同的基本原理。

电阻式触摸屏根据信号线数又分为四线、五线、六线……等类型。信号线数越多,技术越复杂,坐标定位也越精确。

2. 触摸屏定位

四线电阻屏的结构如图1-47所示,在玻璃或丙烯酸基板上覆盖有两层透明,均匀导电的ITO层,分别作为X电极和Y电极,它们之间由均匀排列的透明格点分开绝缘。其中下层的ITO与玻璃基板附着,上层的ITO附着在PET薄膜上。X电极和Y电极的正负端由"导电条"(图中黑色条形部分)分别从两端引出,且X电极和Y电极导电条的位置相互垂直。引出端X-,X+,Y-,Y+一共4条线,这就是四线电阻屏名称的由来。当有物体接触触摸屏表面并施以一定的压力时,上层的ITO导电层发生形变与下层ITO发生接触,该结构可以等效为相应的电路,按下时的等效电路如图1-48所示。

计算触点的X、Y坐标分为如下两步:

(1) 计算Y坐标,在Y+电极施加驱动电压Vdrive,Y-电极接地,X+做为引出端测量得到接触点的电压,由于ITO层均匀导电,触点电压与Vdrive电压之比等于触点Y坐标与屏高度之比。

(2) 计算X坐标,在X+电极施加驱动电压Vdrive,X-电极接地,Y+做为引出端测量得到接触点的电压,由于ITO层均匀导电,触点电压与Vdrive电压之比等于触点X坐标与屏宽度之比。测得的电压通常由ADC转化为数字信号,再进行简单处理就可以作为坐标判断触点的实际位置。

3. S3C2410触摸屏接口电路设计

S3C2410与触摸屏接口电路,如图1-49所示。工作原理如下:

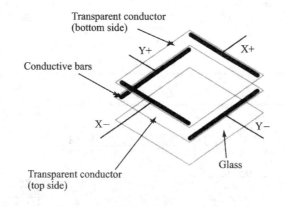

图 1-47 四线电阻式触摸屏示意图

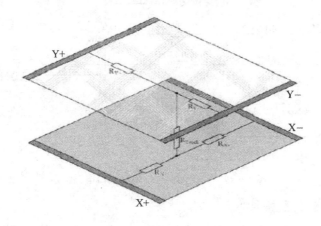

图 1-48 触摸屏按下示意图

当触摸屏被按下时,首先导通三极管 Q2 和 Q4,X+与 X-回路加上+3.3V 电源,同时将 Q1 和 Q3 关闭,断开 Y+和 Y-;再启动处理器的 A/D 转换通道 7,电路电阻与触摸屏按下产生的电阻输出分量电压,并由 A/D 转换器将电压值数字化,计算出 X 轴的坐标。接着先导通三极管 Q1 和 Q3,Y+与 Y-回路加上+3.3V 电源,同时将 Q2 和 Q4 关闭,断开 X+和 X-;再启动处理器的 A/D 转换通道 5,电路电阻与触摸屏按下产生的电阻输出分量电压,并由 A/D 转换器将电压值数字化,计算出 Y 轴的坐标。

1.3.10　电源及复位电路设计

本硬件平台采用 9V 电源适配器供电,通过 LM2596 开关电源芯片把电源稳压到 5V,再通过低压差稳压芯片 LM1117 将电压稳压到 3.3V 和 1.8V。3.3V 供给 CPU 微处理器的 IO 及外围设备,1.8V 供给 CPU 核供电。

第1章 嵌入式系统硬件设计

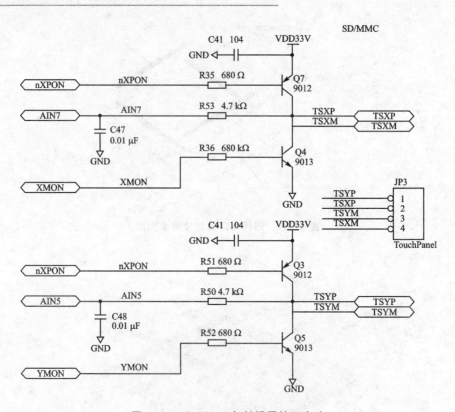

图1-49 S3C2410与触摸屏接口电路

1. LM2596 电源模块

LM2596系列芯片是美国国家半导体公司生产的3A电流输出降压开关型集成稳压芯片,它内含固定频率振荡器和基准稳压器,并具有完善的保护电路、电流限制、热关断电路等。利用该器件只需极少的外围器件便可构成高效稳压电路。可以提供3.3V、5V及可调输出等多个电压档次产品。本书硬件平台采用的是LM2596-5V产品,用来产生+5V输出电压。LM2596芯片工作电路如图1-50所示。

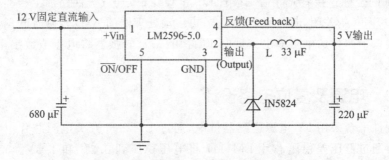

图1-50 LM2596电源设计示意图

其中 Vin 为适配器电压输入的正输入端,在这个管脚处必须加一个适当的输入旁路电容来减小暂态电压,同时为 LM2596 提供所需的开关电流。GND 为接地端。Output 为+5 V 电压输出端。Feedback 为反馈端,这个管脚把输出端的电压反馈到闭环反馈电路。$\overline{ON}$/OFF 为电源电压输出控制引脚,利用这个管脚可以把 LM2596 输出切断,使输入电流降到大约 80 μA。将这个管脚的电压下拉到低于 1.3 V 时,LM2596 被打开,而上拉到高于 1.3 V 时,LM2596 就被切断。如果不需要使用这个功能,可以把这个管脚接地或开路,使 IC 处于打开状态,正常输出所需电压。

2. LM1117 电源模块

LM1117 是一个低压差电压调节器。LM1117 有可调电压和固定电压输出两个版本,本硬件平台采用固定电压 3.3 V 输出版本的型号。LM1117 芯片工作电路如图 1-51 所示。

其中 V_{in} 为 LM1117 的电压输入端,各个电压档次的产品可以根据不同输入要求在最小值和最大值之间变化。V_{out} 为 LM1117 的电压输出端,各个电压档次的产品有不同的电压输出值,在正常工作期间输出电压的绝对误差不超过±1%。当 ADJ/GND 引脚作为固定电压输出时,为接地端;作为可调整电压输出时,为可调整输出端。

3. IMP811 电源监控及复位

IMP811/IMP812 是在低功耗微处理器、微控制器和数字系统中用来监视 3.0 V、3.3 V 和 5.0 V 电源工作的低功耗监控电路。其工作温度范围扩展为-40℃至 105℃。当电源电压降至预置的复位门限以下时,该电路就发出一个复位信号,并在电源已经升高到此复位门限后至少保持这个信号 140 ms。IMP811 具有低电平有效的 $\overline{RESET}$ 输出。IMP812 则具有高电平有效的 RESET 输出。芯片具有去抖动的手动复位输入功能。本书硬件平台采用 IMP811 芯片进行电源监控及低电平电压复位,如图 1-52 所示。

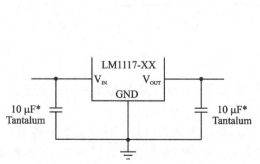

图 1-51 LM1117 电源设计示意图

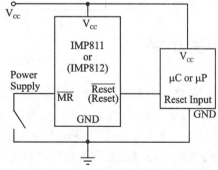

图 1-52 IMP811 电源监控及复位电路设计

IMP811 各个引脚功能如表 1-6 所列。

表 1-6 IMP811 引脚说明

引脚	名称	功能
1	GND	地
2	$\overline{\text{RESET}}$（低电平）	当 V_{CC} 低于复位门限时，$\overline{\text{RESET}}$ 被确定为低电平，并在复位条件中止后保持低电平至少 140 ms。另外，只要手动复位输入为低电平，那么 $\overline{\text{RESET}}$ 就为低电平有效
2	RESET	当 V_{CC} 低于复位门限时，RESET 被确定为高电平，并在复位条件中止后保持高电平至少 140ms。另外，只要手动复位输入为高电平，那么 RESET 就为高电平有效。
3	$\overline{\text{MR}}$（低电平）	手动复位输入。$\overline{\text{MR}}$ 为逻辑低电平可确定 $\overline{\text{RESET}}$。只要 $\overline{\text{MR}}$ 为低电平，并在 $\overline{\text{MR}}$ 返回高电平之后 180 ms 内，$\overline{\text{RESET}}$ 都保持有效。低电平有效输入端具有内部 20 kΩ 上拉电阻，如果不用，该输入端应为开路。它可由 TTL 或 CMOS 逻辑线驱动或用开关短路到地。
4	V_{CC}	电源输入电压（3.0 V、3.3 V、5.0 V）

应该注意的是，IMP811/812 器件在进行电源监控时，有 6 种电压门限，用来以支持 3 V 至 5 V 系统，S3C2410 的 CPU 及外围接口采用 3.3V 供电，因此采用的是 T 后缀 IMP811 芯片。当供电电压低于 3.08V 时，IMP811 自动产生复位信号，使 CPU 微处理器复位。IMP811 芯片尾缀如表 1-7 所列。

表 1-7 IMP811 芯片尾缀

复位门限			
后缀	电压(V)	后缀	电压(V)
L	4.63	T	3.08
M	4.38	S	2.93
J	4	R	2.63

项目小结

硬件平台是嵌入式产品开发的基础，是决定软件设计能否成功的关键，通常包括 CPU 与核心部件、其他外围电路两部分。

核心部件为 CPU 与 Flash、RAM 组成，构成嵌入式应用程序运行的基本系统。如需支持串口调试及其他特定项目需求还要设计相应的外围电路。本项目在外围电路中设计了串行通信、LCD、触摸屏等作为用户输出输入接口，同时配备电源供给及电源监控复位电路，保证 S3C2410 微处理器能够支持基本开发调试需求。

思考与练习

1. S3C2410 分几个 Bank，每个 Bank 的地址范围如何？
2. SDRAM 的地址线 A0 为何与 S3C2410 的地址线 ADDR2 相连接？
3. NAND Flash 的接口电路设计与 NOR Flash、SDRAM 有何不同？
4. 蜂鸣器有哪些种类，区别是什么？
5. I²C 总线的起始信号和停止信号有什么特点？
6. 发光二极管的限流电阻如何计算，阻值是多少？
7. Max3232 电路周围 0.1 μF 电容的作用是什么？
8. 请说明触摸屏电路的控制原理？
9. S3C2410 硬件平台的工作电压有哪几种？
10. IMP811 的作用是什么？

第 2 章 嵌入式 Linux 开发环境构建

引言：

开发 PC 机应用软件时，直接在 PC 机上编辑、编译、运行、调试软件；对于嵌入式系统开发，最初嵌入式设备是空白的系统，需要 PC 机为嵌入式硬件设备构建基本的软件系统，而软件系统的工作是在 PC 机上完成的，嵌入式设备的作用是运行、验证程序。在进行嵌入式软件开发之前，必须首先完成 PC 机准备工作，即各种软件安装等。

本章要求：

了解嵌入式开发基本概念，熟悉开发过程中常用的 Linux 命令，熟悉 Makefile 的语法，能够完成项目开发的环境配置。

教学目标：

- 掌握基本 Makefile 语法。
- 熟练使用常用 Linux 命令。
- 掌握虚拟机安装方法。
- 配置各种调试环境。

内容介绍：

本章通过常用 Linux 命令复习 Makefile 和 SHELL 编程，使读者掌握嵌入式 Linux 开发的基本技巧。同时完成开发系统各个软件包的安装和调试。

2.1 搭建开发环境

本节要求：

安装程序开发所需应用软件，配置虚拟机相关服务器，为后续开发做好准备。

本节目标：

- 安装 PuTTY、VMware 及相应桌面 Linux 包。
- 配置 tftp 服务器、NFS 服务器。
- 设置 Windows 与 Linux 下共享。

2.1.1 基本概念

在 S3C2410 硬件平台上,要开始嵌入式 Linux 的开发,首先要了解基本的嵌入式 Linux 开发的概念。

1. 交叉编译

交叉编译就是在一个平台上生成另一个平台上的可执行代码。平台有两层含义:处理器的体系结构和所运行的操作系统。对于我们而言,即在 Windows 操作系统平台上面,安装 WMware;在 VMware 中安装桌面 PC 版本的 Linux;然后在 Linux 中,X86 硬件平台架构上面,编译运行于 ARM 架构(S3C2410 硬件平台)的应用程序,当然 ARM 开发板上面的操作系统是嵌入式 Linux。

2. 宿主机与目标机

宿主机(Host):编辑和编译程序的平台,一般是基于 X86 的 PC 机,通常也称为主机。通常我们在 Windows 平台下使用各种编辑器编写 Linux 代码,然后在 Linux 平台下进行编译。此时的宿主机即为 VMware 中的 Linux 平台。

目标机(Target):用户开发的系统,通常都是非 X86 平台。Host 编译得到的可执行代码需要在 Target 上运行。对于我们来说 Target 就是 ARM 架构的 S3C2410 开发板。

3. 工作原理

调试模型如图 2-1 所示。

图 2-1 开发平台示意图

在宿主机 VMwree 下 Linux 中安装交叉编译器 arm-linux-gcc,版本有很多,如 arm-linux-gcc-3.4.1、arm-linux-gcc-4.3.2 等;利用交叉编译器编译适合于目标机运行的程序。目标机方面,当电路板焊接完毕后,存储器没有可执行程序,此时,需要宿主机通过 JTAG 下载调试器,在 JTAG 软件辅助下,将 Bootloader(目标板引导代码)下载到目标系统,即 S3C2410 开发板上面。其中 JTAG 软件的作用是:

初/始化目标板 CPU,初始化目标板 SDRAM,初始化目标板 Flash,建立宿主机与目标机的连接,实现程序的下载。

宿主机通过 JTAG 调试器下载 Bootloader(目标板引导代码)到目标板后,目标板能够运行一小段程序,此时并没有嵌入式 Linux 系统在目标板运行。Bootloader 的作用是:初始化 CPU(关闭看门狗、中断、Flash cache 等),初始化 SDRAM,初始化 Flash 片选,初始化串口输出后即在宿主机与目标板之间建立了一个简单通信通道。

当 Bootloader 下载成功后,目标系统在 Bootloader 作用下就可以通过网口,反复多次快速地下载内核及文件系统映像到开发板中调试运行。同时 Bootloader 可以通过 RS-232 串口,与 PC 机进行通信。PC 通常使用的终端软件有 XP 系统自带的超级终端、PuTTY 等。完整的嵌入式产品开发系统如图 2-2 所示。

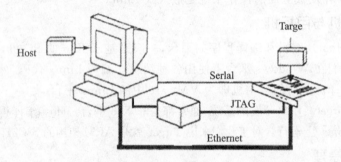

图 2-2 完整开发平台示意图

2.1.2 软件包安装及配置

1. PuTTY 安装及配置

(1) PuTTY 简介

PuTTY 是一个免费的、Windows 平台下的 telnet、serial 和 ssh 客户端。用它来远程管理目标板十分好用,其主要优点如下:完全免费;在 Windows 9x/NT/2000 下运行得都非常好;全面支持 ssh1 和 ssh2;绿色软件,无需安装,下载后在桌面建个快捷方式即可使用;体积很小,仅 364KB (0.54 beta 版本);操作简单,所有的操作都在一个控制面板中实现。本书中使用它来代替超级终端。

(2) PuTTY 操作指南

把 PuTTY 下载到机器上,双击 PuTTY.exe,启动界面如图 2-3 所示。

点击"串口选项",出现如图 2-4 所示串口协议界面,在"连接到的串口"位置填写设备管理器中实际使用的串口号,设备管理器界面如图 2-5 所示。在图 2-4 中可以选择为 COM1 或 COM2。"波特率"设为 115 200,"数据位"设为 8 位,停止位设为 1 位,"奇偶校验位"设为无,"流量控制位"设为无。

单击"会话选项",出现初始启动界面,如图 2-6 所示,默认的连接类型为 SSH。

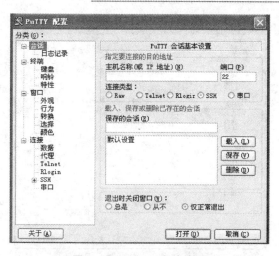

图 2-3　PuTTY 启动界面

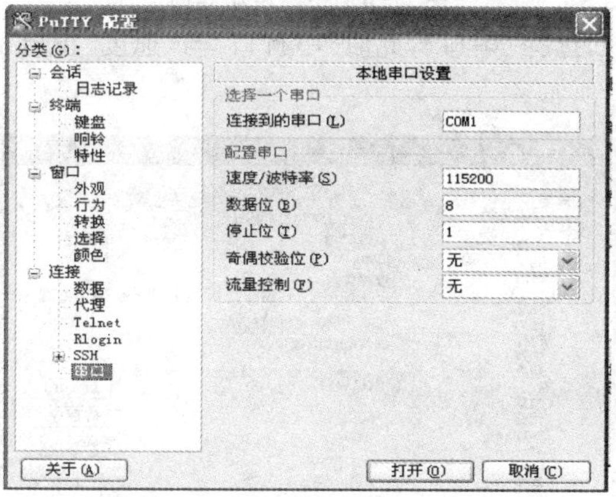

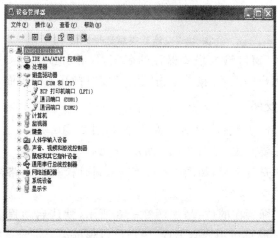

图 2-4　串口协议界面

图 2-5　设备管理器界面

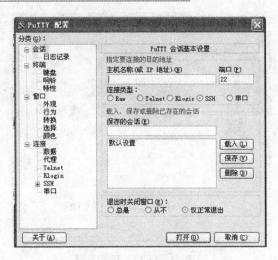

图 2-6　初始启动界面

单击"连接类型",选择"串口",此时"串行口"与"速度"窗口出现串口协议界面设置的内容,如图 2-7 所示。

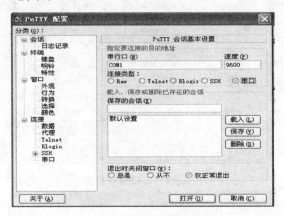

图 2-7　连接类型选择界面

在"保存的会话"窗口输入想要保存的名字,保存界面如图 2-8 所示,单击"保存"按钮即保存了用户的配置,接着单击"载入"按钮打开工作界面,如图 2-9 所示。

2. VMware 安装

1) 双击 VMware 安装包,启动安装,界面如图 2-10 所示。

2) 选择典型安装方式,如图 2-11 所示。

3) 选择默认的安装路径,如图 2-12 所示,同时检查安装路径所在磁盘是否具有足够的空间。

4) 选择启动图标所在的位置,如图 2-13 所示,默认启动程序的快捷方式在桌面、快速启动栏和开始菜单中皆会出现,用户可以根据需要进行选择。

5) 选择 Next 继续安装,如图 2-14 所示。

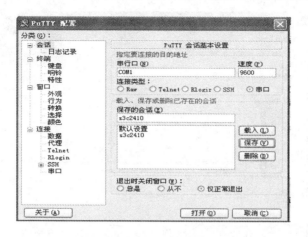

图 2-8 保存界面

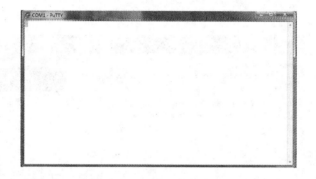

图 2-9 PuTTY 工作界面

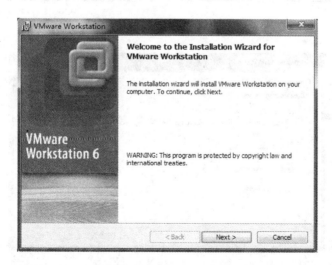

图 2-10 启动 VMware 安装界面

第2章 嵌入式 Linux 开发环境构建

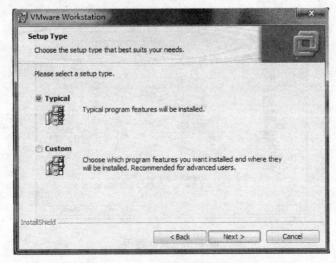

图 2-11 安装类型选择界面

图 2-12 安装路径选择界面

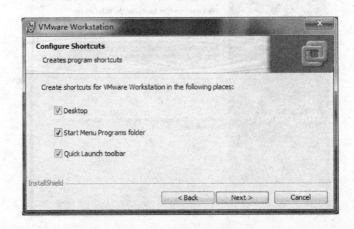

图 2-13 启动程序位置选择界面

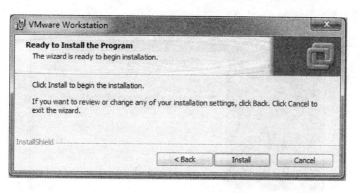

图 2-14　确定安装界面

6）等待安装完成，如图 2-15 所示。

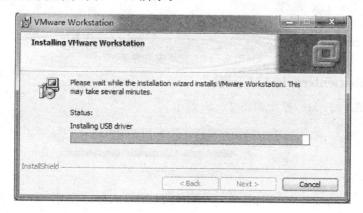

图 2-15　安装进行中界面

7）在指定位置输入序列号，如图 2-16 所示。

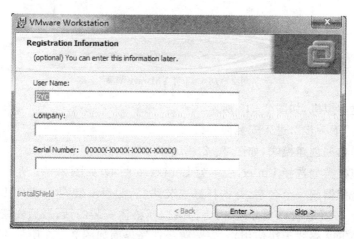

图 2-16　序列号输入界面

8)完成安装,出现如图 2-17 所示界面。

图 2-17 完成安装界面

3. redhat enterprise5.5 安装

1)启动 VMware,界面如图 2-18 所示。

图 2-18 启动 VMware 界面

2)新建虚拟机,如图 2-19 所示。

3)单击"下一步",进入安装向导模式。

4)选择典型创建模式,如图 2-21 所示。

5)虚拟机类型选择 Linux,版本为 Linux2.6 版本,如图 2-22 所示。

6)为虚拟器起一个名字,并选择好安装路径,假设安装在 D 盘的 Linux 文件夹下(注意分区必须是 NTFS 分区,因为如果选择整体安装的话,最后安装包大小会超过 2 GB,FAT32 格式无法使用)。安装路径选择界面如图 2-23 所示。

7)确定安装路径,如图 2-24 所示。

8)虚拟机网卡采用默认的桥接方式,如图 2-25 所示。

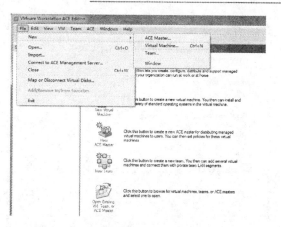

图 2-19　新建虚拟机界面

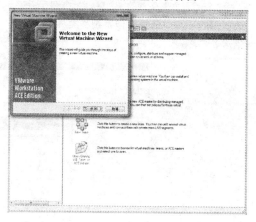

图 2-20　继续安装界面

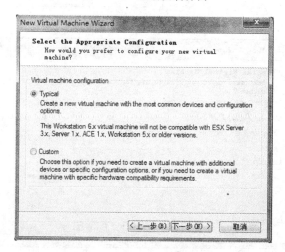

图 2-21　选择安装模式界面

第 2 章 嵌入式 Linux 开发环境构建

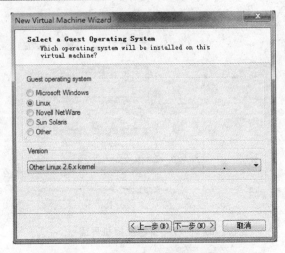

图 2-22 选择操作系统种类界面

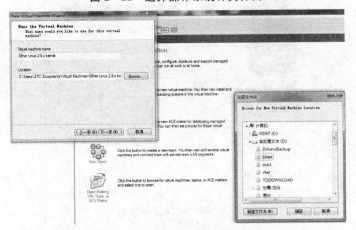

图 2-23 安装路径选择界面

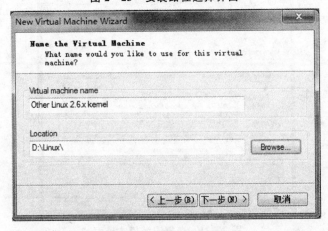

图 2-24 确认路径界面

第 2 章 嵌入式 Linux 开发环境构建

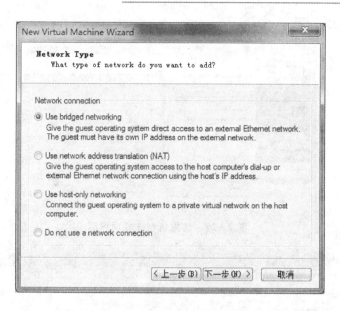

图 2-25 网卡配置模式界面

9）虚拟机硬盘大小设为 30 GB，如图 2-26 所示。

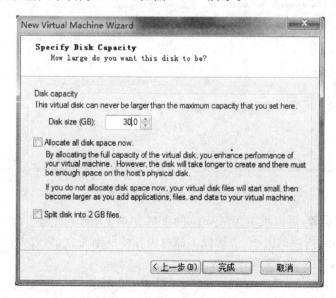

图 2-26 虚拟机硬盘设置界面

10）虚拟机创建成功，如图 2-27 所示。但是还没有安装 Linux，接下来安装 Linux。

11）在创建的虚拟机窗口，单击标题栏 VM 按钮，选择 Setting，在弹出界面中指定光驱 use iso image 的文件位置为红帽企业版安装文件 rhel - server - 5.5 - i386 -

dvd.iso 的位置,如图 2-28 所示。

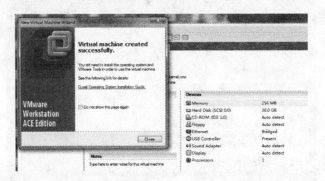

图 2-27 虚拟机创建成功界面

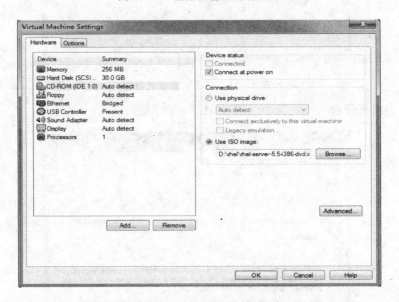

图 2-28 指定安装文件路径界面

12) 在此步骤,可以单击 VMware 的 VM 菜单下 Setting 选项,在弹出如下界面中设置 Memory 内存的大小,一般以不超过内存的一半为宜,笔者内存 2 GB,此处设置为 784 MB,如图 2-29 所示。

13) 启动虚拟机,开始 Linux 安装,如图 2-30 所示。

14) 在如图所示界面中,直接按下回车键(注意,鼠标指针在 Windows 下面和在 Linux 下面切换的组合键是 ctrl+alt),启动 Linux 的安装,如图 2-31 所示。

15) 安装时会提示是否检查安装光盘,如图 2-32 所示,点击 skip 按钮,跳过安装光盘的检索。

16) 马上开始安装,选择 Next,如图 2-33 所示。

17) 选择提示语言种类为简体中文,如图 2-34 所示。

第 2 章　嵌入式 Linux 开发环境构建

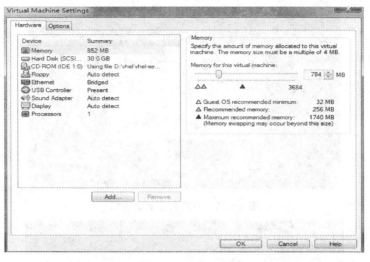

图 2-29　设置内存大小界面

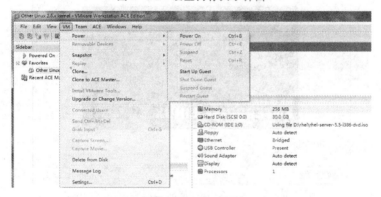

图 2-30　启动虚拟机安装界面

图 2-31　Linux 安装启动界面

第 2 章 嵌入式 Linux 开发环境构建

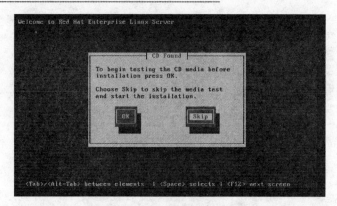

图 2-32 检查光盘确认界面

图 2-33 确认界面

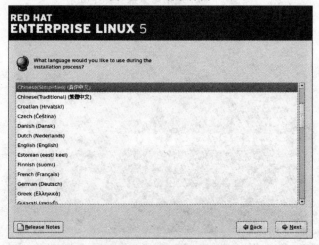

图 2-34 语言选择界面

18) 输入 Linux 安装的序列号,如图 2-35 所示。

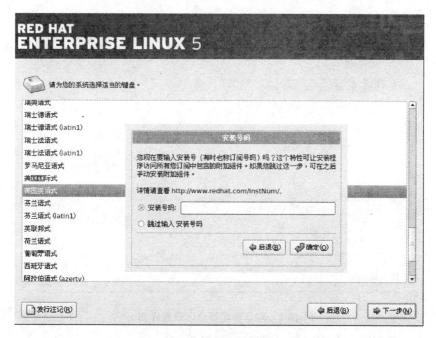

图 2-35　Linux 序列号输入界面

19) 创建新分区,进行硬盘格式化,选择"是(Y)",如图 2-36 所示。

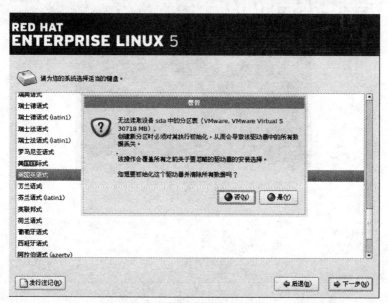

图 2-36　驱动器设置界面

20）选择默认的分区方案，如图2-37所示。

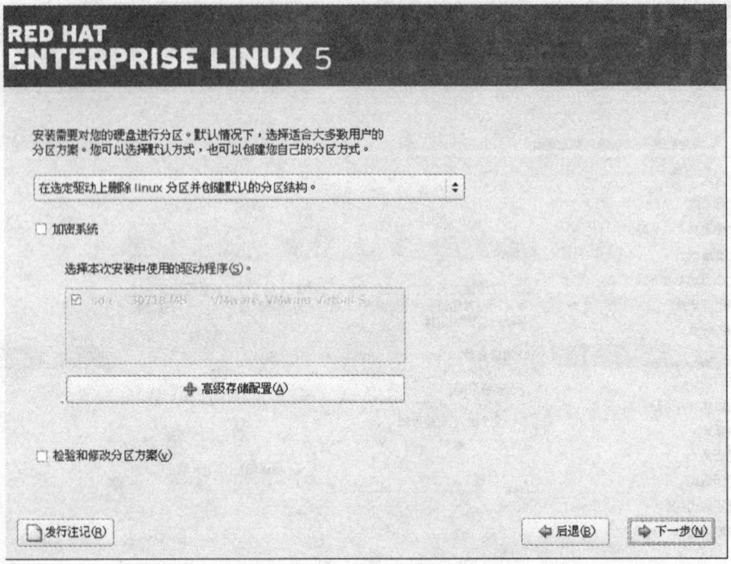

图2-37 驱动器分区设置界面

21）选择时区为北京或者上海时区，如图2-38所示。

图2-38 时区设置界面

22）输入根用户的密码，如图2-39所示。

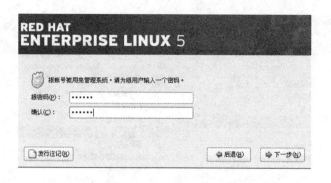

图 2-39　根账号密码设置界面

23）将"软件开发"、"虚拟化"、"网络服务器"的安装包全部选上，并立即定制软件安装包，如图 2-40 所示。

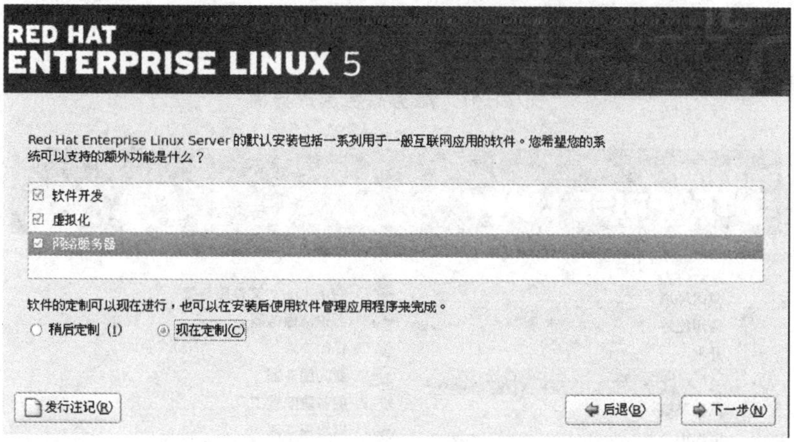

图 2-40　安装包选择界面

24）将服务器类的二级菜单服务器配置工具前面对勾打上，如图 2-41 所示。

25）将"服务器"类的二级菜单"老的网络服务器"前面对勾打上，并进一步选择，如图 2-42 所示。

26）选择 tftp-server-0.49-2.i386 安装包，如图 2-43 所示。

27）点击"下一步"进行安装，如图 2-44 所示。

28）进行安装，如图 2-45 所示。

29）安装完毕后重新引导，如图 2-46 所示。

30）重新引导后禁用防火墙，如图 2-47 所示。

31）重新引导后禁用 SELinux，如图 2-48 所示。

32）创建一个一般用户，如图 2-49 所示。用户名和密码自定。登录时通常使用一般用户，以免对 Linux 系统进行不必要的破坏。

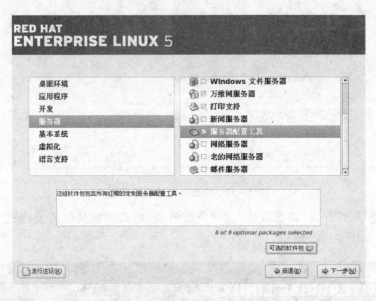

图 2-41 服务器包选择界面

图 2-42 老网络服务器选择界面

经过上述过程即完成了虚拟机中 Linux 的安装,在上述说明中没有出现的安装界面选择默认的选项,单击 Next 进行下一步即可。

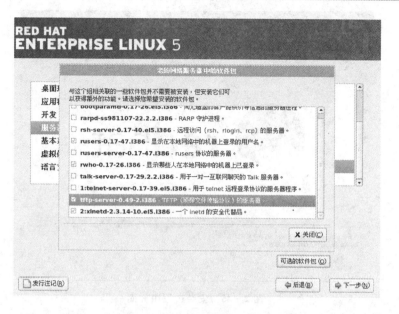

图 2-43 tftp 服务器选择界面

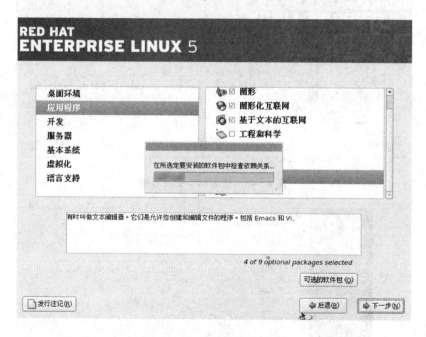

图 2-44 安装进行中界面

4. 交叉编译器安装

所需软件包：cross_3.4.1.tar.bz2。

(1) 在/usr/local/目录下建立目录 arm,将软件包解压至该目录即可(需要 root 权限)。

第 2 章　嵌入式 Linux 开发环境构建

图 2-45　安装过程中界面

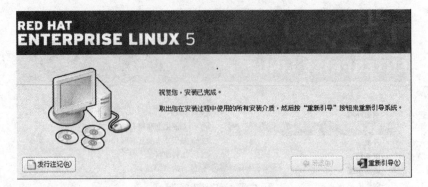

图 2-46　安装初步完成界面

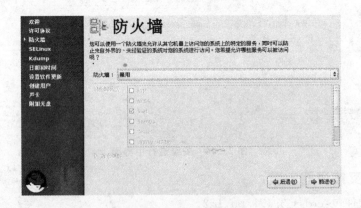

图 2-47　防火墙设置界面

图 2-48　SELinux 设置界面

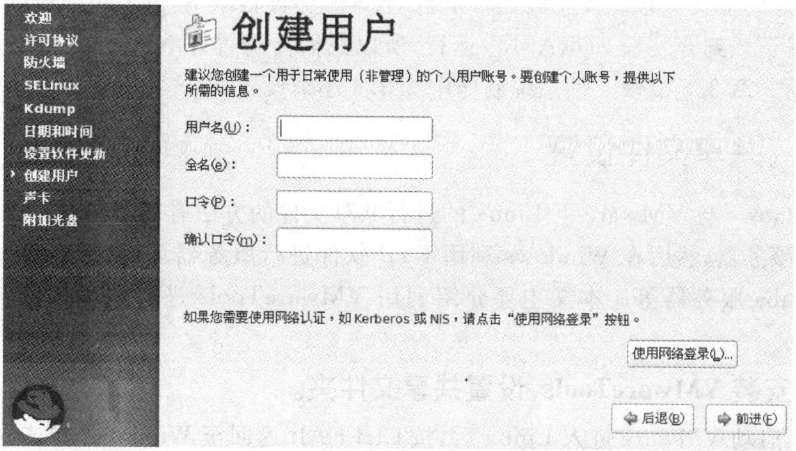

图 2-49　一般用户创建界面

```
#mkdir /usr/local/arm
#tar xjvf cross_3.4.1.tar.bz2  -C /usr/local/arm
```

其中命令行中－C 的作用是指明交叉编译器的安装路径为根目录下面的 usr/local/arm。

（2）当我们启动一个"终端"时，即启动了一个 Shell，让 shell 能够自动找到编译器的路径，可以使用两种方法添加。

① 使用 export 命令增加环境变量：

```
# export PATH = $ PATH:/usr/local/arm/3.4.1/bin
```

此命令在打开一个终端后键入即可，不方便之处为每次都要键入。可以选用第二种方法。

② 修改/etc/profile 文件：

```
#vi /etc/profile
```

增加路径设置：pathmunge/usr/local/arm/3.4.1/bin。然后注销用户，重启

Linux 桌面系统,即实现了交叉编译器的自动识别。

2.1.3 宿主机服务器配置

Bootloader 通过 JTAG 下载到目标板,成功运行后,在移植内核过程中,需不断通过网络将内核从宿主机下载到开发板运行,宿主机交叉编译生成的内核,需放到 tftp 网络服务器文件夹下,所以我们需安装 tftp-server 文件包,并配置好 tftp-server 服务器。具体过程见第 3 章 3.2 节 Kernel 移植中 3.2.4 小节配置 tftp-server 服务器。

内核启动成功后,接下来需挂载根文件系统,根文件系统通常使用 busybox 制作,制作好的根文件系统首先放到宿主机 NFS 服务器目录下,开发板通过网络接口,从宿主机下载到开发板 SDRAM 中运行,所以我们需配置好 NFS 网络服务器,具体过程见第 3 章 3.3 节根文件系统制作中 3.3.4 小节设置 NFS 共享文件夹。

2.1.4 共享文件设置

Windows 与 VMware 下 Linux 的进行共享文件的方法有很多,如将 Linux 设置成 FTP 服务器,然后在 Windows 利用 FTP 软件进行服务器访问,或者将 Linux 设置成 samba 服务器等。本文主要介绍利用 VMwareTools 进行共享文件夹设置的方法。

1. 安装 VMwareTools,设置共享文件夹。

(1) 启动 VMware 进入 Linux 后,按 Ctrl+Alt 返回至 Windows,单击 VM 菜单下 Install VMware Tools 按钮,如图 2-50 所示。

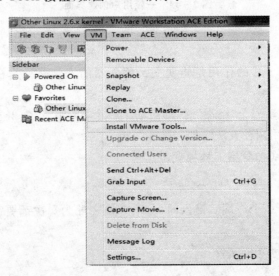

图 2-50　安装 VMwareTools 界面

(2) 此时桌面弹出一个光盘图标,并且光盘中内容如图 2-51 所示。

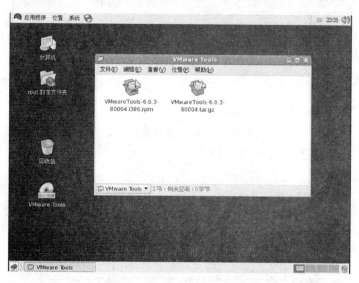

图 2-51　一般用户创建界面

(3) 将 VMwareTools-6.0.3.80004.tar.gz 源代码包复制至 Linux 根目录下,使用 tar xvzf VMwareTools-6.0.3.80004.tar.gz 命令解压,生成 VMware-tools-distrib 文件夹。解压完后情况如图 2-52 所示。

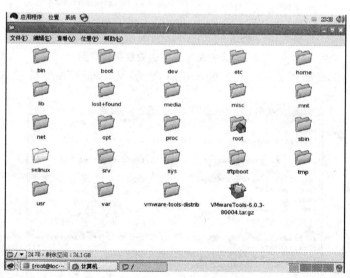

图 2-52　解压完成后情况界面

(4) 进入 VMware-tools-distrib 文件夹,执行文件夹中 VMware-install.pl 脚本文件。具体情况如图 2-53 所示。

第 2 章 嵌入式 Linux 开发环境构建

图 2-53 一般用户创建界面

(5) 在安装的过程中会出现如图 2-54 所示的安装提示,直接按下回车键选择默认即可。

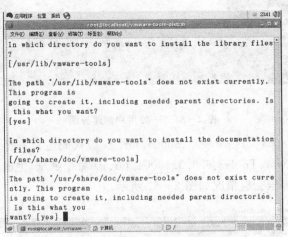

图 2-54 安装过程中的安装提示界面

(6) 直到出现如图 2-55 所示的提示时,表示 VMwareTools 安装成功。

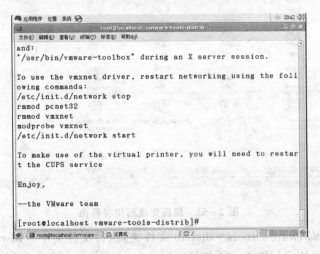

图 2-55 表示 VMwareTools 安装成功界面

(7) 接下来单击 VMware 的 VM 菜单下 Setting 选项,在 Options 子选项中可以看到 Share Folders 设置项,默认情况下是 Disabled 值,接下来对此做一些设置,如图 2-56 所示。

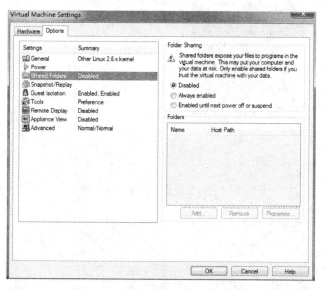

图 2-56 Shared Folders 设置界面

(8) 选择 Always enabled 选项,单击 Add 按钮。增加 Windows 与 Linux 之间的共享文件夹,如图 2-57 所示。

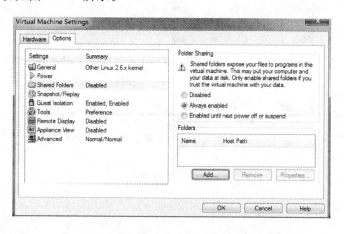

图 2-57 选择 Always enabled 选项界面

(9) 弹出设置共享文件夹向导界面,如图 2-58 所示,单击下一步。

(10) 弹出如图 2-59 所示界面时,对共享文件夹进行命名,并确定要在 Windows 和 Linux 之间要共享的文件夹。

(11) 本例子中设置的共享文件夹名字为 Share1,Windows 下的文件夹为 D 盘的 Linux 文件夹,如图 2-60 所示。

图 2-58　设置共享文件夹界面

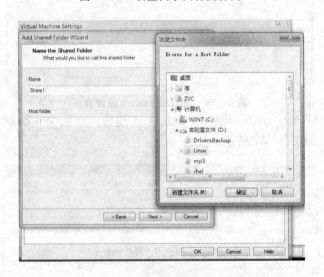

图 2-59　命名共享文件夹并确定共享文件界面

图 2-60　一般用户创建界面

(12) 出现设置共享属性的按钮,选择默认的 Enable this share,如图 2 - 61 所示。

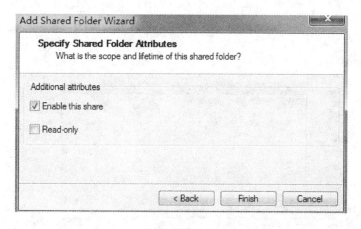

图 2 - 61　选择 Enable this share 界面

(13) 根据设置向导设置后的情况如图 2 - 62 所示,单击 OK 按钮。

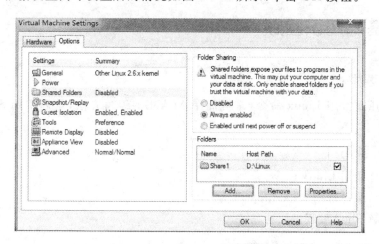

图 2 - 62　根据设置向导设置后的界面

(14) 此时回到 Linux 系统中,在根目录下面的 mnt/hgfs 下面可以看到设置共享成功的 Linux 文件夹,如图 2 - 63 所示。

(15) 经过以上步骤,Windows 下面的 Linux 文件夹成为了 Windows 和 VMware 中的 Linux 的共享通道,可以实现文件的复制等操作。

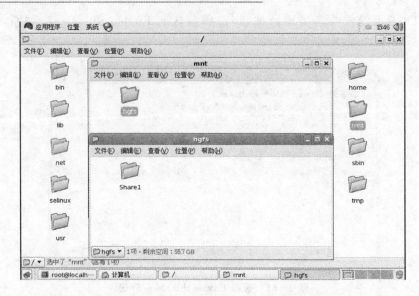

图 2-63 设置共享成功 Linux 文件夹后的界面

2.2 基础知识回顾

本节要求：

回顾开发常用 Linux 命令，掌握简单 Makefile 编写方法，掌握常用 Shell 编程技巧。

本节目标：

- 熟练使用 Linux 命令。
- 能够编写常用 Makefile。
- 理解 Shell 编程的语法格式。

2.2.1 开发过程中常用 Linux 命令

1. 什么是 Shell？

Shell 是一种具备特殊功能的程序，它是介于使用者和 UNIX/Linux 操作系统之核心程序（Kernel）间的一个接口，它由输入设备读取命令，再将其转为计算机可以了解的机械码，然后执行它。各种操作系统都有它自己的 Shell，以 DOS 为例，它的 Shell 就是 command.com。如同 DOS 下有 NDOS、4DOS、DRDOS 等不同的命令解译程序可以取代标准的 command.com；Linux 下除了 Bourne Shell（Bash Shell）外还有 CShell（/bin/csh）、Korn Shell（/bin/ksh）等其他的 Shell。Linux 操作系统常用的 Shell 是 Bash Shell。Linux 将 Shell 独立于核心程序之外，使它如同一般的应用程序,可以在不影响操作系统本身的情况下进行修改、更新版本或是添加新的功能。

　　Shell 是一个公用程序,它在用户登录"终端"后启动。解释使用者输入的命令(命令行或脚本),提供使用者和核心程序交互的功能。如果用户经常会输入一组相同形式的命令,想要自动执行那些工作,则可以将一些命令放入一个文件(称为脚本、script),然后执行该文件。一个 Shell 脚本文件很像是 DOS 下的批处理文件(如 Autoexec.bat),它把一连串的 UNIX 命令存入一个文件,然后执行该文件。较成熟的脚本文件还支持若干现代程序语言的控制结构,比如说能做条件判断、循环、档案测试、传送参数等。后续章节中会简单介绍 Shell 编程、脚本语言编写,本节主要熟悉 Linux 下 Bash Shell 所支持的基本命令。

2. Shell 命令

Shell 命令的一般格式如下:

命令名【选项】【参数1】【参数2】…

　　用户登录"终端"时,实际就进入了 Shell,它遵循一定的语法将输入的命令加以解释并传给系统。命令行中输入的第一个部分必须是一个命令的名字,第二个部分是命令的选项或参数,命令行中的每个部分必须由空格或 TAB 键隔开。注意,这里的选项和参数都用【】标注,这是说明它们都是可选的,因为有的命令不需要选项和参数就可以执行。

　　下面就简单介绍一些常用的命令:

(1) 显示操作系统版本号:uname – r

(2) 关机命令:

① shutdown – fh now:立即关机。

② halt——最简单的关机命令,其实 halt 就是调用 shutdown – h。halt 执行时,杀死应用进程,执行 sync 系统调用,文件系统写作完成后就会停止内核。

③ poweroff

(3) 重新启动机器:

① shutdown – fr now:立即重新启动,并在启动时忽略 fsck。

② reboot 的工作过程差不多跟 halt 一样,不过它是引发主机重启,而 halt 是关机。它的参数与 halt 相差不多。

③ init 6

(4) 在 X – Windows 下注销:

Ctrl – Alt – Backspace –杀死 X – server,返回登录界面。所有正在运行的应用程序将被终止。

(5) 目录及文件管理命令:

① ls 查看当前目录信息 ls – a ls – l ll 文件长格式显示:文件名的颜色代表的含义、权限等。

② pwd 查看当前路径。

③ cd 切换目录。

④ mkdir 创建目录 -p 上一层若无目录,则建立目录。

⑤ rmdir 删除空目录 -p 删除本目录后,上层目录若已变空将则其一并删除。

⑥ rm 删除文件 rm - rf 直接删除。

⑦ touch 创建/更新文件(改变文件或目录时间)。

⑧ cp 复制文件及目录 cp - r 连同目录一起复制。

⑨ mv 剪切/重命名文件及目录。

⑩ ln 创建连接。

-d   建立目录的硬连接   如:ln - d existfile newfile

-s   对源文件建立符号连接 如:ln - s source_file softlink_file

⑪ file 查看文件的信息。

⑫ wc 统计文件信息。

(6) 信息显示命令:

① cat   显示文件内容。

② more   逐屏显示内容。

③ less   浏览文件内容。

④ tail   显示文件尾部信息。

⑤ head   显示文件头部信息。

(7) 查询系统命令:

① find:查找文件- name ＜文件名＞查找指定文件名的文件。

② grep:在特定的文件夹下的文件查找字符串。

③ which:在环境变量指定的路径中查找文件(主要用于查找命令)。

④ whereis:在特定目录查找文件。

(8) 帮助命令:

man

(9) 网络相关命令与文件:

① ifconfig:显示和设置网络设备。

② ifconfig eth0:查看设备 eth0 的 IP 信息。

③ ntsysv:利用类似图形界面来激活和停止各种 Linux 服务。

④ chkconfig:是在命令行下用来激活和停止服务的命令 chkconfig - list。

⑤ chkconfig named on:设置 named 服务在某一指定的运行级别内启动 chkcon-fig - level 123456 named on。

(10) 系统设置命令:

① alias:起别名 alias name='command'。

② unalias:删除别名。

2.2.2 Makefile 语法

1. GNU make

GNU make 最初是 UNIX 系统下的一个工具,设计之初是为了维护 C 程序文件不必要的重新编译,它是一个自动生成和维护目标程序的工具。在使用 GNU 的编译工具进行开发时,经常要用到 GNU make 工具。使用 make 工具,我们可以将大型的开发项目分解成为多个更易于管理的模块。对于一个包括几百个源文件的应用程序,使用 make 和 Makefile 工具就可以高效地处理各个源文件之间复杂的相互关系,进而取代了复杂的命令行操作,也大大提高了应用程序的开发效率。可以想到的是如果一个工程具有上百个源文件时,采用命令行逐个编译将会有多么大的工作量。

使用 make 工具管理具有多个源文件的工程,其优势是显而易见的。举一个简单的例子,如果多个源文件中的某个文件被修改,而有其他多个源文件依赖该文件,采用手工编译的方法需要对所有与该文件有关的源文件进行重新编译,这显然是一件费时费力的事情。而如果采用 make 工具则可以避免这种繁杂的重复编译工作,大大地提高了工作效率。

make 是一个解释 Makefile 文件中指令的命令工具,其最基本的功能就是通过 Makefile 文件来描述程序之间的相互关系并自动维护编译工作,它会告知系统以何种方式编译和链接程序。一旦正确完成 Makefile 文件,只要在 Linux 终端下输入 make 这样的一个命令,就可以自动完成所有编译任务,并且生成目标程序。通常状况之下 GNU make 的工作流程如下。

- 查找当前目录下的 Makefile 文件。
- 初始化文件中的变量。
- 分析 Makefile 中的所有规划。
- 为所有的目标文件创建依赖关系。
- 根据依赖关系,决定哪些目标文件要重新生成。
- 执行生成命令。

为了比较形象地说明 make 工具的工作原理,举一个简单的例子来介绍。假定一个项目中有以下一些文件。

- 源程序:Main.c、test1.c、test2.c
- 包含的头文件:head1.h、head2.h、head3.h
- 由源程序和头文件编译生成的目标文件:Main.o、test1.o、test2.o
- 由目标文件链接生成的可执行文件:test

这些不同组成部分的相互依赖关系如图 2-64 所示。

在该项目的所有文件当中,目标文件 Main.o 的依赖文件是 Main.c、head1.h、head2.h;test1.o 的依赖文件是 head2.h、test1.c;目标文件 test2.o 的依赖文件是 head3.h、test2.c;最终的可执行文件的依赖文件是 Main.o、test1.o、test2.o。执行

make 命令时,会首先处理 test 程序的所有依赖文件(.o 文件)的更新规则。对于.o 文件,会检查每个依赖程序(.c 和.h 文件)是否有更新。判断有无更新的依据主要看依赖文件的建立时间是否比所生成的目标文件要晚,如果是,那么会按规划重新编译生成相应的目标文件。接下来对于最终的可执行程序,同样会

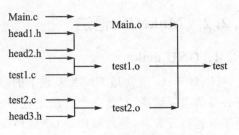

图 2-64 一般用户创建界面

检查其依赖文件(.o 文件)是否有更新,如果有任何一个目标文件要比最终可执行的目标程序新,则重新链接生成新的可执行程序。所以,make 工具管理项目的过程是从最底层开始的,是一个逆序遍历的过程。从以上的说明就能够比较容易理解使用 make 工具的优势了。事实上,任何一个源文件的改变都会导致重新编译、链接生成可执行程序,使用者不必关心哪个程序改变、或者依赖哪个文件,make 工具会自动完成程序的重新编译和链接工作。

执行 make 命令时,只需在 Makefile 文件所在目录输入 make 指令即可。事实上,make 命令本身可带有这样的一些参数:选项、宏定义、目标文件。

其标准形式如下:

Make [选项][宏定义][目标文件]

Make 命令的一些常用选项及其含义如下。

- -f file :指定 Makefile 的文件名。
- -n :打印出所有执行命令,但事实上并不执行这些命令。
- -s :在执行时不打印命令名。
- -w :如果在 make 执行时要改变目录,则打印当前的执行目录。
- -d :打印调试信息。
- -I ＜dirname＞:指定所用 Makefile 所在的目录。
- -h :help 文档,显示 Makefile 的 help 信息。

举例来讲,在使用 make 工具的时候,习惯把 Makefile 文件命名为 Makefile,当然也可以采用其他的名字来命名 Makefile 文件。如果要使用其他文件作为 Makefile,则可利用带 -f 选项的 make 命令来指定 Makefile 文件。

♯make - f Makefilename

参数【目标文件】对于 make 命令来说也是一个可选项,如果在执行 make 命令时带有该参数,可以输入如下的命令。

♯make target

target 是用户 Makefile 文件中定义的目标文件之一,如果省略参数 target,make 就将生成 Makefile 文件中定义的第一个目标文件。因此,常见的用法就是把用户最

终想要的目标文件(可执行程序)放在 Makefile 文件中首要的位置,这样用户直接执行 make 命令即可。

2. Makefile 语法规则

简单地讲,Makefile 的作用就是让编译器知道要编译一个文件需要依赖哪些文件,同时当那些依赖文件有了改变,编译器会自动发现最终的生成文件已经过时,而重新编译相应的模块。Makefile 的内容规定了整个工程的编译规则。一个工程中的许多源文件按其类型、功能、模块可能分别被放在不同的目录中。Makefile 定义了一系列的规则来指定,比如哪些文件其有依赖性、哪些文件需要先编译、哪些文件需要后编译、哪些文件需要重新编译。

Makefile 有其自身特定的编写格式并且遵循一定的语法规则。

```
#注释
目标文件:依赖文件列表
......
<tab>命令列表
......
```

格式的说明如下。

- 注释:和 Shell 脚本一样,Makefile 语句行的注释采用"#"号。
- 目标文件:目标文件的列表,通常指程序编译过程中生成的目标文件(.o 文件)或最终的可执行程序,有时也可以是要执行的动作,如"clean"这样的目标。
- 依赖文件:目标文件所依赖的文件,一个目标文件可以依赖一个或多个文件。
- ":"符号、分隔符、介于目标文件和依赖文件之间。
- 命令列表:make 程序执行的动作,也是创建目标文件的命令,一个规则可以有多条命令,每一行只能有一条命令。

注意:每一个命令行必须以[Tab]键开始,[Tab]告诉 make 程序该行是一个命令行,make 按照命令完成相应的动作。

从上面的分析可以看出,Makefile 文件的规则其实主要有两个方面,一个是说明文件之间的依赖关系,另一个是告诉 make 工具如何生成目标文件的命令。

下面是一个简单的 Makefile 文件例子。

```
#Makefile Example
test:main.o test1.o test2.o
    gcc - o test main.o test1.o test2.o
main1.o:main.c head1.h head2.h
    gcc - c main.c
test1.o:test1.c head2.h
    gcc - c test1.c
```

```
test2.o:test2.c head3.h
    gcc -c test2.c
install:
    cp test /home/tmp
clean:
    rm -f *.o
```

在这个 Makefile 文件中，目标文件（target）即为：最终的可执行文件 test 和中间目标文件 main.o、test1.o、test2.o，每个目标文件和它的依赖文件中间用":"隔开，依赖文件的列表之间用空格隔开。每一个.o 文件都有一组依赖文件，而这些.o 文件又是最终的可执行文件 test 的依赖文件。依赖关系实质上就是说明了目标文件是由哪些文件生成的。

在定义好依赖关系后，在命令列表中定义了如何生成目标文件的命令，命令行以Tab 键开始。make 工具会比较目标文件和其依赖文件的创建或修改日期，如果所依赖文件比目标文件要新或者目标文件不存在，那么，make 就会执行命令行列表中的命令来生成目标文件。

3. Makefile 文件中变量的使用

Makefile 文件中除了一系列的规则，对于变量的使用也是一个很重要的内容。Linux 下的 Makefile 文件中可能会使用很多的变量，定义一个变量（也常称为宏定义），只要在一行的开始定义这个变量（一般使用大写，而且放在 Makefile 文件的顶部来定义），后面跟一个＝号，＝号后面即为设定的变量值。如果要引用该变量，用一个 $ 符号来引用变量，变量名需要放在 $ 后的()里。

make 工具还有一些特殊的内部变量，它们根据每一个规则内容定义。

- $@：指代当前规则下的目标文件列表。
- $<：指代依赖文件列表中的第一个依赖文件。
- $^：指代依赖文件列表中所有依赖文件。
- $?：指代依赖文件列表中新于对应目标文件的文件列表。

变量的定义可以简化 Makefile 的书写，方便对程序的维护。例如前面的 Makefile 例程就可以如下书写：

```
#Makefile Example
OBJ=main.o test1.o test2.o
CC=gcc
test:$(OBJ)
    $(CC) -o test $(OBJ)
main.o:main.c head1.h head2.h
    $(CC) -c main.c
test1.o:test1.c head2.h
    $(CC) -c test1.c
```

```
test2.o:test2.c head3.h
    $(CC) - c test2.c
install:
    cp test /home/tmp
clean:
    rm - f *.o
```

从上面修改的例子可以看到,引入了变量 OBJ 和 CC,这样可以简化 Makefile 文件的编写,增加了文件的可读性,而且便于修改。举个例子来说,假定项目文件中还需要加入另外一个新的目标文件 test3.o,那么在该 Makefile 中有两处需要分别添加 test3.o;而如果使用变量的话只需在 OBJ 变量的列表中添加一次即可,这对于更复杂的 Makefile 程序来说,会是一个不小的工作量,但是,这样可以降低因为编辑过程中的疏漏而导致出错的可能。

一般来说,Makefile 文件中变量的应用主要有以下几个方面。

(1) 代表一个文件列表

Makefile 文件中的变量常常存储一些目标文件甚至是目标文件的依赖文件,引用这些文件的时候引用存储这些文件的变量即可,这给 Makefile 编写和维护者带来了很大的方便。

(2) 代表编译命令选项

当所有编译命令都带有相同编译选项时(比如-Wall - O2 等),可以将编译选项赋给一个变量,这样方便了引用。同时,如果改变编译选项的时候,只需改变该变量值即可,而不必在每处用到编译选项的地方都做改动。

在上面的 Makefile 例子中,还定义了一个伪目标 clean,它规定了 make 应该执行的命令,即删除所有编译过程中产生的中间目标文件。当 make 处理到伪目标 clean 时,会先查看其对应的依赖对象。由于伪目标 clean 没有任何依赖文件,所以 make 命令会认为该目标是最新的而不会执行任何操作。为了编译这个目标体,必须手工执行如下命令:

```
#make clean
```

此时,系统会有提示信息:

```
rm - f *.o
```

另一个经常用到的伪目标是 install。它通常是将编译完成的可执行文件或程序运行所需的其他文件复制到指定的安装目录中,并设置相应的保护。例如在上面的例子中,如果用户执行命令:

```
#make install
```

系统会有提示信息:

```
cp test1 /home/tmp
```

即将可执行程序 test1 复制到系统 /home/tmp 下。事实上，许多应用程序的 Makefile 文件也正是这样写的，这样便于程序在正确编译后可以被安装到正确的目录。

2.2.3 Shell 编程

通常情况下，我们从命令行输入命令，每输入一次就能够得到系统的一次响应。一旦需要我们一个接着一个的输入命令而最后才得到结果的时候，这样的做法显然没有效率。要达到高效的目的，通常我们利用 Shell 程序或者 Shell 脚本来实现。

Shell 程序就是放在一个文件中的一系列 Linux 命令，在执行的时候，通过 Linux 一个接着一个地解释和执行每个命令。

1. Shell 程序入门

下面我们来看一个简单的 Shell 程序。

首先建立一个内容如下的文件，名字为 date，将其存放在目录下的 bin 子目录中。

```
# Program date
# usageto ::show the date in this way（注释）
echo"Mr. $ USER,Today is:"
echo date" + % B % d % A"
echo"Wish you a lucky day！"
```

编辑完该文件之后它还不能执行，我们需要给它设置可执行权限。使用如下命令：

```
chmod + x date
```

通过以上过程之后，我们就可以像使用 ls 命令一样执行这个 Shell 程序。

```
[apple@localhost bin]$ date
Mr.apple,Today is:
January 13 Friday
Wish you a lucky day！
```

另外一种执行 date 的方法就是把它作为一个参数传给 Shell 命令：

```
[apple@localhost /]$ bash date
Mr.apple,Today is:
January 13 Friday
Wish you a lucky day！
```

尽管在前面我们使用 chmod ＋x date 将 date 设置为可执行，其实不设置也没有关系,但在 Linux 里执行它,需要先告诉系统它是一个可执行的脚本。

```
[apple@localhost /]$ .date
Mr.apple,Today is:
January 13 Friday
Wish you a lucky day !
```

即在 date 前面加上一个点".",并且用空格与后面的 Shell 脚本的文件名隔开,当然,不推荐这样做。

2. Shell 参数

如同 ls 命令可以接受目录等作为它的参数一样,在 Shell 编程时同样可以使用参数。Shell 有位置参数和内部参数。

(1) 位置参数:由系统提供的参数称为位置参数。位置参数的值可以用 $N 得到,N 是一个数字,如果为1,即 $1,类似 C 语言中的数组,Linux 会把输入的命令字符串分段并给每段进行标号,标号从 0 开始。第 0 号为程序名字,从 1 开始就表示传递给程序的参数。如 $0 表示程序的名字,$1 表示传递给程序的第一个参数,以此类推。

(2) 内部参数

上述过程中的 $0 是一个内部变量,它是必须的,而 $1 则可有可无。和 $0 一样的内部变量还有以下几个。

① $#——传递给程序的总的参数数目。

② $?——上一个代码或者 Shell 程序在 Shell 中退出的情况,如果正常退出则返回 0,反之为非 0 值。

③ $*——传递给程序的所有参数组成的字符串。

下面举例进行说明。

建立一个内容为如下的程序 P1:

```
echo"Program name is $0"
echo"There are totally $# parameters passed to this program"
echo"The last is $?"
echo"The parameters are $*"
```

执行后的结果如下:

```
[apple@localhost bin]$ P1 this is a test program        //传递5个参数
Program name is /home/apple/bin/P1                      //给出程序的完整路径和名字
There are totally 5 parameters passed to this program   //参数的总数
The last is 0                                           //程序执行结果
The parameters are this is a test program               //返回有参数组成的字符串
```

下面我们利用内部变量和位置参数编写一个名为 del 的简单删除程序:

```
#name: del
#author: liangnian
#this program to compress a file to the dustbin
if test $# -eq 0
then
echo"Please specify a file!"
else
gzip $1                      //先对文件进行压缩
mv $1.gz $HOME/dustbin   //移动到回收站
echo"File $1 is deleted !"
fi
```

3. 变量表达式

在上面我们编写的小程序中用到了一个关键字 test，其实它是 Shell 程序中的一个表达式——比较（test）。通过和 Shell 提供的 if 等条件语句（后面我们会介绍）相结合我们可以方便地完成判断。

其用法如下：

test 表达式

表达式所代表的操作符有字符串操作符、数字操作符、逻辑操作符以及文件操作符。其中文件操作符是一种 Shell 独特的操作符，因为 Shell 里的变量都是字符串，为了达到对文件进行操作的目的，才提供了这样一种操作符。

(1) 字符串比较

作用：测试字符串是否相等、长度是否为零、字符串是否为 NULL（注：bash 区分零长度字符串和空字符串）。

常用的字符穿操作符有：

① ＝比较两个字符串是否相同，同则为"是"！＝ 比较两个字符串是否不同，不同则为"是"。

② －n 比较字符串长度是否大于零，如果大于零则为"是"。

③ －z 比较字符串的穿度是否等于零，如果等于则为"是"。

(2) 数字比较

这里区别于其他编程语言，test 语句不使用＞？类似的符号来表达大小的比较，而是用整数式来表示这些。

① －eq 相等。

② －ge 大于等于。

③ －le 小于等于。

④ －ne 不等于。

⑤ －gt 大于。

⑥ -lt 小于。
(3) 逻辑操作
① -a 与(and)：两个逻辑值为"是"返回值才为"是"，反之为"否"。
② -o 或(or)：两个逻辑值有一个为"是"，返回值就为"是"。
(4) 文件操作
文件测试表达式通常是为了测试文件的信息，一般由脚本来决定文件是否应该备份、复制或删除。由于 test 关于文件的操作符有很多，我们只列举一些常用的。
① -d 对象存在且为目录返回值为"是"。
② -f 对象存在且为文件返回值为"是"。
③ -L 对象存在且为符号连接返回值为"是"。
④ -r 对象存在且可读则返回值为"是"。
⑤ -s 对象存在且长度非零则返回值为"是"。
⑥ -w 对象存在且可写则返回值为"是"。
⑦ -x 对象存在且可执行则返回值为"是"。
(5) 下面看一些实例
① test - e /home/hh.txt && echo "exist" || echo "not exist"//检测/home/hh/txt 是否存在，若存在则打印 exist，否则打印 not exist。
② test - z string//判断字符串 string 是否为空，是则为 true。
③ test - n string//判断字符串是否为空，是则为 false。
④ test string1=string2//判断是否相等，相等则为 true。
⑤ test string1！=string2//判断是否不相等，不相等则为 true。
⑥ -a：两状况同时成立！例如 test -r file -a -x file，则 file 同时具有 r 与 x 权限时，才回传 true。
⑦ -o：两状况任何一个成立！例如 test -r file -o -x file，则 file 具有 r 或 x 权限时，就可回传 true。
⑧ !：反相状态，如 test ! -x file，当 file 不具有 x 时，回传 true。

4. 循环结构语句

Shell 常见的循环语句有 for 循环、while 循环、until 循环。
(1) for 循环
语法：
for 变量 in 列表
do
操作
done
注：变量是要在循环内部用来指代当前所指代的列表中的那个对象的。
列表是在 for 循环的内部要操作的对象，可以是字符串也可以是文件，如果是文

件则为文件名。

例：删除垃圾箱中的所有.gz 文件：

```
#delete all file with extension of "gz" in the dustbin
for I in $HOME/dustbin/*.gz
do
rm -rf $i
echo "$i has been deleted!"
done
```

执行结果如下：

```
[apple@localhost bin]$ .f_rmgz
/home/apple/dustbin/nessus-4.0.0.2.tar.gz has been deleted!
/home/apple/dustbin/gftp-2.2.1.tar.gz has been deleted!
```

(2) While 循环

语法：

while 表达式

do

操作

done

只要 while 表达式成立，do 和 done 之间的操作就一直会进行。

(3) until 循环

语法：

until 表达式

do

操作

done

重复 do 和 done 之间的操作直到表达式成立为止。

(4) 例

```
#test until
#add from 1 to 100
total = 0
num = 0
until test num -eq 100
do
total = `expr $total + $num`  //注意，这里的引号是反引号，下同
num = `expr $num + 1`
done
echo "The result is $total"
```

执行结果如下:

[apple@localhost bin]$ until
The result is 5050!

5. 条件语句

Shell 程序中的条件语句主要有 if 语句、case 语句。

(1) If 语句

语法:
if 表达式 1 then
操作
elif 表达式 2 then
操作
elif 表达式 3 then
操作
…..
else
操作
fi

Linux 里的 if 的结束标志是将 if 反过来写成 fi;而 elif 其实是 else if 的缩写。其中 elif 理论上可以有无限多个。

(2) Case 语句

语法:
case 字符串 in
值 1|值 2)
操作;;
值 3|值 4)
操作;;
值 5|值 6)
操作;;
*)
操作;;
esac

case 的作用就是当字符串与某个值相同时就执行那个值后面的操作。如果同一个操作对于多个值,则使用"|"将各个值分开。在 case 的每一个操作的最后面都有两个";;",分号是必需的。

例:

```
case $ USER in
apple)
Echo"You are apple!";;
liangnian)
echo"You are liangnian"; //注意这里只有一个分号
echo"Welcome!";; //这里才是两个分号
root)
echo"You are root!;echo Welcome!";; //将两命令写在一行,用一个分号作为分隔符
*)
echo"Who are you? $ USER?";;
esac
```

执行结果:

```
[liangnian@localhost bin]$ test
You are liangnian
Welcome!
```

本章小结

本项目首先讲述嵌入式开发的基本概念,使读者对嵌入式开发的相关知识有一定了解,然后复习嵌入式 Linux 所需基本命令及 Makefile 语法、Shell 语法,为顺利使用桌面 Linux 系统进行开发奠定基础。

开发过程中在宿主机中进行程序编写,在虚拟机中进行交叉编译然后通过相关 tftp 及 NFS 下载到目标机中运行。在本章中将会完成相关软件的安装调试工作。

思考与练习

1. 更改文件权限的命令是什么,删除文件的命令是什么?
2. 试编写一个最基本的 Makefile 文件,作用是实现文件的编译及删除。
3. 我们常用的 Shell 是什么?
4. PuTTY 中串行通信接口的设置参数含义是什么?
5. 什么是宿主机,什么是目标机?

第3章

嵌入式 Linux 系统移植

引言：

1个嵌入式 Linux 系统从软件的角度可以分为4个层次：1、引导加载程序，即固化在硬件中的 Bootloader。2、特定于嵌入式板子的定制 Linux 内核。3、文件系统，包括根文件系统和建立于 Flash 内存设备之上文件系统。4、特定于用户的应用程序，有时还会包括一个嵌入式图形用户界面（GUI）。本章在成功搭建嵌入式系统硬件平台的基础上，移植一套完整的嵌入式 Linux 系统，为后续的项目开发做好软件准备。

本章要求：

理解嵌入式 Linux 系统的软件构成，熟悉嵌入式 Linux 系统的移植方法，掌握 Linux 内核的配置，编译及调试，掌握根文件系统的制作方法，能够在 S3C2410 硬件平台之上独立制作嵌入式 Linux 系统。

本章目标：

- 了解 Bootloader 的工作原理。
- 理解嵌入式 Linux 的移植方法。
- 掌握内核的裁剪配置方法。
- 掌握根文件系统的制作方法。
- 掌握制作独立启动系统的方法。

内容介绍：

本章通过给出原始的 U-Boot、Kernel、BusyBox 及 QT 和触摸屏库的代码包，带领读者修改、编译为适合开发板运行的程序，使读者理解嵌入式 Linux 的系统构成，掌握制作适合于特定硬件开发平台的嵌入式 Linux 系统的方法。

3.1 Bootloader 移植

本节要求：

了解 Bootloader 工作原理，掌握其移植方法，掌握 U-Boot 的命令格式及参数设计。

本节目标：
- 熟练使用 U-Boot 设置各项参数及调试内核等。
- 理解 U-Boot 命令参数含义。

3.1.1 Bootloader 概念

Bootloader 就是在操作系统内核运行之前运行的一段小程序。通过这段小程序，我们可以初始化硬件设备、建立内存空间映射图，从而将系统的软硬件环境带到一个合适状态，以便为最终调用操作系统内核准备好正确的环境。在嵌入式系统中，通常并没有像 BIOS 那样的固件程序，因此整个系统的加载启动任务就完全由 Bootloader 来完成。在一个嵌入式系统中，系统在上电或复位时通常都从地址 0x00000000 处开始执行，而在这个地址处安排的通常就是系统的 Bootloader 程序。

通常 Bootloader 都是严重依赖于硬件实现的，特别是嵌入式领域，因此构建一个通用的 Bootloader 是不可能的。但是我们还是可以归纳出一些通用的概念来，以指导用户特定的 Bootloader 设计与实现。

1. Bootloader 的概念

Bootloader 是一段可执行程序，完成的主要功能是将可执行文件（一般是操作系统）搬移到内存中，然后将控制权交给这段可执行文件（操作系统）。

2. Bootloader 的工作模式

(1) 下载模式

对研发人员来说，Bootloader 一般需要工作在这种模式下，特别是调试内核或者 Bootloader 本身的时候。通过串口终端与 Bootloader 进行交互，可以操作系统硬件。比如通过网口或者串口下载内核、烧写 Flash 等。

(2) 启动加载模式

嵌入式产品发布的时候，Bootloader 必须工作在该工作模式下。这种情况下，Bootloader 必须完成硬件自检、配置，并从 Flash 中将内核复制到 SDRAM 中，并跳转到内核入口，实现自启动，而不需要人为的干预。

3. Bootloader 的安装媒介

系统上电时或者复位以后，都从芯片厂商预先安排的地址处取第一条指令执行（对于 S3C2410 芯片，从 0x0 地址处开始运行程序），由于上电或复位需要运行的第一段程序就是 Bootloader，故必须把 Bootloader 放入该地址。将 Bootloader 写入固态存储设备，永久保存，系统上电后将自动执行 Bootloader。

4. Bootloader 的烧写

Bootloader 可以配置系统，没有 Bootloader，系统不能自动启动。Bootloader 可

以实现自烧写，如果系统中没有 Bootloader，可以借助 JTAG 软件，通过 JTAG 仿真器烧写到指定位置。S3C2410 平台常见的烧写程序有如下两种：

(1) 三星公司提供的 sjf2410，需配合三星公司的 sjf2410 小板使用。

(2) 国产烧写软件 H-JTAG，需配合 wiggler 仿真头使用。

另外大部分国内 ARM 板卡代理商提供了针对自己生产的板卡的系统软件备份方法，如深圳优龙公司在 FS2410V6 开发板上的 NOR Flash 中固化了自己独特的 BIOS 文件，用来对 NAND Flash 中的文件进行烧写或恢复系统。读者可自行参考。

3.1.2 U-Boot 简介

1. 常见的 Bootloader

(1) Redboot

Redboot 是 Redhat 公司随 ECOS 发布的一个 Boot 方案，是一个开源项目。Redboot 支持的处理器构架有 ARM、MIPS、MN10300、PowerPC、Renesas SHx、v850、x86 等，是一个完善的嵌入式系统 Bootloader。Redboot 是在 ECOS 的基础上剥离出来的，继承了 ECOS 的简洁、轻巧、可灵活配置、稳定可靠等优点。它可以使用 X-modem 或 Y-modem 协议经由串口下载，也可以经由以太网口通过 BOOTP/DHCP 服务获得 IP 参数，使用 TFTP 方式下载程序映像文件，常用于调试支持和系统初始化（Flash 下载更新和网络启动）。Redboot 可以通过串口和以太网口与 GDB 进行通信，调试应用程序，甚至能中断被 GDB 运行的应用程序。Redboot 是标准的嵌入式调试和引导解决方案，支持几乎所有的处理器构架以及大量的外围硬件接口，并且还在不断地完善过程中。

(2) Blob

Blob(Boot Loader Object)是由 Jan-Derk Bakker and Erik Mouw 发布的，是专门为 StrongARM 构架下的 LART 设计的 Bootloader。Blob 的最后版本是 Blob-2.0.5。Blob 支持 SA1100 的 LART 主板，但用户也可以自行修改移植。Blob 功能比较齐全、代码较少，比较适合做修改移植，用来引导 Liunx。目前大部分 S3C44B0 板都将 Blob 修改移植用来加载 μClinux。

(3) U-Boot

U-Boot 全称 Universal Bootloader，是遵循 GPL 条款的开放源码项目。从 FADSROM、8xxROM、PPCBOOT 逐步发展演化而来。1999 年由德国 DENX 软件工程中心的 Wolfgang Denk 发起，U-Boot 不仅仅支持嵌入式 Linux 系统的引导，还支持 NetBSD、VxWorks、QNX、RTEMS、ARTOS、LynxOS 嵌入式操作系统等。U-Boot 除了支持 PowerPC 系列的处理器外，还能支持 MIPS、x86、ARM、NIOS、XScale 等诸多常用系列的处理器。U-Boot 项目的开发目标即支持尽可能多的嵌入式处理器和嵌入式操作系统。

就目前来看，U-Boot 支持的处理器最为丰富，对 Linux 的支持最完善。U-

Boot 的成功源于 U-Boot 的维护人德国 DENX 软件工程中心的 Wolfgang Denk 精湛的专业水平和持着不懈的努力。当前 U-Boot 项目正在他的领军之下，众多有志于开放源码 Bootloader 移植工作的嵌入式开发人员正如火如荼地将各个不同系列嵌入式处理器的移植工作不断展开和深入，以支持更多的嵌入式操作系统的装载与引导。本书将引导读者移植一个适用于 S3C2410 开发板的 U-Boot，并使用它引导内核及文件系统。

2. U-Boot 源码构成

U-Boot 其源码目录、编译形式与 Linux 内核很相似，事实上，不少 U-Boot 源码就是相应的 Linux 内核源程序的简化，尤其是一些设备的驱动程序，这从 U-Boot 源码的注释中能体现这一点。下面来分析一下 U-Boot 源码构成，熟悉 U-Boot 内核源代码组织。

（1）Board 文件夹：存放目标板相关文件代码，主要包含硬件初始化、SDRAM 初始化等。

（2）Common 文件夹：存放独立于处理器体系结构的通用代码。

（3）Cpu 文件夹：存放与处理器相关文件，包含 CPU 初始化、串口初始化、中断初始化等代码。

（4）Doc 文件夹：存放 U-Boot 的说明文档。

（5）Drivers 文件夹：存放设备驱动代码，如 Flash 驱动、网卡驱动、串口驱动等。

（6）Fs 文件夹：存放 U-Boot 支持的文件系统的实现，如 cramfs、fat、ext2、jffs2 等。

（7）Include 文件夹：存放 U-Boot 使用的头文件，包括不同硬件构架的头文件。

（8）Lib-xxx 文件夹：存放处理相关文件，如我们要使用的 Lib-arm，与 ARM 体系结构相关的文件。

（9）Net 文件夹：存放网络功能的上层文件，实现各种协议，如 NFS、tftp、arp 等。

3. U-Boot 启动流程分析

大多数 Bootloader 都分为 stage1 和 stage2 两部分，U-Boot 也不例外，依赖于 CPU 体系结构的代码（如设备初始化代码等）通常都放在 stage1 且可以用汇编语言来实现，而 stage2 则通常用 C 语言来实现，这样可以实现更复杂的功能，而且有更好的可读性和移植性。

(1) Stage1 之 start.S 代码结构

U-Boot 的 stage1 代码通常放在 start.S 文件中，用汇编语言写成，其主要代码部分如下。

① 定义入口。由于一个可执行的 Image 必须有一个入口点，并且只能有一个全

局入口,通常这个入口放在 ROM(Flash)的 0x0 地址,因此,必须通知编译器以使其知道这个入口。该工作可通过修改连接器脚本来完成。

② 设置异常向量(Exception Vector)。
③ 设置 CPU 的速度、时钟频率及终端控制寄存器。
④ 初始化内存控制器。
⑤ 将 ROM 中的程序复制到 RAM 中。
⑥ 初始化堆栈。
⑦ 转到 RAM 中执行,该工作可使用指令 ldr pc 来完成。

(2) Stage2 之 C 语言代码部分

定位在 lib_arm/board.c 中的 start_arm_boot 是 C 语言开始的函数,也是整个启动代码中 C 语言的主函数,同时还是整个 U-Boot 的主函数,该函数完成如下操作。

① 调用一系列的初始化函数。
② 初始化 Flash 设备。
③ 初始化系统内存分配函数。
④ 如果目标系统拥有 NAND 设备,则初始化 NAND 设备。
⑤ 如果目标系统有显示设备,则初始化该类设备。
⑥ 初始化相关网络设备,填写 IP、MAC 地址等。
⑦ 进去命令循环(即整个 Boot 的工作循环),接收用户从串口输入的命令,然后进行相应的工作。

上述简单介绍了 U-Boot 启动的两个阶段,其中具体的实现代码读者自行分析。

3.1.3 U-Boot 移植过程

全部的 U-Boot 移植过程分为 4 大步骤,基于 U-Boot1.1.6 版本移植。

U-Boot 的源代码可以在 ftp://ftp.denx.de/pub/U-Boot/处下载,截止本书出版之日,U-Boot 已经更新至 U-Boot—2011.12.tar.bz2 版本。

1. 第一部分

第一部分移植主要完成硬件平台的 SDRAM 初始化、实现 NAND 读功能、实现 U-Boot 代码从 NAND Flash 至 SDRAM 的复制。

① 建立自己的 2410 开发板的配置。

```
cd U-Boot-1.1.6
cp -r board/smdk2410  board/fs2410
cp include/configs/smdk2410.h  include/configs/fs2410.h
```

fs2410.h 是开发板的配置文件,包括开发板的 CPU、系统时钟、RAM、Flash 系统及其他相关的配置信息。由于 U-Boot 已经支持三星的 SMDK2410 开发板，所以移植的时候直接复制 SMDK2410 的配置文件 smdk2410 至自己建立 fs2410 文件夹下，做相应的修改即可。

② 修改顶层 Makefile。

```
cd          U-Boot-1.1.6
gedit       Makefile
```

找到：

```
smdk2410_config  :    unconfig
    @$(MKCONFIG) $(@:_config=) arm arm920t smdk2410 NULL s3c24x0
```

在其后面添加：

```
fs2410_config    :    unconfig
    @$(MKCONFIG) $(@:_config=) arm arm920t fs2410 NULL s3c24x0
```

在添加的时候可以复制 smdk2410_config 的内容然后修改即可，注意@前面是一个 Tab 的缩进距离。

各项的意思如下：

arm： CPU 的架构(ARCH)。

arm920t： CPU 的类型(CPU)，其对应于 cpu/arm920t 子目录。

fs2410： 开发板的型号(Board)，对应于 board/fs2410 目录。

NULL： 开发者/或经销商(Vender)。

s3c24x0： 片上系统(SOC)。

③ 修改 include/configs/fs2410.h：

修改：

```
#define     CFG_PROMPT          "SMDK2410 #"
```

为：

```
#define     CFG_PROMPT          "[Neusoft2410]#"
```

这是 U-Boot 的命令行提示符。

此处是 Bootloader 启动后的提示符定义。

④ 修改 board/fs2410/Makefile

将：

```
COBJS       := smdk2410.o Flash.o
```

改为：

```
COBJS       := fs2410.o Flash.o
```

当然，fs2410 文件夹下的 smdk2410.c 要改成 fs2410.c；

⑤ 依照你自己开发板的内存地址分配情况修改 board/fs2410/lowlevel_init.S 文件，这里参考了 FS2410 开发板的 S3C2410_BIOS，代码如下：

```
#include <config.h>
#include <version.h>
/* some parameters for the board */
/*
 *
 * Taken from linux/arch/arm/boot/compressed/head-s3c2410.S
 *
 * Copyright (C) 2002 Samsung Electronics SW.LEE    <hitchcar@sec.samsung.com>
 *
 */
#define BWSCON          0x48000000
/* BWSCON */
#define DW8             (0x0)
#define DW16            (0x1)
#define DW32            (0x2)
#define WAIT            (0x1 << 2)
#define UBLB            (0x1 << 3)
#define B1_BWSCON       (DW16)
#define B2_BWSCON       (DW16)
#define B3_BWSCON       (DW16 + WAIT + UBLB)
#define B4_BWSCON       (DW16)
#define B5_BWSCON       (DW16)
#define B6_BWSCON       (DW32)
#define B7_BWSCON       (DW32)
/* Bank0CON */
#define B0_Tacs         0x3         /* 0clk */
#define B0_Tcos         0x3         /* 0clk */
#define B0_Tacc         0x7         /* 14clk */
#define B0_Tcoh         0x3         /* 0clk */
#define B0_Tah          0x3         /* 0clk */
#define B0_Tacp         0x1
#define B0_PMC          0x0         /* normal */
/* Bank1CON */
#define B1_Tacs         0x3         /* 0clk */
#define B1_Tcos         0x3         /* 0clk */
#define B1_Tacc         0x7         /* 14clk */
#define B1_Tcoh         0x3         /* 0clk */
#define B1_Tah          0x3         /* 0clk */
```

```
#define B1_Tacp      0x3
#define B1_PMC       0x0

#define B2_Tacs      0x0
#define B2_Tcos      0x0
#define B2_Tacc      0x7
#define B2_Tcoh      0x0
#define B2_Tah       0x0
#define B2_Tacp      0x0
#define B2_PMC       0x0

#define B3_Tacs      0x0    /* 0clk */
#define B3_Tcos      0x3    /* 4clk */
#define B3_Tacc      0x7    /* 14clk */
#define B3_Tcoh      0x1    /* 1clk */
#define B3_Tah       0x0    /* 0clk */
#define B3_Tacp      0x3    /* 6clk */
#define B3_PMC       0x0    /* normal */

#define B4_Tacs      0x1    /* 0clk */
#define B4_Tcos      0x1    /* 0clk */
#define B4_Tacc      0x6    /* 14clk */
#define B4_Tcoh      0x1    /* 0clk */
#define B4_Tah       0x1    /* 0clk */
#define B4_Tacp      0x0
#define B4_PMC       0x0    /* normal */

#define B5_Tacs      0x1    /* 0clk */
#define B5_Tcos      0x1    /* 0clk */
#define B5_Tacc      0x6    /* 14clk */
#define B5_Tcoh      0x1    /* 0clk */
#define B5_Tah       0x1    /* 0clk */
#define B5_Tacp      0x0
#define B5_PMC       0x0    /* normal */

#define B6_MT        0x3    /* SDRAM */
#define B6_Trcd      0x1
#define B6_SCAN      0x1    /* 9bit */

#define B7_MT        0x3    /* SDRAM */
#define B7_Trcd      0x1    /* 3clk */
#define B7_SCAN      0x1    /* 9bit */

/* REFRESH parameter */
#define REFEN        0x1    /* Refresh enable */
#define TREFMD       0x0    /* CBR(CAS before RAS)/Auto refresh */
#define Trp          0x0    /* 2clk */
```

```
#define Trc            0x3             /* 7clk */
#define Tchr           0x2             /* 3clk */
#define REFCNT         1113            /* period = 15.6us, HCLK = 60MHz, (2048 + 1 - 15.6
*60) */
/******************************************/
_TEXT_BASE:
    .word   TEXT_BASE
.globl lowlevel_init
lowlevel_init:
    /* memory control configuration */
    /* make r0 relative the current location so that it */
    /* reads SMRDATA out of Flash rather than memory ! */
    ldr     r0, = SMRDATA
    ldr     r1, _TEXT_BASE
    sub     r0, r0, r1
    ldr     r1, = BWSCON    /* Bus Width Status Controller */
    add     r2, r0, #13 * 4
0:
    ldr     r3, [r0], #4
    str     r3, [r1], #4
    cmp     r2, r0
    bne     0b
    /* everything is fine now */
    mov     pc, lr
    .ltorg
/* the literal pools origin */SMRDATA:
    .word
    (0 + (B1_BWSCON << 4) + (B2_BWSCON << 8) + (B3_BWSCON << 12) + (B4_BWSCON << 16) + (B5_BWSCON << 20) + (B6_BWSCON << 24) + (B7_BWSCON << 28))
    .word
    ((B0_Tacs << 13) + (B0_Tcos << 11) + (B0_Tacc << 8) + (B0_Tcoh << 6) + (B0_Tah << 4) + (B0_Tacp << 2) + (B0_PMC))
    .word
    ((B1_Tacs << 13) + (B1_Tcos << 11) + (B1_Tacc << 8) + (B1_Tcoh << 6) + (B1_Tah << 4) + (B1_Tacp << 2) + (B1_PMC))
    .word
    ((B2_Tacs << 13) + (B2_Tcos << 11) + (B2_Tacc << 8) + (B2_Tcoh << 6) + (B2_Tah << 4) + (B2_Tacp << 2) + (B2_PMC))
    .word
    ((B3_Tacs << 13) + (B3_Tcos << 11) + (B3_Tacc << 8) + (B3_Tcoh << 6) + (B3_Tah << 4) + (B3_Tacp << 2) + (B3_PMC))
    .word
```

```
          ((B4_Tacs << 13) + (B4_Tcos << 11) + (B4_Tacc << 8) + (B4_Tcoh << 6) + (B4_Tah << 4) +
(B4_Tacp << 2) + (B4_PMC))
          .word
          ((B5_Tacs << 13) + (B5_Tcos << 11) + (B5_Tacc << 8) + (B5_Tcoh << 6) + (B5_Tah << 4) +
(B5_Tacp << 2) + (B5_PMC))
          .word   ((B6_MT << 15) + (B6_Trcd << 2) + (B6_SCAN))
          .word   ((B7_MT << 15) + (B7_Trcd << 2) + (B7_SCAN))
          .word   ((REFEN << 23) + (TREFMD << 22) + (Trp << 20) + (Trc << 18) + (Tchr << 16)
+ REFCNT)
          .word 0x32
          .word 0x30
          .word 0x30
```

⑥ 到 U-Boot1.1.6 目录下，测试编译能否成功。

```
make fs2410_config
make
```

如果没有问题，在 U-Boot-1.1.6 目录下就生成 U-Boot.bin，因为到这一步只是做了点小改动，并未涉及具体硬件设备驱动等。如果 make 不成功，则出现"没有规则创建'all'需要的目标'hello_world.srec'"，解决方法是把 example 文件夹下的 Makefile 中的第 147 行"%.srec：%"改成"%.srec：%.o"，第 150 行"%.bin：%"改成"%.bin：%.o"。

⑦ 在 board/fs2410 加入 NAND Flash 读函数，建立 nand_read.c，加入如下内容：

```c
#include <config.h>
#include "linux/mtd/mtd.h"
#include "linux/mtd/nand.h"

#define __REGb(x)      (*(volatile unsigned char *)(x))
#define __REGi(x)      (*(volatile unsigned int *)(x))
#define NF_BASE        0x4e000000
#define NFCONF  __REGi(NF_BASE + 0x0)
#define NFCMD   __REGb(NF_BASE + 0x4)
#define NFADDR  __REGb(NF_BASE + 0x8)
#define NFDATA  __REGb(NF_BASE + 0xc)
#define NFSTAT  __REGb(NF_BASE + 0x10)
#define BUSY    1
inline void wait_idle(void)
{
    int i;
    while (!(NFSTAT & BUSY))
```

```c
        for(i=0; i<10; i++);
}
#define NAND_SECTOR_SIZE 512
#define NAND_BLOCK_MASK (NAND_SECTOR_SIZE - 1)
/* low level nand read function */
int nand_read_ll(unsigned char * buf, unsigned long start_addr, int size)
{
    int i, j;
    if ((start_addr & NAND_BLOCK_MASK) || (size & NAND_BLOCK_MASK))
    {
        return -1; /* invalid alignment */
    }
    /* chip Enable */
    NFCONF &= ~0x800;
    for(i=0; i<10; i++);
    for(i=start_addr; i < (start_addr + size);)
    {
        /* READ0 */
        NFCMD = 0;
        /* Write Address */
        NFADDR = i & 0xff;
        NFADDR = (i >> 9) & 0xff;
        NFADDR = (i >> 17) & 0xff;
        NFADDR = (i >> 25) & 0xff;
        wait_idle();
        for(j=0; j < NAND_SECTOR_SIZE; j++, i++)
        {
            *buf = (NFDATA & 0xff);
            buf++;
        }
    }
    /* chip Disable */
    NFCONF |= 0x800; /* chip disable */
    return 0;
}
```

⑧ 接着修改 board/fs2410/Makefile。

COBJS : = fs2410.o Flash.o nand_read.o

⑨ 修改 cpu/arm920t/start.S 文件。

2410 的启动代码可以在外部的 NAND Flash 上执行,启动时,NAND Flash 的前 4 KB(地址为 0x00000000,OM[1:0]=0)将被装载到 SDRAM 中被称为 Setppingstone 的地址中，然后开始执行这段代码。启动以后，这 4KB 的空间可以做其他用途，在 start.S 加入搬运代码如下：

```
copy_loop:
    ldmia   r0!, {r3 - r10}         /* copy from source address [r0] */
    stmia   r1!, {r3 - r10}         /* copy to   target address [r1] */
    cmp     r0, r2                  /* until source end addreee [r2] */
    ble     copy_loop
```

下面斜体部分是要添加的内容。

```
/***********************************************/
#ifdef CONFIG_S3C2410_NAND_BOOT  /* 这个一定要放在堆栈设置之前 */
    bl    copy_myself
#endif      /* CONFIG_S3C2410_NAND_BOOT */
/***********************************************/
#endif      /* CONFIG_SKIP_RELOCATE_UBOOT */
    /* Set up the stack                         */
stack_setup:
    ......
```

下面的代码是执行将 NAND Falsh 的内容复制到 SDRAM 的功能，放在 start.S 靠后的位置：

```
/**********************************************
 *
 * 功能：复制 NAND Flash 内容至 SDRAM 中
 *
 **********************************************
 */
#ifdef CONFIG_S3C2410_NAND_BOOT
/*
@ copy_myself: copy U - Boot to ram
*/
copy_myself:
    mov    r10, lr
    @ reset NAND
    mov    r1, #NAND_CTL_BASE
    ldr    r2, = 0xf830           @ initial value
    str    r2, [r1, #oNFCONF]
    ldr    r2, [r1, #oNFCONF]
    bic    r2, r2, #0x800         @ enable chip
    str    r2, [r1, #oNFCONF]
    mov    r2, #0xff              @ RESET command
```

```
        strb    r2, [r1, #oNFCMD]
        mov     r3, #0              @ wait
1:      add     r3, r3, #0x1
        cmp     r3, #0xa
        blt     1b
2:      ldr     r2, [r1, #oNFSTAT]  @ wait ready
        tst     r2, #0x1
        beq     2b
        ldr     r2, [r1, #oNFCONF]
        orr     r2, r2, #0x800      @ disable chip
        str     r2, [r1, #oNFCONF]

        @ get read to call C functions
        ldr     sp, DW_STACK_START  @ setup stack pointer
        mov     fp, #0              @ no previous frame, so fp = 0

        @ copy UBOOT to RAM
        ldr     r0, _TEXT_BASE
        mov     r1, #0x0
        mov     r2, #0x40000
        bl      nand_read_ll
        teq     r0, #0x0
        beq     ok_nand_read
bad_nand_read:
1:      b       1b                  @ infinite loop
ok_nand_read:
        @ verify
        mov     r0, #0
        ldr     r1, _TEXT_BASE
        mov     r2, #0x400          @ 4 bytes * 1024 = 4K-bytes
go_next:
        ldr     r3, [r0], #4
        ldr     r4, [r1], #4
        teq     r3, r4
        bne     notmatch
        subs    r2, r2, #4
        beq     done_nand_read
        bne     go_next
notmatch:
1:      b       1b
done_nand_read:
        mov     pc, r10
#endif
```

```
                @ CONFIG_S3C2440_NAND_BOOT
DW_STACK_START:
        .word     STACK_BASE + STACK_SIZE - 4
```

⑩ 修改 include/configs/fs2410.h 文件,添加如下内容,放到最后面 #endif 前面即可。

```
/***********************************************/
/* ---------------------------------------------
 *    NAND Flash BOOT
 */
#define     CONFIG_S3C2410_NAND_BOOT          1
#define     STACK_BASE                        0x33f00000
#define     STACK_SIZE                        0x8000
#define     UBOOT_RAM_BASE                    0x30100000
#define     NAND_CTL_BASE                     0x4e000000
#define     bINT_CTL(Nb)                      _REG(INT_CTL_BASE + (Nb))
#define     oNFCONF                           0x00
#define     oNFCMD                            0x04
#define     oNFADDR                           0x08
#define     oNFDATA                           0x0c
#define     oNFSTAT                           0x10
#define     oNFECC                            0x14
/* --------------------------------------------- */
#define     NAND_MAX_CHIPS                    1
```

⑪ 重新编译 U-Boot。

```
make fs2410_config
make
```

通过 fs2410 的 NOR Flash 上的 BIOS 将 U-Boot.bin 烧写到 NAND Flash 中就可以从 NAND Flash 启动了。

我的 U-Boot 启动信息如图 3-1 所示。

可以看出:和第一次 make 的结果一样,U-Boot 命令依然不能用,也就是说不能用 saveenv 保存设置,因为我们现在只是完成了 U-Boot 从 NAND Flash 的启动工作,添加了 nand_read.c 函数,能够实现 NAND Flash 内容的读操作,而不能实现写操作。下面将实现 U-Boot 的一些命令,如 tftp、saveenv、go 等。

2. 第 2 部分

第 2 部分主要修改 U-Boot 的配置文件 fs2410.h,使 U-Boot 支持一些常用的命令。修改配置文件 include/configs/fs2410.h 使之支持 NAND 及添加修改一些参数的设置。

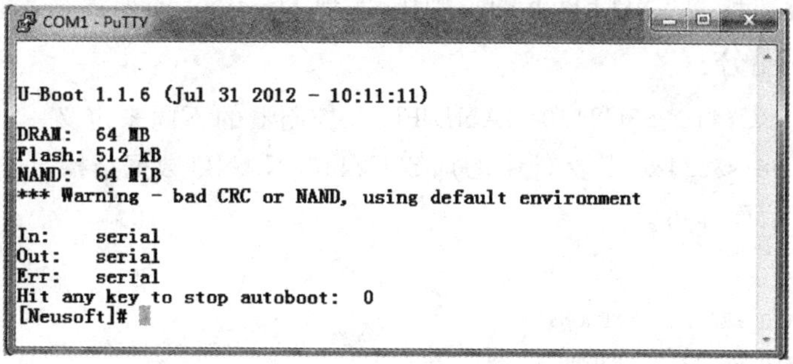

```
COM1 - PuTTY

U-Boot 1.1.6 (Jul 31 2012 - 10:11:11)

DRAM:  64 MB
Flash: 512 kB
NAND:  64 MiB
*** Warning - bad CRC or NAND, using default environment

In:    serial
Out:   serial
Err:   serial
Hit any key to stop autoboot:  0
[Neusoft]#
```

图 3-1 U-Boot 启动示意图

```
#define CONFIG_COMMANDS \
            (CONFIG_CMD_DFL      | \
            CFG_CMD_CACHE        | \
            CFG_CMD_ENV          | \
            CFG_CMD_NET          | \
            CFG_CMD_PING         | \
            CFG_CMD_NAND         | \
            /* CFG_CMD_EEPROM    |*/ \
            /* CFG_CMD_I2C       |*/ \
            /* CFG_CMD_USB       |*/ \
            CFG_CMD_REGINFO      | \
            CFG_CMD_DATE         | \
            CFG_CMD_ELF)
#define CFG_NAND_BASE           0x4E000000
#define CFG_MAX_NAND_DEVICE     1
#define NAND_MAX_CHIPS          1
#define CFG_ENV_IS_IN_NAND      1
#define CMD_SAVEENV
#define CFG_ENV_SIZE            0x10000
#define CFG_ENV_OFFSET          0x30000
```

下面的内容可以根据自己的需要进行改动。

```
#define CONFIG_BOOTDELAY        3
#define CONFIG_BOOTARGS         "noinitrd root=/dev/mtdblock2 init=/linuxrc devfs=mount console=ttySAC0,115200"
#define CONFIG_ETHADDR          08:00:3e:26:0a:5b
#define CONFIG_NETMASK          255.255.255.0
#define CONFIG_IPADDR           192.168.0.1
#define CONFIG_SERVERIP         192.168.0.4
#define CONFIG_BOOTCOMMAND      "nand read 0x30008000 0x40000 0x1c0000; bootm 0x30008000"
```

第 3 部分实现 NAND Flash 的写操作,实现 U-Boot 的配置参数的保存。

3. 第 3 部分:

① 针对 S3C2410、S3C2440 NAND Flash 控制器的不同来定义一些数据结构和函数,在 include/s3c24x0.h 文件中增加 S3C2440_NAND 数据结构,位置在 S3C2410_NAND 定义后面即可。

```
typedef struct {
    S3C24X0_REG32    NFCONF;
    S3C24X0_REG32    NFCONT;
    S3C24X0_REG32    NFCMD;
    S3C24X0_REG32    NFADDR;
    S3C24X0_REG32    NFDATA;
    S3C24X0_REG32    NFMECCD0;
    S3C24X0_REG32    NFMECCD1;
    S3C24X0_REG32    NFSECCD;
    S3C24X0_REG32    NFSTAT;
    S3C24X0_REG32    NFESTAT0;
    S3C24X0_REG32    NFESTAT1;
    S3C24X0_REG32    NFMECC0;
    S3C24X0_REG32    NFMECC1;
    S3C24X0_REG32    NFSECC;
    S3C24X0_REG32    NFSBLK;
    S3C24X0_REG32    NFEBLK;
}S3C2440_NAND;
```

② 在 include/s3c2410.h 文件中仿照 S3C2410_GetBase_NAND 函数定义 S3C2440_GetBase_NAND 函数,位置在 S3C2410_GetBase_NAND() 函数后面即可。

```
static inline S3C2440_NAND * const S3C2440_GetBase_NAND(void)
{
    return (S3C2440_NAND * const)S3C2410_NAND_BASE;
}
```

③ 实现 cpu/arm920t/s3c24x0/nand_Flash.c,即添加 nand_Flash.c 文件,文件内容如下:

```
#include <common.h>
#if (CONFIG_COMMANDS & CFG_CMD_NAND) && ! defined(CFG_NAND_LEGACY)
    #include <s3c2410.h>
    #include <nand.h>
DECLARE_GLOBAL_DATA_PTR;
    #define S3C2410_NFSTAT_READY    (1 << 0)
    #define S3C2410_NFCONF_nFCE     (1 << 11)
```

```c
#define S3C2440_NFSTAT_READY    (1 << 0)
#define S3C2440_NFCONT_nFCE     (1 << 1)
static void s3c2410_nand_select_chip(struct mtd_info *mtd, int chip)
{
    S3C2410_NAND * const s3c2410nand = S3C2410_GetBase_NAND();

    if (chip == -1)
    {
        s3c2410nand->NFCONF |= S3C2410_NFCONF_nFCE;
    }
    else
    {
        s3c2410nand->NFCONF &= ~S3C2410_NFCONF_nFCE;
    }
}
static void s3c2410_nand_hwcontrol(struct mtd_info *mtd, int cmd)
{
    S3C2410_NAND * const s3c2410nand = S3C2410_GetBase_NAND();
    struct nand_chip *chip = mtd->priv;
    switch (cmd)
    {
    case NAND_CTL_SETNCE:
    case NAND_CTL_CLRNCE:
        printf("%s: called for NCE\n", __FUNCTION__);
        break;
    case NAND_CTL_SETCLE:
        chip->IO_ADDR_W = (void *)&s3c2410nand->NFCMD;
        break;
    case NAND_CTL_SETALE:
        chip->IO_ADDR_W = (void *)&s3c2410nand->NFADDR;
        break;
    default:
        chip->IO_ADDR_W = (void *)&s3c2410nand->NFDATA;
        break;
    }
}
static int s3c2410_nand_devready(struct mtd_info *mtd)
{
    S3C2410_NAND * const s3c2410nand = S3C2410_GetBase_NAND();

    return(s3c2410nand->NFSTAT & S3C2410_NFSTAT_READY);
```

```c
}
static void s3c2440_nand_select_chip(struct mtd_info * mtd, int chip)
{
    S3C2440_NAND * const s3c2440nand = S3C2440_GetBase_NAND();
    if (chip == -1)
    {
        s3c2440nand->NFCONT |= S3C2440_NFCONT_nFCE;
    }
    else
    {
        s3c2440nand->NFCONT &= ~S3C2440_NFCONT_nFCE;
    }
}
static void s3c2440_nand_hwcontrol(struct mtd_info * mtd, int cmd)
{
    S3C2440_NAND * const s3c2440nand = S3C2440_GetBase_NAND();
    struct nand_chip * chip = mtd->priv;
    switch (cmd)
    {
    case NAND_CTL_SETNCE:
    case NAND_CTL_CLRNCE:
        printf("%s: called for NCE\n", __FUNCTION__);
        break;
    case NAND_CTL_SETCLE:
        chip->IO_ADDR_W = (void *)&s3c2440nand->NFCMD;
        break;
    case NAND_CTL_SETALE:
        chip->IO_ADDR_W = (void *)&s3c2440nand->NFADDR;
        break;
    default:
        chip->IO_ADDR_W = (void *)&s3c2440nand->NFDATA;
        break;
    }
}
static int s3c2440_nand_devready(struct mtd_info * mtd)
{
    S3C2440_NAND * const s3c2440nand = S3C2440_GetBase_NAND();

    return(s3c2440nand->NFSTAT & S3C2440_NFSTAT_READY);
}
static void s3c24x0_nand_inithw(void)
```

```c
{
    S3C2410_NAND * const s3c2410nand = S3C2410_GetBase_NAND();
    S3C2440_NAND * const s3c2440nand = S3C2440_GetBase_NAND();
#define TACLS    0
#define TWRPH0   4
#define TWRPH1   2
    if (gd->bd->bi_arch_number == MACH_TYPE_SMDK2410)
    {
        s3c2410nand->NFCONF =
(1 << 15)|(1 << 12)|(1 << 11)|(TACLS << 8)|(TWRPH0 << 4)|(TWRPH1 << 0);
    }
    else
    {
        s3c2440nand->NFCONF = (TACLS << 12)|(TWRPH0 << 8)|(TWRPH1 << 4);
        s3c2440nand->NFCONT = (1 << 4)|(0 << 1)|(1 << 0);
    }
}
void board_nand_init(struct nand_chip * chip)
{
    S3C2410_NAND * const s3c2410nand = S3C2410_GetBase_NAND();
    S3C2440_NAND * const s3c2440nand = S3C2440_GetBase_NAND();
    s3c24x0_nand_inithw();
    if (gd->bd->bi_arch_number == MACH_TYPE_SMDK2410)
    {
        chip->IO_ADDR_R    = (void *)&s3c2410nand->NFDATA;
        chip->IO_ADDR_W    = (void *)&s3c2410nand->NFDATA;
        chip->hwcontrol    = s3c2410_nand_hwcontrol;
        chip->dev_ready    = s3c2410_nand_devready;
        chip->select_chip  = s3c2410_nand_select_chip;
        chip->options      = 0;
    }
    else
    {
        chip->IO_ADDR_R    = (void *)&s3c2440nand->NFDATA;
        chip->IO_ADDR_W    = (void *)&s3c2440nand->NFDATA;
        chip->hwcontrol    = s3c2440_nand_hwcontrol;
        chip->dev_ready    = s3c2440_nand_devready;
        chip->select_chip  = s3c2440_nand_select_chip;
        chip->options      = 0;
    }
```

```
        chip->eccmode              = NAND_ECC_SOFT;
    }
    #endif
```

④ 将 nand_Flash.c 编入 U-Boot，即修改 cpu/arm920t/s3c24x0/Makefile 文件。

```
COBJS = i2c.o interrupts.o serial.o speed.o \
        usb_ohci.o nand_Flash.o
```

至此，编译生成了 U-Boot.bin 并烧入 NAND Flash，启动，便可以从 NAND Flash 中读取数据，进一步就可以引导内核了。

第 4 部分修改 U-Boot 中对硬件平台的主频设置，使之适合我们特定的硬件开发平台。

4. 第 4 部分

① 修改配置文件，以及针对开发板改变 CPU 主频。修改 include/configs/fs2410.h 如下：

```
……
#define         CONFIG_RTC_S3C24X0       1
#define             CONFIG_ENV_OVERWRITE
#define              CONFIG_BAUDRATE    115200
```

下面添加：

```
#define         CONFIG_CMDLINE_TAG       1
#define         CONFIG_SETUP_MEMORY_TAGS 1
#define         CONFIG_INITRD_TAG        1
```

② 修改 U-Boot 的 2410 的 CPU 频率。

smdk2410 的 U-Boot 原来运行频率是 202.8 MHz，而本书硬件平台对应的核心板 FS2410 的 BIOS 里面设置为 200 MHz，所以需要修改频率。否则在内核中，在\arch\arm\mach_s3c2410\s3c2410.c 中，fclk = s3c2410_get_pll(MPLLCON, xtal)；读出来的 fclk 结果将会和 Bootloader 的频率不一致。

③ 修改 board/fs2410/fs2410.c 文件如下：

```
#define FCLK_SPEED 1
#if FCLK_SPEED == 0
#define M_MDIV   0xC3
#define M_PDIV   0x4
#define M_SDIV   0x1
#elif FCLK_SPEED == 1
//#define M_MDIV   0xA1
```

```
// #define M_PDIV    0x3
// #define M_SDIV    0x1
#define M_MDIV    0x5c
#define M_PDIV    0x4
#define M_SDIV    0x0
#endif
```

通过上述修改,Bootloader 的运行频率和 Kernel 一致,能够正常启动。

U-Boot-1.1.6 已经可以通过"nand write…"、"nand write.jffs2…"等命令来烧写 cramfs、jffs2 文件系统映象文件,下面增加"nand write.YAFFS…"命令实现 YAFFS 文件系统映象的烧写,但是 nand 不能实现对 YAFFS 类型文件系统的烧写工作。

第 5 部分实现 U-Boot 对 NAND Flash 中 YAFFS 文件系统格式的支持,因为后续的根文件系统和应用程序文件皆是以 YAFFS 文件系统格式烧写到 NAND Flash 中的。而烧写过程是通过 U-Boot 来完成,因此必须实现 U-Boot 对 YAFFS 文件系统格式的支持。

5. 第 5 部分

① 在 commom/cmd_nand.c 中增加"nand write.YAFFS…"的使用说明,代码如下:(注意添加的位置)

```
U_BOOT_CMD(nand, 5, 1, do_nand,
    "nand        - NAND sub-system\n",
    "info              - show available NAND devices\n"
    "nand device [dev] - show or set current device\n"
    "nand read[.jffs2]    - addr off|partition size\n"
    "nand write[.jffs2]   - addr off|partiton size - read/write'size' bytes starting\n"
    "    at offset 'off' to/from memory address'addr'\n"
    "nand read.YAFFS addr off size - read the'size' byte YAFFS image starting\n"
    "    at offset'off' to memory address'addr'\n"
    "nand write.YAFFS addr off size - write the'size' byte YAFFS image starting\n"
    "    at offset'off' from memory address'addr'\n"
    "nand erase [clean] [off size] - erase'size' bytes from\n"
    "    offset'off' (entire device if not specified)\n"
    "nand bad   - show bad blocks\n"
……………………
……………………
```

② 然后,在 nand 命令的处理函数 do_nand()中增加对"nand YAFFS…"的支持。do_nand 函数仍在 commom/cmd_nand.c 中实现,代码修改如下,在第 355 行添加如下所示代码。

```
        ......................
        ......................
        opts.quiet       = quiet;
                ret = nand_write_opts(nand, &opts);
            }
    }
    else if (  s != NULL && ! strcmp(s, ".YAFFS"))
    {
        if (read)
        {
            nand_read_options_t opts;
            memset(&opts, 0, sizeof(opts));
            opts.buffer = (u_char * ) addr;
            opts.length = size;
            opts.offset = off;
            opts.readoob = 1;
            opts.quiet       = quiet;
            ret = nand_read_opts(nand, &opts);
        }
        else
        {
            nand_write_options_t opts;
            memset(&opts, 0, sizeof(opts));
            opts.buffer = (u_char * ) addr;
            opts.length = size;
            opts.offset = off;
            opts.noecc = 1;
            opts.writeoob = 1;
            opts.blockalign = 1;
            opts.quiet       = quiet;
            opts.skipfirstblk = 1;
            ret = nand_write_opts(nand, &opts);
        }
    }
    else
    {
        if (read)
            ret = nand_read(nand, off, &size, (u_char * )addr);
        else
            ret = nand_write(nand, off, &size, (u_char * )addr);
    }
    ......................
```

NAND Flash 每一页大小为（512+16）字节（还有其他格式的 NAND Flash，比如每页大小为（256+8）字节、(2048+64) 字节等)，其中 512 字节就是数据存储区，16 字节称为 OOB(Out Of Band) 区，在 OBB 区存放坏块标记、前面 512 字节的 ECC 校验码等。上述代码中，opts.skipfirstblk 是新增加的项，表示烧写时跳过第一个可用的逻辑块，这是由 YAFFS 文件系统的特性决定的。下面给 opts.skipfirstblk 新增加项重新定义 nand_write_options_t 结构，并在下面调用的 nand_write_opts 函数中对它进行处理。

③ 在 include/nand.h 中进行如下修改，增加 skipfirstblk 成员。

```
struct nand_write_options {
u_char * buffer;
.....................
.....................
int pad;
int blockalign;
int skipfirstblk;
};
```

④ 在 drivers/nand/nand_util.c 中修改 nand_write_opts 函数，增加对 skipfirstblk 成员的支持。

```
int nand_write_opts(nand_info_t * meminfo, const nand_write_options_t * opts)
{
    int imglen = 0;
    .....................
    .....................
    int result;
    int skipfirstblk = opts->skipfirstblk;
    .....................
    .....................
    } while (offs < blockstart + erasesize_blockalign);
  }
 if (skipfirstblk)
    {
    mtdoffset + = erasesize_blockalign;
    skipfirstblk = 0;
    continue;
    }
    readlen = meminfo->oobblock;
.....................
```

⑤ 进行上面移植后，U-Boot 已经支持 YAFFS 文件系统映象的烧写，由于前

面设置"opts.noecc=1"不使用 ECC 校验码，烧写时会提示很多提示信息，可以修改 drivers/nand/nand_base.c 文件中的 nand_write_page 函数，将其 printk 提示的内容注释掉。

case NAND_ECC_NONE：
　　//printk (KERN_WARNING "Writing data without ECC to NAND-Flash is not recommended\n");

⑥ 最后在 U-Boot 顶层目录执行：

make fs2410_config
make

命令后，在 U-Boot 顶层目录中生成的 U-Boot.bin 文件，用 JTAG 线下到板子上重启目标机正常启动。启动信息如图 3-2 所示。

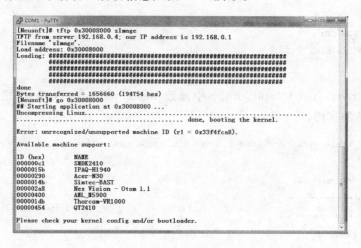

图 3-2　U-Boot 启动 Kernel 示意图

经过上述修改后，发现 U-Boot 不能自己从参数存储区读取启动参数，正确地启动内核。在下文第 6 部分中将完善启动函数。

6. 第 6 部分

① 编辑 common/cmd_boot.c 函数（gedit common/cmd_boot.c），添加 call_linux 函数。

```
void  call_linux(long a0, long a1, long a2)
{
__asm__(
    "   mov r1, #0\n"
    "   mov r1, #7 << 5\n"              /* 8 segments */
    "1: orr r3, r1, #63 << 26\n"         /* 64 entries */
    "2: mcr p15, 0, r3, c7, c14, 2\n"    /* clean & invalidate D index */
```

```
        "   subs    r3, r3, #1 << 26\n"
        "   bcs 2b\n"                          /* entries 64 to 0 */
        "   subs    r1, r1, #1 << 5\n"
        "   bcs 1b\n"                          /* segments 7 to 0 */
        "   mcr p15, 0, r1, c7, c5, 0\n"       /* invalidate I cache */
        "   mcr p15, 0, r1, c7, c10, 4\n"      /* drain WB */
);

__asm__(
        "   mov     r0, #0\n"
        "   mcr     p15, 0, r0, c7, c10, 4\n"  /* drain WB */
        "   mcr     p15, 0, r0, c8, c7, 0\n"   /* invalidate I & D TLBs */
);

__asm__(
        "   mov     r0, %0\n"
        "   mov     r1, #0x0c1\n"
        "   mov     r2, %2\n"
        "   mov     ip, #0\n"
        "   mcr     p15, 0, ip, c13, c0, 0\n"  /* zero PID */
        "   mcr     p15, 0, ip, c7, c7, 0\n"   /* invalidate I,D caches */
        "   mcr     p15, 0, ip, c7, c10, 4\n"  /* drain write buffer */
        "   mcr     p15, 0, ip, c8, c7, 0\n"   /* invalidate I,D TLBs */
        "   mrc     p15, 0, ip, c1, c0, 0\n"   /* get control register */
        "   bic     ip, ip, #0x0001\n"         /* disable MMU */
        "   mcr     p15, 0, ip, c1, c0, 0\n"   /* write control register */
        "   mov     pc, r2\n"
        "   nop\n"
        "   nop\n"
        : /* no outpus */
        : "r" (a0), "r" (a1), "r" (a2)
);
}
```

添加 setup_linux_param 函数。

```
static void setup_linux_param(ulong param_base)
{
    struct param_struct *params = (struct param_struct *)param_base;
    char *linux_cmd;
    linux_cmd = getenv("bootargs");
    memset(params, 0, sizeof(struct param_struct));
    params->u1.s.page_size = 0x00001000;
    params->u1.s.nr_pages = (0x04000000 >> 12);
```

```
    memcpy(params->commandline, linux_cmd, strlen(linux_cmd) + 1);
}
```

② 在 do_go()函数中添加：

```
int do_go (cmd_tbl_t * cmdtp, int flag, int argc, char * argv[])
{
    ulong     addr, rc;
    int       rcode = 0;
    if (argc < 2) {
        printf ("Usage:\n%s\n", cmdtp->usage);
        return 1;
    }
    setup_linux_param(0x30000100);
    call_linux(0,0x0c1,0x30008000);
    printf("ok\n");
    ......
    addr = simple_strtoul(argv[1], NULL, 16);
    printf ("## Starting application at 0x%08lX ...\n", addr);
}
```

至此，U-Boot 移植完成，能够正常引导内核，并能够通过网络下载根文件系统或实现系统自启动。其他扩展功能，如对 Bootloader 启动阶段进行 LCD 的 LOGO 显示等，读者可自行查找相关资料添加。

3.1.4　U-Boot 命令格式

1. U-Boot 的使用命令

(1) printenv 打印环境变量

打印 U-Boot 的环境变量，包括串口波特率、IP 地址、MAC 地址、内核启动参数、服务器 IP 地址等。

(2) setenv 设置环境变量

对环境变量的值进行设置，保存在 SDRAM 中，但不写入 Flash，这样系统掉电以后设置的环境变量就不存在了。

(3) saveenv 保存环境变量

将环境变量写入 Flash，永久保存，掉电以后不消失。

(4) ping 测试网络命令

ping 命令用于测试目标板的网络是否通畅。
格式：ping+ipaddr。

(5) tftp 通过 tftp 协议下载文件至 SDRAM

将 tftp 服务器上的文件下载到指定的地址，速度快。

格式:tftp+存放地址+文件名。

如 tftp 0x30008000 zImage 即将内核文件 zImage 从 tftp 服务器下载至目标板内存 0x30008000 地址处。

(6) loadb 通过串口下载二进制文件

在目标板不具备网络功能的时候,可以配合超级终端下载二进制文件至内存中,缺点是速度慢。

格式:loadb+存放地址。

(7) bootm 引导内核

先将内核下载到 SDRAM 中(通过 tftp 命令或者 loadb 命令),然后执行 bootm 命令引导内核。

格式:bootm+内核地址。

(8) help 或者"?"

查看 U-Boot 支持的命令及其作用。

3.1.5 U-Boot 启动参数

当我们使用 printenv 参数后,超级终端显示的参数通常如下所示:

```
baudrate = 115200
ethaddr = 08:00:3e:26:0a:5b
bootfile = "zImage"
filesize = 14d8f0
fileaddr = 30008000
netmask = 255.255.255.0
ipaddr = 192.168.0.1
serverip = 192.168.0.4
bootcmd = nand read 0x30008000 0x40000 0x1c0000;go 0x30008000
bootdelay = 1
bootargs = root = /dev/mtdblock2 init = /linuxrc console = ttySAC0,115200
stdin = serial
stdout = serial
stderr = serial
```

其中的 bootcmd 和 bootargs 可能会有所不同。下面为另外两种形式:

```
bootcmd = tftp 0x30008000 zImage\;go 0x30008000
bootargs = root = /dev/nfs nfsroot = 192.168.0.4:/work/rootfile/rootfs
ip = 192.168.0.1:192.168.0.4:192.168.0.1:255.255.255.0:www.neusoft.edu.cn:eth0:off console = ttySAC0
```

bootcmd 决定着在 Bootloader 启动后,下一步内核的加载位置。

当 bootcmd=nand read 0x30008000 0x40000 0x1c0000;go 0x30008000 的时候,

此命令决定的是把内核从 NAND Flash 的 0x40000 的位置读到 SDRAM 的 0x30008000 位置,内核的大小是 0x1c0000,然后在内存中运行内核,即 0x30008000。

当 bootcmd=tftp 0x30008000 zImage\;go 0x30008000 的时候,此命令决定是把内核通过 tftp 协议,通过网口,从 PC 机的 tftpserver 中下载到 SDRAM 的 0x30008000 中,然后在内存中运行内核,即 go 0x30008000。bootargs 决定根文件系统的加载位置,根文件系统的概念参见第 2 章 2.3 节内容。当 bootargs=root=/dev/nfs nfsroot=192.168.0.4:/work/rootfile/rootfs ip=192.168.0.1:192.168.0.4:192.168.0.1:255.255.255.0:www.neusoft.edu.cn:eth0:off console=ttySAC0 的时候,采用的是网络 nfs 形式加载根文件系统,根文件系统存在于 PC 机的 nfsserver 目录下面,开发板通过网口从上位机加载根文件系统。nfsroot 是自己开发主机的 IP 地址。"ip="后面:第一项(192.168.0.1)是目标板的临时 IP(注意不要和局域网内其他 IP 冲突);第二项(192.168.0.4)是开发主机的 IP;第三项(192.168.0.1)是目标板上网关(GW)的设置;第四项(255.255.255.0)是子网掩码;第五项是开发主机的名字(一般无关紧要,可随便填写);eth0 是网卡设备的名称。

另外 bootdelay 表示的是启动 Bootloader 后在 # 提示符下,如果用户不按下任意键,自动执行 Bootcmd 指定的命令时等待的时间。一般默认是 3 秒。ipaddr=192.168.0.1 设置的是开发板即 ARM 板的 IP 地址。serverip=192.168.0.4 设置的是上位机即 PC 机的 IP 地址。注意上述 IP 地址要在同一个网段。

3.2 Kernel 移植

本节要求:

了解 Kernel 的构成,掌握其针对 S3C2410 平台的移植方法。

本节目标:

- 掌握 Kernel(2.6.24)的裁剪方法。
- 掌握配置 tftp 服务器的方法。
- 掌握调试内核的方法。

3.2.1 Kernel 介绍

Linux 有桌面版本和内核版本两种,桌面版本是面向 PC 用户的版本,有 redhat、fedora、ubuntu、debian、rhel、gentoo 等。Linux 内核指的是所有 Linux 系统的中心软件组件,一般是指 Linux 内核,移植 Linux 也指的是移植内核到目标平台。

Linux 发展历史如表 3-1 所列。

表3-1 Kernel内核发展历程

版本	时间	特点
0.1	1991.1	最初的原型
1.0	1994.3	包含了对386的官方支持,仅支持单CPU系统
1.2	1995.3	第一个包含多平台支持的版本(Alpha,MIPS等)
2.0	1996.6	第一个支持SMP(对称多处理机系统)的系统
2.2	1999.1	极大提升SMP系统上Linux的性能,支持更多硬件
2.4	2001.1	进一步提升SMP系统的扩展性,对桌面系统的支持更好
2.6	2003.12	无论对企业服务器还是嵌入式应用,都是一个巨大进步
3.0	2012.8	正式推出3.0版本内核,标志进入一个新时代

Linux内核版本号说明如下:

比如版本号为2.6.24。其中,2是主版本号,6是次版本号,24是修订版本号。如果次版本号是偶数,说明是稳定版本。如果次版本号是奇数,则是开发版本。我们一般使用稳定版本。截止到本书发稿日期,Linux内核已经更新到了3.5.1版本。更新的版本读者可以在 www.Kernel.org 下载。

3.2.2 Kernel目录介绍

■ Arch

包含和硬件体系结构相关的代码,每种平台占一个相应的目录。如ARM、AVR32、Blackfin、MIPS等。

■ Block

块设备驱动程序的IO调度。

■ Crypto

常用的加密和离散算法,还有一些压缩和CRC效验算法。

■ Documentation

内核的说明文档。

■ Drivers

设备驱动程序,其下细分为不同种类的设备。如block、char、mtd、net、USB、video等。

■ Fs

内核支持的文件系统的实现,如ext2、ext3、cramfs、jffs2、nfs等。

■ Include

头文件。与系统相关的文件放在 include/linux 下,与ARM体系结构相关的头文件放在 include/asm—arm 下。

■ Init

内核初始化代码。
- Ipc

进程间通信代码。
- Kernel

内核的核心代码，包括进程调度、定时器等。和 ARM 平台相应的核心代码在 arch/arm/Kernel 目录下。
- Lib

库文件代码。
- Mm

内存管理代码，和 ARM 平台相关的内核管理代码在 arch/arm/mm 目录下。
- Net

网络相关的代码，实现了各种常见的网络协议。
- Scripts

包含用于配置内核的各种脚本文件。只在配置时是有意义的。
- Sound

音频设备驱动的通用代码和硬件驱动代码都在这个主件件下面。

3.2.3 Kernel 内核裁剪与配置

1. .config 文件

Linux 内核目录下的 .config 文件是 Linux 编译时所依赖的文件。我们在配置内核时所做的任何修改，最终都会在这个文件中体现出来。它是 Makefile 对内核进行处理的重要依据。一般来说，内核会提供芯片公司 demo 板的 .config 文件，我们一般找到一个近似的进行修改，如 S3C2410 平台上可以选择 s3c2410_deconfig 这个文件。

2. 3 种配置方式

- Make config

基于文本对话的配置方式，比较细致，但是浪费时间，对于专业的内核开发人员比较适合。
- Make xconfig

基于图像界面的配置方式，非常直观，但是需要特殊的软件支持，一般不推荐。
- Make menuconfig

推荐的内核配置方式，采用目录的方式，直观，容易使用。

3. 关于 Kconfig

在进行 make menuconfig 时，目录的生成依赖于 Kconfig 文件。一般来说，每个源代码目录下都有一个 Kconfig 文件。

其中代码示例如下:

```
Config AX888796
Tristate"ASIX AX88796 NE2000 clone support"
Depends on ARM || MIPS || SUPERH
Select CRC32
Select MII
Help
Ax88796 driver,using platform bus to provide chip detection and resources
```

其中 Config AX888796 此选项决定着后续 makefile 中的 CONFIG_AX88796 变量的取值;从 Tristate 可以看出有 3 种取值;Depends on 是说明此选项是否有效决定于 ARM||MIPS||SUPERH 的取值;如果配置菜单里面我们对上 3 项选择 yes,这时 Config AX888796 才会有效,提供给用户选择。Help 的内容是在配置菜单中提供帮助信息。

(1) Kconfig 对 .config 文件的影响

```
…………………………………………
CONFIG_AX88796 = y
…………………………………………
```

Make menuconfig 对内核配置所做的修改最终反映在 .config 文件中。如上所示,在 .config 文件中 CONFIG_SX88796＝y 被定义为 y。

(2) Kconfig 对 makefile 的影响

```
…………………………………………………
Obj- $(CONFIG_AX88796) + = ax8879.o
…………………………………………………
```

CONFIG_AX88796 是 tristate 类型,有 3 个可能取值。
Y:编译进内核。
M:编译成模块。
N:不进行编译。
若是 bool 类型,则只有两种可能,y 或者 n。

① 关于 Makefile。

Linux 内核源码的每个目录下都有一个 Makefile,由该 Makefilg 对源代码的编译、连接等操作进行控制。编译完成后,每个源代码目录下都会生成一个名叫 built-in.o 的文件。这个文件由源代码目录下的所有源文件编译后的目标文件连接而成;而不同的 built-in.o 又被上层目录中的 Makefile 连接成更大的 bulit-in.o,直到最后连接成一个内核 vmlinx.o。

② 关于交叉编译。

由于我们的目标平台是 ARM,在而 x86 平台上进行开发,故必须进行交叉编译。

修改内核的顶层 Makefile：

....

```
ARCH            ? = arm
CROSS_COMPILE   ? = arm-linxu-
```

....

表示我们的目标平台是 ARM 构架的，而使用的交叉编译器的前缀是 arm-linux-。

4．操作

获得.config 文件。

前面提到，.config 是内核编译时所依赖的重要文件，与具体的硬件构架和开发板类型相关。我们选择内核提供的 s3c2410_defconfig 进行修改。在解压后内核根目录下执行：

```
cp arch/arm/configs/s3c2410_defconfig  .config
```

即获得了一个默认的平台配置文件。

5．其他

Linux 内核移植——demo 板选择：选择相近的 demo 板。

三星公司针对 S3C2410 芯片推出了 smdk2410 demo 板，Linux 内核对该开发板的支持非常完善。为了移植方便，并最大可能地实现代码重用，我们选择该开发板作为原始目标板，在它的基础上进行必要的修改。在 include/asm-arm/mach-thpes.h 中，#define MACH_TYPE_SMDK2410 193 定义的板 ID，与我们的 Bootloader 中使用的 machine ID 是一致的。

3.2.4 配置 tftp-sever 服务器

配置 tftp 服务器

在内核移植的过程中，我们在每一步做完，Make zImage 后，通过 U-Boot 下载到 SDRAM 中运行，通过输出信息查看结果。zImage 应该放到上位机 tftp-server 文件夹中，下面介绍 tftp-server 的配置方法。

① 首先确认 xinetd 与 tftp-server 文件包是否安装。

[root@localhost ~]# rpm-q tftp-server

如果显示 tftp-server-0.49-2 信息即为安装成功。

[root@localhost ~]# rpm-q xinetd

如果显示 xinetd-2.3.14-10.el5 信息即为安装成功。

② 然后修改 tftp 配置文件。

```
[root@localhost ~]# gedit /etc/xinetd.d/tftp
```

配置信息如下:

```
# default: off
# description: The tftp server serves files using the trivial file transfer \
#       protocol.  The tftp protocol is often used to boot diskless \
#       workstations, download configuration files to network-aware printers, \
#       and to start the installation process for some operating systems.
service tftp
{
    socket_type         = dgram
    protocol            = udp
    wait                = yes
    user                = root
    server              = /usr/sbin/in.tftpd
    server_args         = -s /tftpboot
    disable             = no
    per_source          = 11
    cps                 = 100 2
    flags               = IPv4
}
```

注意将 server 处设置为 tftp-server 的文件夹,一般取默认值即可。关键之处在于 disable 的值,将其改为 no,保存后退出。

③ 重新启动 tftp-server。

```
[root@localhost ~]# service xinetd restart
停止 xinetd:                                               [确定]
启动 xinetd:                                               [确定]
```

④ 配置成功,此后编译内核后即可将 zImage 文件放入 tftpboot 文件夹,供 U-Boot 下载使用。

⑤ 附上开发板端 U-Boot 参数 bootcmd 的设置值:

```
bootcmd = tftp 0x30008000 zImage\;go 0x30008000
```

当 Bootloader 启动后,如果不按下任意键,即默认执行 bootcmd 指定的指令,将 zImage 文件下载到 SDRAM 中运行。

3.2.5 Kernel 移植过程

1. 第 1 部分

初步移植内核,编译出 zImage 文件,对 NAND Flash 进行分区。

① 解压 linux-2.6.24。针对不同的压缩包,使用 tar zxvf 或者 tar jxvf 命令。
② 编辑 Makefile,修改目标 CPU 体系结构和交叉编译工具的路径。

[root@localhost linux-2.6.24]$ gedit Makefile

第 193 行改为:

ARCH   ? = arm
CROSS_COMPILE   ? = /usr/local/arm/3.4.1/bin/arm-linux-C[x]$_n$CROSS_COMPILE 根据自己所使用的交叉编译器路径设置。

③ 复制编译配置文件到 linux-2.6.24 下面。移植过程以 smdk2410 开发板为模板。

[root@localhostlinux-2.6.24]$ cp arch/arm/configs/s3c2410_defconfig .config

④ 修改 NAND Flash 分区信息。

[root@localhostlinux-2.6.24]$ gedit arch/arm/plat-s3c24xx/common-smdk.c

第 108 行 smdk_default_nand_part[] 修改如下:

```
static struct mtd_partition smdk_default_nand_part[] = {
    [0] = {
        .name = "Bootloader",
        .size = 0x40000,
        .offset = 0,
    },
    [1] = {
        .name = "Kernel",
        .size = (0x200000 - 0x40000),
        .offset = 0x40000,
    },
    [2] = {
        .name = "RootFile",
        .size = 62 * SZ_1M,
        .offset = SZ_2M,
//      mask_flags: MTD_WRITEABLE,
    }
};
```

这里面将 NAND Flash 修改成了 3 个分区,分别是 Bootloader、Kernel 和 roog-filesystem 分区。

⑤ 为了我们的内核支持 devfs,以及在启动时在 /sbin/init 运行之前能自动挂载 /dev 为 devfs 文件系统,编辑 fs/Kconfig:

在 902 行 menu "Pseudo filesystems" 下面添加如下代码:

config DEVFS_FS

```
        bool "/dev file system support (OBSOLETE)"
        default y
config DEVFS_MOUNT
        bool "Automatically mount at boot"
        default y
        depends on DEVFS_FS
```

DEVFS 在 linux2.6.15 以后取消了支持,此处为冗余的操作。

⑥ OK,现在先编译一下内核,下载到目标板看看内核能否启动。

```
[root@localhost linux-2.6.24]$ make menuconfig
```

在配置菜单中,选择 system type——>s3c2410 machines 中的 smdk2410。其他的 arch-machines 全部取消。

注意保存配置菜单,系统默认为 .config 文件来进行保存,防止以后配置错误可以还原,一般情况下用户需要重新命名进行保存。

```
[root@localhost linux-2.6.24]$ make zImage
```

编译完成后在 arch/arm/boot 下会有一个 zImage。

```
[root@localhost linux-2.6.24]$ cd   arch/arm/boot
[root@localhost boot]$ ls
bootp   compressed   Image   install.sh   Makefile   zImage
```

通过 U-Boot 把 zImage 加载到 SDRAM 的 0x30008000 处,并执行 go 0x30008000,会看到以下启动信息。

```
AK-47#> tftp 0x30008000 zImage
TFTP from server 192.168.0.102; our IP address is 192.168.0.69
Filename 'uImage'.
Load address: 0x30008000
Loading:
#################################################
##########
done
AK-47#> go 0x30008000
Uncompressing
Linux......................................................
............ done, booting the Kernel.
Linux version 2.6.24 (root@localhost.localdomain) (gcc version 4.1.1) #1 Sat Mar 29 16:42:31 CST 2008
CPU: ARM920T [41129200] revision 0 (ARMv4T), cr=00007177
Machine: SMDK2410
……
```

```
S3C24XX NAND Driver, (c) 2004 Simtec Electronics
s3c2410-nand s3c2410-nand: Tacls=3, 30ns Twrph0=7 70ns, Twrph1=3 30ns
NAND device: Manufacturer ID: 0xec, Chip ID: 0x76 (Samsung NAND 64MiB 3,3V 8-bit)
Scanning device for bad blocks
Creating 3 MTD partitions on "NAND 64MiB 3,3V 8-bit":
0x00000000-0x00060000 : "U-Boot"
0x00060000-0x00200000 : "Kernel-2.6.24"
0x00200000-0x04000000 : "RootFileSystem"
……
```

2. 第 2 部分

第 2 部分在之前的内核移植基础上，继续进行 CS8900 网卡驱动移植。

① 将配套光盘中的 cs8900.c，cs8900.h 复制到 drivers/net/arm 文件夹下。

② 在/linux-2.6.24/include/asm-arm/arch-s3c2410 下面新建一个文件 smdk2410.h。

```
[root@localhost arch-s3c2410]$ pwd
linux-2.6.24/include/asm-arm/arch-s3c2410
[root@localhost arch-s3c2410]$ gedit smdk2410.h
```

添加如下代码：

```
#define pSMDK2410_ETH_IO      __phys_to_pfn(0x19000000)
#define vSMDK2410_ETH_IO      0xE0000000
#define SMDK2410_EHT_IRQ      IRQ_EINT9
```

这些宏在 cs8900.c 中要用到。

③ 修改 linux-2.6.24/arch/arm/mach-s3c2410/mach-smdk2410.c。

```
[root@localhost mach-s3c2410]$ pwd
linux-2.6.24/arch/arm/mach-s3c2410
[root@localhost mach-s3c2410]$ gedit mach-smdk2410.c
```

④ 在头部包含刚才建立的头文件 smdk2410.h。

```
#include "asm/arch/smdk2410.h"
```

在 map_desc smdk2410_iodesc[]中添加 cs8900 的对于的 IO 空间映射。

```
static struct map_desc smdk2410_iodesc[] __initdata = {
  /* nothing here yet */
{ vSMDK2410_ETH_IO , pSMDK2410_ETH_IO, SZ_1M, MT_DEVICE },
};
```

⑤ 在/drivers/net/arm/Kconfig 中增加 menu config 中的 CS8900 编译选项。

```
[root@localhost arm]$ pwd
```

```
linux-2.6.24/drivers/net/arm
[root@localhost arm]$ gedit Kconfig
config ARM_CS8900
    tristate "CS8900 support"
    depends on NET_ETHERNET && ARM && ARCH_SMDK2410
    help
      Support for CS8900A chipset based Ethernet cards. If you have a network (Ethernet)
card of this type, say Y and read the Ethernet-HOWTO,available from as well as .To compile
this driver as a module, choose M here and read .The module will be called cs8900.o.
```

这样,在编译配置菜单"make menuconfig"中的 Device Drivers→Network Device Support→Ethernet(10M or 100Mbit)中就可以找到"CS8900 support"的选项了。

⑥ 在/drivers/net/arm/Makefile 中添加:

```
obj-$(CONFIG_ARM_CS8900)          += cs8900.o
```

⑦ 执行 make menuconfig。

在 Device drivers→network device support→Ethernet(10M or 100Mbit)中选择(*)CS8900 support。

⑧ 编译内核 make zImage。

⑨ 将生成的 zImage 重新通过 tftp 下载到开发板 SDRAM 中再来看启动信息。

……

```
Cirrus Logic CS8900A driver for Linux (Modified for SMDK2410)
eth0: CS8900A rev E at 0xe0000300 irq=53, addr: 00:0:3E:26:0A:0
```

……

如果有如上信息出现,说明网卡启动成功。

3. 第 3 部分

移植 3.5 寸 LCD 驱动。

从启动信息可以看出没有加载成功 LCD 驱动。

```
io scheduler ctq registered
s3c2410-lcd s3c2410-lcd: no platform data for lcd, cannot attach
s3c2410-lcd: probe of s3c2410-lcd failed with error -22
lp: driver loaded but no devices found
```

① 修改文件 linux2.6.24/arch/arm/mach-s3c2410/mach-smdk2410.c。

加入头文件。

```
#include <asm/arch/fb.h>
```

添加代码:

```c
static struct s3c2410fb_display nano2410_lcd_cfg[] __initdata = {
    {
    .lcdcon5 = (1 << 11) | (1 << 10) | (1 << 9) | (1 << 8) | (0 << 7) | (1 << 5) | (1 << 3)
|(0 << 1) | (1),
    .type           = S3C2410_LCDCON1_TFT,
    .width          = 320,
    .height         = 240,
    .pixclock       = 270000, /* HCLK/10 */
    .xres           = 320,
    .yres           = 240,
    .bpp            = 16,
    .left_margin    = 16,
    .right_margin   = 59,
    .hsync_len      = 9,
    .upper_margin   = 2,
    .lower_margin   = 6,
    .vsync_len      = 16,
    }
};
static struct s3c2410fb_mach_info nano2410_fb_info __initdata =
{
    .displays = nano2410_lcd_cfg,
    .num_displays = ARRAY_SIZE(nano2410_lcd_cfg),
    .default_display = 0,
    .lpcsel = ((0xCE6) & ~7) | 1 << 4,
    .gpccon = 0xaaaaaaaa,
    .gpccon_mask = 0xffffffff,
    .gpcup = 0xffffffff,
    .gpcup_mask = 0xffffffff,
    .gpdcon = 0xaaaaaaaa,
};
```

② 在函数 smdk2410_init()中加入：

`s3c24xx_fb_set_platdata(&nano2410_fb_info);`

在内核配置时，在配置菜单"make menuconfig"中的 Device Drivers 下 graphic support 里面，选中 support for frambuffer devices，同时选中 Bootup logo。

③ 重新编译内核，看看启动信息。

……

io scheduler cfq registered
Console: switching to colour frame buffer device 30x40

```
fb0: s3c2410fb frame buffer device
……
```

同时可以看到 LCD 上出现了一只可爱的小企鹅。

在这里,可以使用配套光盘中提供的 logomaker.tgz 解压后的软件,从网上下载一个 320×240 的图片,做成一个 logo_linux_clut224.ppm,然后放到 drivers/video/logo 下面覆盖原有的文件,把系统自带的企鹅替换掉。关于 logomaker 软件的使用方法,在此不做赘述。

4. 第 4 部分

移植触摸屏驱动。

① 在 include\asm-arm\arch 下面添加光盘中附带 ts.h。

② 修改 arch\arm\mach-s3c2410 下面的 mach-smdk2410.c。

添加头文件 #include <asm/arch/ts.h>。

添加:

```
struct platform_device s3c_device_ts = {
    .name          = "EmbedSky-ts",
    .id            = -1,
};
static struct EmbedSky_ts_mach_info EmbedSky_ts_info = {
    .delay = 10000,
    .presc = 49,
    .oversampling_shift = 2,
};
static struct platform_device * smdk2410_devices[] __initdata = {
    &s3c_device_usb,
    &s3c_device_lcd,
    &s3c_device_wdt,
    &s3c_device_i2c,
    &s3c_device_iis,
    &s3c_device_rtc,
    &s3c_device_ts,
};
static void __init smdk2410_init(void)
{
    platform_add_devices(smdk2410_devices, ARRAY_SIZE(smdk2410_devices));
    smdk_machine_init();
    s3c24xx_fb_set_platdata(&nano2410_fb_info);
    s3c_device_ts.dev.platform_data = &EmbedSky_ts_info;
}
```

③ 在 include\asm-arm\hardware 下面添加光盘中附带的 clock.h。
④ 在 drivers\input 下面添加光盘中附带的 tsdev.c。

同时在 makefile 中添加：

```
obj-$(CONFIG_INPUT)                 += input-core.o
input-core-objs := input.o ff-core.o
obj-$(CONFIG_INPUT_FF_MEMLESS)      += ff-memless.o
obj-$(CONFIG_INPUT_POLLDEV)         += input-polldev.o
obj-$(CONFIG_INPUT_MOUSEDEV)        += mousedev.o
obj-$(CONFIG_INPUT_JOYDEV)          += joydev.o
obj-$(CONFIG_INPUT_EVDEV)           += evdev.o
obj-$(CONFIG_INPUT_EVBUG)           += evbug.o
obj-$(CONFIG_INPUT_TSDEV)           += tsdev.o
obj-$(CONFIG_INPUT_KEYBOARD)        += keyboard/
obj-$(CONFIG_INPUT_MOUSE)           += mouse/
obj-$(CONFIG_INPUT_JOYSTICK)        += joystick/
obj-$(CONFIG_INPUT_TABLET)          += tablet/
obj-$(CONFIG_INPUT_TOUCHSCREEN)     += touchscreen/
obj-$(CONFIG_INPUT_MISC)            += misc/
```

⑤ 同时在 kconfig 中 116 行开始中添加：

```
config INPUT_TSDEV
    tristate "Touchscreen interface"
    ---help---
      Say Y here if you have an application that only can understand the
      Compaq touchscreen protocol for absolute pointer data. This is
      useful namely for embedded configurations.

      If unsure, say N.

      To compile this driver as a module, choose M here: the
      module will be called tsdev.
config INPUT_TSDEV_SCREEN_X
    int "Horizontal screen resolution"
    depends on INPUT_TSDEV
    default "1024"
config INPUT_TSDEV_SCREEN_Y
    int "Vertical screen resolution"
    depends on INPUT_TSDEV
    default "768"
```

⑥ 在 drivers\input\touchscreen 下面添加光盘中附带的 EmbedSky_ts.c。
同时在 makefile 中添加：

```
obj-$(CONFIG_TOUCHSCREEN_ADS7846)         += ads7846.o
```

```
obj-$(CONFIG_TOUCHSCREEN_BITSY)           += h3600_ts_input.o
obj-$(CONFIG_TOUCHSCREEN_CORGI)           += corgi_ts.o
obj-$(CONFIG_TOUCHSCREEN_GUNZE)           += gunze.o
obj-$(CONFIG_TOUCHSCREEN_ELO)             += elo.o
obj-$(CONFIG_TOUCHSCREEN_FUJITSU)         += fujitsu_ts.o
obj-$(CONFIG_TOUCHSCREEN_MTOUCH)          += mtouch.o
obj-$(CONFIG_TOUCHSCREEN_MK712)           += mk712.o
obj-$(CONFIG_TOUCHSCREEN_HP600)           += hp680_ts_input.o
obj-$(CONFIG_TOUCHSCREEN_HP7XX)           += jornada720_ts.o
obj-$(CONFIG_TOUCHSCREEN_USB_COMPOSITE)   += usbtouchscreen.o
obj-$(CONFIG_TOUCHSCREEN_PENMOUNT)        += penmount.o
obj-$(CONFIG_TOUCHSCREEN_TOUCHRIGHT)      += touchright.o
obj-$(CONFIG_TOUCHSCREEN_TOUCHWIN)        += touchwin.o
obj-$(CONFIG_TOUCHSCREEN_UCB1400)         += ucb1400_ts.o
obj-$(CONFIG_EmbedSky_TOUCHSCREEN)        += EmbedSky_ts.o
```

⑦ 在 kconfig 文件最后，#endif 之前行添加：

```
config      EmbedSky_TOUCHSCREEN
            tristate "EmbedSky touchscreen"
            depends on ARCH_S3C2410 && INPUT && INPUT_TOUCHSCREEN
            select SERIO
            help
            To compile this driver as a module, choose M here: the
            module will be called EmbedSky_ts.ko.
config      TOUCHSCREEN_EmbedSky_DEBUG
            boolean "EmbedSky touchscreen debug messages"
            depends on EmbedSky_TOUCHSCREEN
            help
            Select this if you want debug messages
```

⑧ 在 include\linux 下面 interrupt.h 中第 390 行添加：

```
static inline unsigned long __deprecated deprecated_irq_flag(unsigned long flag)
{
    return flag;
}
#define SA_INTERRUPT         deprecated_irq_flag(IRQF_DISABLED)
#define SA_SAMPLE_RANDOM     deprecated_irq_flag(IRQF_SAMPLE_RANDOM)
#define SA_SHIRQ             deprecated_irq_flag(IRQF_SHARED)
#define SA_PROBEIRQ          deprecated_irq_flag(IRQF_PROBE_SHARED)
#define SA_PERCPU            deprecated_irq_flag(IRQF_PERCPU)
#define SA_TRIGGER_LOW       deprecated_irq_flag(IRQF_TRIGGER_LOW)
#define SA_TRIGGER_HIGH      deprecated_irq_flag(IRQF_TRIGGER_HIGH)
```

第3章 嵌入式 Linux 系统移植

```
#define SA_TRIGGER_FALLING      deprecated_irq_flag(IRQF_TRIGGER_FALLING)
#define SA_TRIGGER_RISING       deprecated_irq_flag(IRQF_TRIGGER_RISING)
#define SA_TRIGGER_MASK         deprecated_irq_flag(IRQF_TRIGGER_MASK)
```

⑨ 在 drivers\char 下面添加 mini2440_adc.c,s3c24xx-adc.h。makefile 中添加 114 行。

```
obj-$(CONFIG_MINI2440_ADC)    += mini2440_adc.o
```

⑩ 在 kconfig 中添加：

```
config MINI2440_ADC
bool "ADC driver for FriendlyARM Mini2440/QQ2440 development boards"
default y
help
    this is ADC driver for FriendlyARM Mini2440/QQ2440 development boards
    Notes: the touch-screen-driver required this option
```

通过上面的移植，也实现了 adc 与触摸屏的共用。

⑪ 触摸屏选择菜单如下所示。

首先在 Device Drivers 下面的 input device support 菜单，进行如图 3-3、图 3-4、图 3-5、图 3-6 的选择。

图 3-3　触摸屏内核配置图 1

此处移植完成后，触摸屏可以正常工作，如果想看到信息输出的话，可以将上图中 Embedsky touchscreen debug messages 的选项选上。编译下载运行后，在触摸屏上划动，串口终端会有信息输出。

图 3-4　触摸屏内核配置图 2

图 3-5　触摸屏内核配置图 3

图 3-6　触摸屏内核配置图 4

5. 第 5 部分

移植 YAFFS2 文件系统。

YAFFS2(Yet Another NAND FlashFileSytem2)是专门针对 NAND Flash 设备的一种文件系统。

YAFFS2 类似于 JFFS/JFFS2 文件系统,与 YAFFS2 不同的是 JFFSS1/2 文件系统最初是针对 NOR Flash 的应用场合设计的。而 YAFFS2 针对 NAND Flash 的特点采用增强的碎片回收和均衡磨损技术,大大提高了读写速度,延长了存储设备的使用寿命,可以更好地支持大容量的 NAND Flash 芯片;而且在断电可靠性上,YAFFS2 的优势更加明显。

① 得到 YAFFS2.tar.gz 源码包,解压源码。

② 在 fs 下面的 kconfig 中添加如下代码。

添加位置在 menu "Miscellaneous filesystems" 下面。

```
# Patched by YAFFS
source "fs/YAFFS2/Kconfig"
config JFFS_FS
    tristate "Journalling Flash File System (JFFS) support"
    depends on MTD
    help
      JFFS is the Journaling Flash File System developed by Axis
      Communications in Sweden, aimed at providing a crash/powerdown-safe
      file system for disk-less embedded devices. Further information is
      available at (<http://developer.axis.com/software/jffs/>).
```

③ 在 fs 下面的 Makefile 的最后添加:

```
# Patched by YAFFS
obj-$(CONFIG_YAFFS_FS)        += YAFFS2/
```

④ 然后将解压缩后的 YAFFS2 代码放到 fs 文件夹下面,再次进行 make menuconfig 的配置。

在 File systems→Miscellaneous filesystems 目录,配置信息如图 3-7 所示。

⑤ 重新编译,得到 zImage 文件后复制到 tftpboot 下观察(前提为制作根文件系统已成功),执行结果如图 3-8 所示。

⑥ 可以看到内核支持了 YAFFS 文件系统。同时,可以 mount 一个分区进行创建文件、删除文件操作。而且文件创建后,掉电不消失。

例如:mount -t yaffs /dev/mtdblock2 /tmp 将 NAND Flash 的第三个分区挂载至/tmp 临时文件夹中,创建文件等。执行结果如图 3-9 所示。

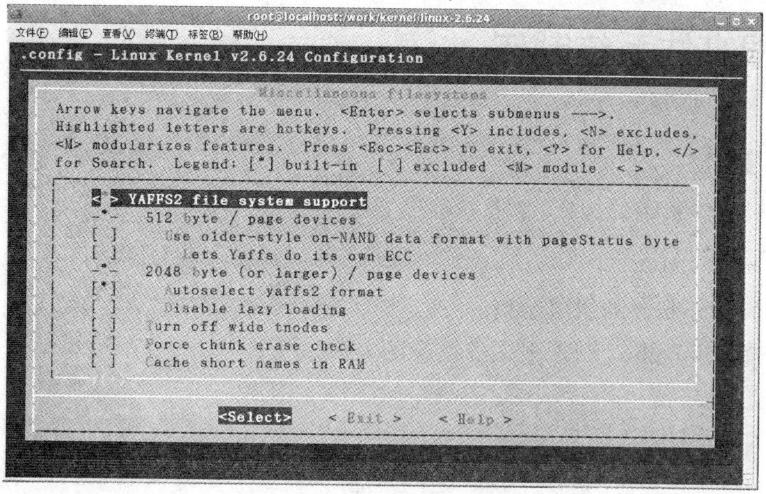

第3章 嵌入式Linux系统移植

图3-7 文件系统配置图

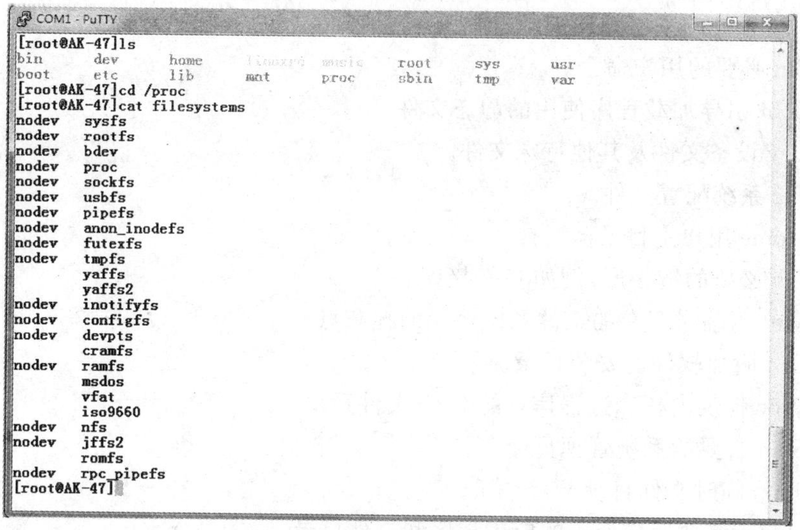

图3-8 根文件系统引导成功界面

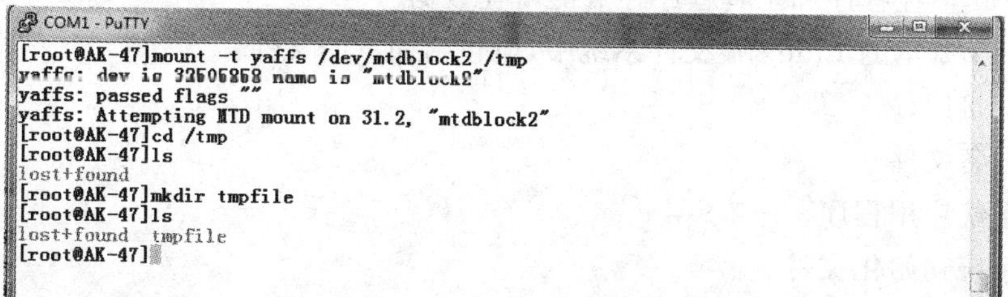

图3-9 根文件系统下创建文件

3.3 根文件系统制作

本节要求：
了解根文件系统的构成，掌握其移植方法。

本节目标：
- 了解 busybox 的组成结构。
- 掌握用 busybox 制作根文件系统的方法。

3.3.1 根文件系统组成

Linux 内核在系统启动期间进行的最后的操作之一就是安装根文件系统。根文件系统一直是所有类 UNIX 系统不可或缺的组件。

根文件系统的基本结构如下：
- Bin 必要的用户命令。
- Boot 引导加载程序使用的静态文件。
- Dev 设备文件及其他特殊文件。
- Etc 系统配置文件。
- Home 用户主目录。
- Lib 必要的链接库，例如 C 链接库。
- Mnt 为临时存在的文件系统设置的挂载点。
- Opt 附加软件的安装目录。
- Proc 提供内核和进程信息的 proc 文件系统。
- Sbin 必要的系统管理员命令。
- Tmp 临时文件目录。
- Usr 大多数用户使用的应用程序和文件目录。
- Var 监控程序和工具程序存放的可变数据。

在一个基本的 Linux 根文件系统中，应包括如下的文件：
- 链接库。
- 设备文件。
- 系统应用程序。
- 系统初始化文件。

链接库我们指 glibc 库，一般存在于根文件系统的 lib 文件夹下，由我们编译应用程序使用的交叉编译器目录下复制而来。在 Linux 根文件系统中，所有设备文件（设备节点）都放在/dev 下，由手动 mknod 生成或者采用 udev 来动态生成。系统应用程序是一些二进制文件，由 BusyBox 直接制作生成。系统初始化文件由我们根据

PC 机上面的文件进行修改编写,主要由 inittab、fstab、rcs、profile 组成。

3.3.2 BusyBox 简介

BusyBox 是一个集成了一百多个最常用 Linux 命令和工具的软件包。它包含了一些简单的 Linux 命令,例如 ls、cat 和 echo 等,还包含了一些更大、更复杂的 Linux 命令,例如 grep、find、mount 等。有些人将 BusyBox 称为 Linux 工具里的瑞士军刀。简单地说 BusyBox 就好像是个大工具箱,它集成压缩了 Linux 的许多工具和命令。

BusyBox 最初是由 Bruce Perens 在 1996 年为 Debian GNU/Linux 安装盘编写的,其目标是在一张软盘上创建一个可引导的 GNU/Linux 系统。在本书中,使用 BusyBox 来制作 S3C2410 硬件平台上内核启动后引导的根文件系统。

3.3.3 根文件系统制作

1. 创建根文件系统所必需的文件夹

① 建立工作目录。

设定工作目录为/work/rootfile/,下载 BusyBox 到该目录。

mkdir /work/rootfile

② 建立根目录,该目录就是我们要移植到目标板上的目录,对于嵌入式的文件系统,根目录下必要的目录包括 bin、dev、etc、usr、lib、sbin。

cd /work/rootfile/
mkdir rootfs
cd rootfs

③ 用 Shell 脚本创建根文件系统的目录结构。

a) 首先是 touch build_fs.sh。

b) 然后进行编辑,用 vi 或者 gedit 都可以,键入以下内容:

```
#!/bin/sh
echo "makeing rootdir"
mkdir rootfs
cd rootfs
echo "makeing dir: bin dev etc lib proc sbin sys usr"
mkdir bin dev etc lib proc sbin sys usr #8 dirs
mkdir usr/bin usr/lib usr/sbin lib/modules
# Don't use mknod, unless you run this Script as
mknod -m 600 dev/console c 5 1
mknod -m 666 dev/null c 1 3
echo "making dir: mnt tmp var"
```

```
mkdir mnt tmp var
chmod 1777 tmp
mkdir mnt/etc mnt/jiffs2 mnt/YAFFS mnt/data mnt/temp
mkdir var/lib var/lock var/log var/run var/tmp
chmod 1777 var/tmp
echo "making dir: home root boot"
mkdir home root boot
echo "done"
```

c) 执行这个 sh：

```
[root]# sourcebuild_fs.sh
```

显示：

```
makeing rootdir
makeing dir: bin dev etc lib proc sbin sys usr
making dir: mnt tmp var
making dir: home root boot
done
```

创建出一个主文件夹 rootfs，里面有一批文件：

```
[root@vm-dev root_stand]# cd rootfs/
[root@vm-dev rootfs]# ls
bin boot dev etc home lib mnt proc root sbin sys tmp usr var
[root@vm-dev rootfs]#
```

至此生成了根文件系统所需的各个文件夹。

2. 交叉编译 BusyBox，生成根文件系统文件

busybox 的源码可以从 http://www.busybox.net/downloads/ 下载，这里我们下载一个 1.15.2 版本的源码。我们在配置 busybox 的时候是基于默认配置之上来配置的；先 make defconfig，就是把 busybox 配置成默认，然后再 make menuconfig 来配置 busybox。我们在配置一个源代码包之前，可以先阅读源码包目录下的 README 和 INSTALL 文件以及 Makefile 的注释部分，也可以到 http://www.busybox.net 网站以获取帮助。

① 解压 BusyBox 源代码包，并建立 busybox 文件夹。

```
tar jxvf busybox-1.15.2.tar.bz2
mv  busybox-1_15_2  busybox
cd  busybox
```

② 添加交叉工具链。

```
export PATH=`/usr/local/arm/3.4.1/bin:$PATH
```

③ 配置 BuxyBox。

配置时,我们基于默认配置,再配置它为静态编译,安装时不要/usr 路径,把 Miscellaneous Utilities 下的"taskset"选项去掉,不然会出错。

make defconfig
make menuconfig

具体配置如下:

```
Busybox setting
    ->builds options
    ->[ * ] build busybox as a static binary
    ->installitation options
    ->[ * ] don't use /usr
Busybox Library Tuning --->
    [ * ] Fancy Shell prompts
//一定要选上,否则很多转意字符无法识别
Miscellaneous Utilities ->
        [ ] taskset
Shells --->
Choose your default Shell (ash) --->
//这里选择 Shell 为 ash,应该是默认选中的
--- ash
//把 ash 这档的选项全部选上
Miscellaneous Utilities --->
[ ] inotifyd
//不选
```

④ 保存退出。

⑤ 编译安装。

make ARCH = arm CROSS_COMPILE = arm – Linux – CONFIG_PREFIX = /work/rootfile/rootfs/rootfs all install

ARCH 指定平台。

CROSS_COMPILE 指定交叉编译。

CONFIG_PRRFIX 指定安装的路径。

⑥ 错误处理。

a) 错误 1。

编译"networking/interface.c"文件时可能会出现以下错误:

coreutils/fsync.c: In function'fsync_main':
coreutils/fsync.c:27: error:'O_NOATIME' undeclared (first use in this function)

```
coreutils/fsync.c:27: error: (Each undeclared identifier is reported only once
coreutils/fsync.c:27: error: for each function it appears in.)
make[1]: *** [coreutils/fsync.o]错误 1
make: *** [coreutils]错误 2
```

执行 menuconfig 将 coreutils 下面的 fsync 选项去掉。

b) 错误 2。

```
miscutils/ionice.c: In function 'ioprio_set':
miscutils/ionice.c:16: error: 'SYS_ioprio_set' undeclared (first use in this function)
miscutils/ionice.c:16: error: (Each undeclared identifier is reported only once
miscutils/ionice.c:16: error: for each function it appears in.)
miscutils/ionice.c: In function 'ioprio_get':
miscutils/ionice.c:21: error: 'SYS_ioprio_get' undeclared (first use in this function)
make[1]: *** [miscutils/ionice.o]错误 1
make: *** [miscutils]错误 2
```

执行 menuconfig 将 miscellaneous 下面的 ionice 选项去掉。

c) 错误 3。

```
CC     networking/interface.o
networking/interface.c:818: error: 'ARPHRD_INFINIBAND' undeclared here (not in a function)
make[1]: *** [networking/interface.o] Error 1
make: *** [networking] Error 2
```

通过查看内核源代码目录中的"include/linux/ifarp.h"文件可得知"ARPHRDINFINI-BAND"的值为"32",然后修改"networking/interface.c"文件,在其中添加:

```
#define ARPHRD_INFINIBAND 32      /* InfiniBand */
```

3. 复制应用程序运行时所需 C 库

交叉应用程序的开发需要用到交叉编译的链接库,交叉编译的链接库是在交叉工具链的 lib 目录下。在移植应用程序到我们的目标板的时候,需要把交叉编译的链接库也一起移植到目标板上。这里用到的交叉工具链的路径是/usr/local/arm/3.4.1/,所以链接库的目录是/usr/local/arm/3.4.1/lib(本来跟目标板相关的目录是/usr/local/arm/3.4.1/arm – Linux,因此要复制的链接库应该在/usr/local/arm/3.3.2/arm – linux/lib 下,但是此目录的很多链接都是链接到/usr/local/arm/3.4.1/lib 目录下的库文件,所以我们从/usr/local/arm/3.4.1/lib 目录复制库),此目录下有 4 种类型的文件。

- 实际的共享链接库:如:libc – 2.3.2.so。
- 主修订版本文件的符号链接:如:libc.so.6。
- 与版本无关文件的符号链接(链接到主修订版本的符号链接):如:libc.so。

- 静态链接库包文件：如：libc.a。

以上 4 种类型的文件，我们只需要 2 种：一是实际的共享链接库；二是主修订版本的符号链接，还有动态连接器及其符号链接。

① 进入链接库目录。

cd /usr/local/arm/3.4.1/arm-Linux/lib

② 编写一个 Shell 文件，用于复制实际的共享链接库；主修订版本的符号链接；动态连接器及其符号链接到目标板根目录下的 lib(在这里是/root/)。

gedit cp.sh

内容如下：

```
for file in libc libcrypt libdl libm libpthread libresolv libutil
do
cp $file-*.so /work/rootfile/rootfs/rootfs/lib/
cp -d $file.so.[*0-9] /work/rootfile/rootfs/rootfs/lib/
done
cp -d ld*.so* /work/rootfile/rootfs/rootfs/lib/
```

③ 保存退出。

第一个 cp 命令会复制实际的共享库。

第二个 cp 命令会复制符号链接本身。

第三个 cp 命令会复制动态连接器及其符号链接。

④ 执行刚编写的 Shell。

source cp.sh

这样就把链接库复制过来了。

⑤ 接着还要缩小复制过来的链接库的体积，根目录下：

arm-Linux-strip -s /work/rootfile/rootfs/rootfs/lib/lib*

⑥ 建立配置文件。

把 BusyBox 源码目录下的 etc 的内容复制到这里的 etc 下。

```
[root@vm-dev rootfs]# cd /work/rootfile/rootfs/rootfs/etc/
[root@vm-dev etc]# ls
[root@vm-dev etc]# cp -a /work/rootfile/busybox/examples/bootfloppy/etc/* ./
[root@vm-dev etc]# ls
fstab init.d inittab profile
[root@vm-dev etc]#
```

a) 修改复制过来的 profile 文件。

[root@vm-dev etc]# gedit profile

```
# /etc/profile: system-wide .profile file for the Bourne Shells
echo "Processing /etc/profile"
# no-op
# Set search library path
echo " Set search library path"
export LD_LIBRARY_PATH=/lib:/usr/lib
# Set user path
echo " Set user path"
PATH=/bin:/sbin:/usr/bin:/usr/sbin
export PATH
# Set PS1
echo " Set PS1"
HOSTNAME=`/bin/hostname`
# 此处让 Shell 提示符显示 host 名称的。是`,不是',要注意
# 会在进入根系统后显示用户名
export PS1="\\e[32m[ $USER@ $HOSTNAME \\w\\a]\\ $ \\e[00;37m "
# 此处\\e[32m 是让后面的"[ $USER@ $HOSTNAME \\w\\a]"显示为绿色
# \\e[00 是关闭效果
# \\e[05 是闪烁
# 37m 是让后面的显示为白色
# 多个命令可以;号隔开
echo "All done!"
echo
```

b) 修改初始化文件 inittab 和 fstab。

[root@vm-dev etc]# **gedit inittab**

键入如下内容：

::sysinit:/etc/init.d/rcS
::respawn:-/bin/sh
::restart:/sbin/init
tty2::askfirst:-/bin/sh
::ctrlaltdel:/bin/umount -a -r
::shutdown:/bin/umount -a -r
::shutdown:/sbin/swapoff

[root@vm-dev etc]# **vim fstab**

键入如下内容：

proc /proc proc defaults 0 0
none /tmp ramfs defaults 0 0
mdev /dev ramfs defaults 0 0
sysfs /sys sysfs defaults 0 0

c）修改初始化的脚本文件 init.d/rcS。

```
[root@vm-dev etc]# vi init.d/rcS
#!/bin/sh
echo "Processing etc/init.d/rc.S"
#hostname ${HOSTNAME}
hostname AK-47
echo " Mount all"
/bin/mount -a
echo " Start mdev....."
#/bin/echo /sbin/mdev > proc/sys/Kernel/hotplug
/sbin/ifconfig eth0 192.168.2.9
mdev -s
echo "*******************************"
echo " rootfs by NFS, s3c2410"
echo " Created by Mr.Liu  @ 2008.11.28"
echo " Good Luck"
echo " www.neusoft.edu.cn"
echo "*******************************"
echo
```

d）创建一个空的 mdev.conf 文件，在挂载根文件系统时会用到的。

`[root@vm-dev etc]# touch mdev.conf`

到现在为止，再把原来 rootfile 下面的 rootfs/rootfs 里面的内容复制到 rootfs 下面，删掉空的 rootfs 下面的 rootfs 文件夹，这样就用 BusyBox 创建了一个基本的文件系统。

3.3.4 设置 NFS 共享文件夹

1. NFS 服务器设置

根文件系统制作好以后，首先通过网络 NFS 形式挂载，进行测试，下面叙述 NFS 服务器设置。

确认我们制作好的根文件系统文件位于/work/rootfile/rootfs 下，此目录即为我们要设置的 NFS 共享文件夹位置。

① 打开 Linux 下服务器设置菜单，如图 3-10 所示。
② 进入 NFS 设置点击添加按钮，出现如图 3-11 所示菜单。
③ 进行如图 3-12、图 3-13 所示设置。
④ 点击确定后关闭窗口，然后在终端下执行：

`[root@localhost ~]# service NFS restart`

第3章 嵌入式 Linux 系统移植

图 3-10　NFS 服务器配置示意图 1

图 3-11　NFS 服务器配置示意图 2

图 3-12　NFS 服务器配置示意图 3

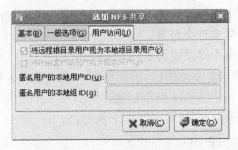

图 3-13　NFS 服务器配置示意图 4

关闭 NFS mountd：	［确定］
关闭 NFS 守护进程：	［确定］
关闭 NFS quotas：	［确定］
关闭 NFS 服务：	［确定］
启动 NFS 服务：	［确定］
关掉 NFS 配额：	［确定］
启动 NFS 守护进程：	［确定］
启动 NFS mountd：	［确定］

即启动了 NFS 服务器，并且将服务器目录设置为通过 BusyBox 制作的根文件系统位置，然后在 U-Boot 下再进行根文件系统位置挂载的设置，即可启动开发板了。

2. U-Boot 参数设置设置

U-Boot 下根文件系统位置挂载的设置如下：

bootargs = root = /dev/nfs nfsroot = 192.168.1.10:/work/rootfile/rootfs
ip = 192.168.1.20:192.168.1.10:192.168.1.1:255.255.255.0:www.neusoft.edu.cn:eth0:off
console = ttySAC0

以上参数的具体含义，参见第 2 章 2.1 节 2.1.4 小节介绍。

3.4 制作独立启动的系统

本节要求：

利用制作好的各部分代码包，制作独立运行于 S3C2410 平台的嵌入式 Linux 系统。

本节目的：

- 掌握独立启动系统的制作方法。
- 掌握程序自启动运行的设置方法。

3.4.1 制作原理

通过前面的 Bootloader 移植，我们使 U-Boot 支持了 tftp 及 NFS 协议，在调试 Kernel 和根文件系统的时候，我们的内核文件 zImage 是放在了宿主机的 tftpserver 文件夹 tftpboot 下面，不断地通过 tftp 协议一次次下载到 SDRAM 中运行。BusyBox 制作的根文件系统放在了宿主机的 nfsserver 文件夹下面通过 NFS 的形式挂载，此时的 U-Boot 一直工作于下载模式。当产品正式发布的时候，我们应将内核文件 zImage 及根文件系统烧写到 NAND Flash 中去，让 U-Boot 处于加载模式，将内核文件和根文件系统从 NAND Flash 中复制到 SDRAM 中运行。下面要进行的就是此项工作。

3.4.2 制作过程

当进行完 Bootloader、Kernel、rootfilesystem(BusyBox)的移植后,我们可以将做完的几部分烧写到 NAND Flash 中,然后设置好 U-Boot 的启动参数,这样就能够实现系统的 NAND Flash 自启动,从而可以去掉网线和串口线了。在最后项目开发结束,独立发布的时候,方法类似。

下面讲解具体的实现过程。

1. 如何烧写 NAND Flash 以及设置 U-Boot 的启动参数

① 上位机设置好 IP,如 192.168.0.253。下位机即开发板设置好 IP,如 ipaddr=192.168.0.1,serverip=192.168.0.253,相应的设置命令为 setenv。

② 将编译好确认无误的 U-Boot.bin 发到 tftpboot 文件夹下面,同时确认 tftpserver 启动。

③ 启动 U-Boot,在 PuTTY 中 U-Boot 提示符下面输入 Tftp 0x30008000 U-Boot.bin,将 U-Boot.bin 下载到 SDRAM 中。

④ 执行 nand scrub 命令,出现提示选 y。此命令为格式化 NAND Flash,删除 NAND Flash 上面所有的东西。

⑤ 执行 nand write 0x30008000 0x0 0x40000 将第三步保存到 SDRAM 中的 U-Boot.bin 重新烧写回 NAND Flash,与此同时,使用 printenv 命令,查看 U-Boot 中设置的内核启动参数,此步先看 ipaddr=192.168.0.1,serverip=192.168.0.253,两项是否正确。此处 0x40000 原因请参看 U-Boot 里面 fs2410.h 的设置。

2. 烧写内核 zImage

① 将编译好的 zImage 放到 tftpboot 目录下。

② 执行 tftp 0x30008000 zImge 命令将内核下载到 SDRAM 中。

③ 执行 nand write 0x30008000 0x40000 0x1c0000 命令,将内核烧写到 NAND Flash 中。

④ 改变内核启动参数 bootcmd 项。

setenv bootcmd nand read 0x30008000 0x40000 0x1c0000\;go 0x30008000

⑤ 保存设置 saveenv,重新启动开发板,观察。执行结果如图 3-14 所示。

表明内核从 NAND Flash 中读取,然后复制到 SDRAM 中运行。

3. 烧写根文件系统到 NAND Flash

① PC 机端:进入到 rootfile 下面,确认 rootfile 下面的 rootfs 文件夹是通过 NFS 方式启动,能够正确无误地加载文件。

```
COM1 - PuTTY
NAND read: device 0 offset 0x40000, size 0x1c0000
 1835008 bytes read: OK
## Starting application at 0x33FA15A4 ...
Uncompressing Linux.....................................................................
...................................... done, booting the kernel.
Linux version 2.6.24 (root@localhost.localdomain) (gcc version 3.4.1) #37 Mon Jul 30 1
1:37 CST 2012
CPU: ARM920T [41129200] revision 0 (ARMv4T), cr=00007177
Machine: SMDK2410
ATAG_INITRD is deprecated; please update your bootloader.
Memory policy: ECC disabled, Data cache writeback
CPU S3C2410A (id 0x32410002)
S3C2410: core 200.000 MHz, memory 100.000 MHz, peripheral 50.000 MHz
```

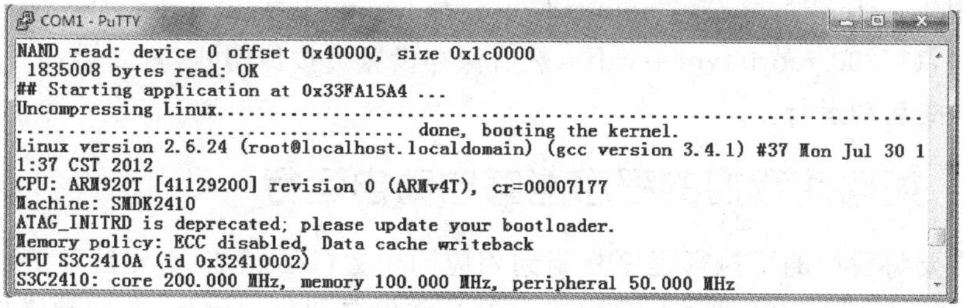

图 3-14 内核从 NAND Flash 独立启动

② 复制 mkyaff2simage 文件到 rootfile 下面。

③ 执行 ./mk yaffs 2image rootfs rootfs. yaffs 命令，即将 rootfs 下面的内容制作成 yaffs 格式的文件，名称为 rootfs. yaffs。

④ 将 rootfs. yaffs 文件复制到 NFS 服务器文件夹目录下，即 rootfile 下面的 rootfs 中，以备下一步使用。

⑤ 启动开发板，进入到 U-Boot 提示符下.执行命令：

```
NFS 0x30008000 192.168.0.253:/work/rootfile/rootfs/rootfs. yaffs
```

即通过 NFS 方式，将制作好的 YAFFS 格式的根文件系统下载到 SDRAM 中。将第四步制作好的文件 rootfs. yaffs 通过 NFS 方式下载到 SDRAM 中。此步下载时间较长，需要特别注意下载结束后的信息，如图 3-15 所示。

```
COM1 - PuTTY
         #################################################################
         #################################################################
         #################################################################
         #################################################################
         #################################################################
         ################################
done
Bytes transferred = 38423088 (24a4a30 hex)
SMDK2410 # nand write.yaffs 0x30008000 0x200000 0x24a4a30
```

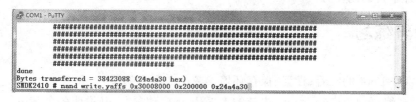

图 3-15 文件系统体积

记下 22b49b0 这个数字，这个数字是本书中实例的根文件系统的大小。你的根文件系统可能与此不同，注意！

⑥ 执行 nand write. yaffs 0x30008000 0x200000 0x24a4a30 将刚才下载到 SDRAM 中的文件烧写到 NAND Flash，执行结果如图 3-16 所示。

```
COM1 - PuTTY
done
Bytes transferred = 38423088 (24a4a30 hex)
SMDK2410 # nand write.yaffs 0x30008000 0x200000 0x24a4a30

NAND write: device 0 offset 0x200000, size 0x24a4a30

Writing data at 0x258c400 -- 100% complete.
 38423088 bytes written: OK
SMDK2410 #
```

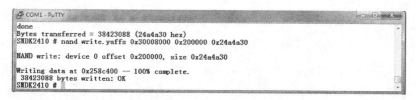

图 3-16 文件系统烧写

⑦ 执行 setenv bootargs noinitrd root=/dev/mtdblock2 init=/linuxrc console=ttysac0,115200 rootfstype=yaffs，然后保存设置。拔掉网线，重新启动开发板，系统可以独立启动运行。

3.4.3 如何使我们的程序能够启动自运行

只需要将我们的可执行程序复制到相应的位置（bin 或者 sbin 目录下），然后在 etc/init.d/rcS 后面加上带绝对路径的可执行文件名即可。例如：我们编译后的 helloworld 可执行文件，我们将它复制到 sbin 下，然后在 rcS 中最后一行键入：sbin/helloworld，即可让 hellworld 可执行程序自动执行。

项目小结

完整的嵌入式系统包含硬件平台与软件系统两部分，本章是在 S3C2410 硬件平台的基础上移植一个完整的嵌入式 Linux 系统，为后续应用程序开发做好准备。

嵌入式 Linux 系统包含系统引导程序、内核、根文件系统及特定应用程序 4 部分。本章系统引导程序选用的是具有代表性的 U-Boot，内核为 2.6.24 版本的内核，采用 BusyBox 来制作根文件系统，为后续的开发做好准备。

本章所涉及内容是所有嵌入式 Linux 平台通用的制作流程，有助于读者掌握嵌入式软件平台的制作方法。

思考与练习

1. U-Boot 的查看、设置、保存环境参数的命令有哪些？
2. 试编写一个启动 Linux 内核的 U-Boot 启动参数，并说明各个字段的含义。
3. 配置及裁剪 Linux 内核的命令有哪几个，配置完毕后如何编译 Linux 内核？
4. 根文件系统中常见的文件有哪几类？
5. 简述如何制作独立启动的系统？

第 4 章

嵌入式 Linux 驱动开发

引言:

设备驱动程序是计算机硬件与应用程序的接口,是软件系统与硬件系统沟通的桥梁。对硬件设备,它具体地去操控硬件寄存器等实现相应的操作;对应用层软件,它提供了应用层软件实现读写等功能的接口。如果没有设备驱动程序,那么硬件设备就只是一堆废铁,没有什么功能。本章将对 Linux 的驱动开发进行简要的叙述,使读者理解常见的概念,掌握字符设备的驱动程序开发方法。

本章要求:

熟悉嵌入式 Linux 系统的设备驱动程序开发的方法,掌握 Linux 内核提供的驱动程序编写机制,掌握字符设备驱动程序的开发,能够在 S3C2410 硬件平台之上实现外设的设备驱动程序。

本章目标:

- 理解嵌入式 Linux 内核提供的信号量,等待队列等机制。
- 掌握字符设备的驱动程序开发框架。
- 掌握利用 Linux 提供的接口函数开发驱动的方法。
- 掌握简单外设的驱动开发。

内容介绍:

本章首先了解调试驱动程序的基本命令,然后学习针对 2.6 内核下驱动程序的 Makefile 的编写方法,接下来通过具体的驱动程序实例学习 Linux 内核提供的信号量、等待队列及支持中断处理的各种内核函数,最后通过几个具体的驱动实例进一步巩固所学知识。

4.1 基础知识

本节要求:

理解嵌入式 Linux 内核提供的信号量、等待队列等机制;掌握字符设备的驱动程序开发框架;掌握利用 Linux 提供的接口函数开发驱动的方法。

第 4 章 嵌入式 Linux 驱动开发

本节目标：
- 掌握字符设备的驱动程序开发框架。
- 掌握利用 Linux 提供的接口函数开发驱动的方法。

4.1.1 调试驱动程序常用命令

Linux 为用户提供了 modutils 工具用来操作模块，这个工具集包括：
- Insmod 命令加载驱动程序模块，使用 insmod xxx.ko 可以加载 xxx.ko 驱动模块。模块加载后会自动调用驱动程序中 xxx_init() 函数，如果在 xxx_init() 函数中输出信息的话，会显示在终端之上；也有可能不显示，则信息被发送到了 /var/log/messages 中，可以使用 dmesg 命令查看文件的最后几行。
- Rmmod 命令卸载驱动程序模块。如果驱动程序模块 xxx.ko 没有被使用，那么执行 rmmod xxx 就可以卸载驱动模块(注意不带 ko 后缀)。
- Lsmod 命令列出已经加载的模块和信息，在 insmod xxx.ko 命令执行后执行该命令就可以知道 xxx.ko 是否被加载。
- Mknod 命令创建设备节点，假设驱动程序加载成功，同时设备的主次设备号已知，可以利用此命令创建设备节点，供应用程序访问驱动程序进而控制设备。

用法：

mknod filename type major minor

filename：设备文件名。

type：设备文件类型。

major：主设备号。

minor：次设备号。

例：

```
mknod /dev/serial0 c 100 0
```

即在 /dev 下面建立一个名为 serial0 的设备节点，字符设备，主设备号为 100，次设备号为 0。

4.1.2 Makefile 模板

在 Linux2.6 版本驱动模块编译时，必须为驱动程序编写一个 Makefile，下面将提供一个 Makefile 模板。当驱动程序名称不同的时候，只需要把 obj-m 后面的目标文件名称改成相应的名称即可(如驱动代码为 led8n.c，目标文件名即改为 led8n)。

```
obj-m        := demo.o
CROSS_COMPILE        = arm-Linux-
CC           = $(CROSS_COMPILE)gcc
```

```
#CC                      := gcc
KDIR                     := /work/Kernel/Linux-2.6.24
#KDIR                    := /lib/modules/2.6.21-1.3194.fc7/build
PWD                      := $(Shell pwd)
default:
    $(MAKE) -C $(KDIR) SUBDIRS=$(PWD) modules
clean:
    rm -rf *.o* *~ core .depend .*.cmd *.ko *.mod.c
    rm -rf .tmp_versions/
```

注解:

- obj-m 指定最终生成驱动程序 ko 文件的名称。
- CROSS_COMPILE 指定交叉编译器名称,当驱动在 ARM 平台使用时,不需要注释掉;如果驱动需要在 x86 平台使用,使用#注释掉即可。
- KDIR 指定内核源码树的路径,此时需要了解你的目标平台所使用的 Linux 内核版本号,将其指定到内核源代码树的位置,而且必须保证内核源代码树 arch/boot 下面存在已经编译成功的 zImage 内核文件。
- default 与 clean 后面是指定在终端执行 make 和 make clean 时所要执行的命令行。需要注意的是$(MAKE)和 rm -rf 前面是一个 TAB 空格,而且是另起一行书写。

4.1.3 系统调用

驱动程序的测试通过系统调用来完成,在测试驱动程序时,常用到的系统调用有:

- Open:打开设备文件节点。
- Write:向设备文件中写入。
- Read:从设备文件中读出。
- Close:关闭操作的设备文件。

下面给出上述常用的系统调用的应用样例,同时在后续章节中驱动程序样例后有更详细的相应的测试范例。

1. OPEN 与 CLOSE

Open:
```
#include <fcntl.h>
#include <sys/types.h>
#include <sys/stat.h>
int open(const char * path,int oflags)
int open(const char * path,int oflags,mode_t mode)
```

path:准备打开的设备文件的名字。

oflags:打开文件所采取的动作,oflags通过文件访问主要模式与其他可选模式的结合来指定,可选参数如下所示:

① O_RDONLY:只读方式。
② O_WRONLY:只写方式。
③ O_RDWR:读写方式。
④ O_APPEND:写入数据追加在文件的末尾。
⑤ O_TRUNC:文件长度置为零,丢弃已有内容。
⑥ O_CREAT:如有需要,以 mode 方式创建文件。
⑦ O_EXCL:与 O_CREAT 一起使用,确保创建出文件。

当使用带有 O_CREAT 格式的 open 来创建文件时,必须使用 3 个参数格式的 open 函数。其中最后一个参数的取值如下:

① S_IRUSR: 用户可以读。
② S_IWUSR:用户可以写。
③ S_IXUSR: 用户可执行。
④ S_IRGRP:组可以读。

close

```
#include<unistd.h>
int close(int fildes);
```

使用 close 调用终止一个文件描述符 fildes 与其对应文件间的关联。

样例:

```
#include <unistd.h>
#include <sys/stat.h>
#include <fcntl.h>
int main()
{
    char c;
    int in, out;
    in = open("file.in", O_RDONLY);
    out = open("file.out", O_WRONLY|O_CREAT, S_IRUSR|S_IWUSR);
    while(read(in,&c,1) == 1)
        write(out,&c,1);
    close(in);
    close(out);
    exit(0);
}
```

2. WRITE

```
#include <unistd.h>
size_t write(int fildes,const void *buf,size_t nbytes)
```

将缓冲区 buf 的前 nbytes 个字节写入与文件描述符 fildes 关联的文件中,返回实际写入的字节数。

返回值 0 表示未写出,返回值 -1 表示出现了错误,错误代码在全局变量 errno 里面。

样例:

```
#include <unistd.h>
int main()
{
    if ((write(1, "Here is some data\n", 18)) != 18)
    write(2, "A write error has occurred on file descriptor 1\n",46);
    exit(0);
}
```

在上例中,write 的第一个参数为 2,具体含义如下:在 Shell 中,每个进程都和 3 个系统文件相关联,这 3 个系统文件是标准输入 stdin、标准输出 stdout 和标准错误 stderr,3 个系统文件的文件描述符分别为 0、1 和 2。所以上述实例代码 write 的含义是将出错信息输出到标准输出 stdout。

3. READ

```
#include <unistd.h>
size_t  read(int fildes, void *buf,size_t nbytes)
```

文件描述符 fildes 关联的文件中读入 nbytes 个字节的数据,并把它们放入缓冲区 buf 中,返回实际读入的字节数。返回值 0 表示未读入任何数据,已达到了文件尾;返回值 -1 表示出现了错误。

样例:

```
#include <unistd.h>
#include <stdlib.h>
int main()
{
    char buffer[128];
    int nread;
    nread = read(0, buffer, 128);
    if (nread == -1)
        write(2, "A read error has occurred\n", 26);
```

```
if ((write(1,buffer,nread)) != nread)
    write(2,"A write error has occurred\n",27);
exit(0);
}
```

4.1.4 字符框架驱动程序

从本节开始,后续的几节,在不涉及具体硬件,如键盘、数码管等时,都将以一个 Virtualmem 设备为蓝本进行讲解。Virtualmem 是一个虚拟内存设备,驱动程序可以对设备进行读写、定位等操作,用户空间的程序可以通过 Linux 系统调用访问 Virtualmem 设备中的数据。

1. 主设备号和次设备号

Linux 的设备管理是和文件系统紧密结合的,各种设备都以文件的形式存放在 /dev 目录下,称为设备文件。应用程序可以打开、关闭和读写这些设备文件,完成对设备的操作,就像操作普通的数据文件一样。为了管理这些设备,系统为设备编了号,每个设备号又分为主设备号和次设备号。主设备号用来区分不同种类的设备,主设备号对应设备的驱动程序,而次设备号用来表示使用该驱动程序的各设备。对于常用设备,Linux 有约定俗成的编号,如硬盘的主设备号是 3。内核用 dev_t 类型(<linux/types.h>)来保存设备编号,dev_t 为一个无符号长整型变量,在 32 位机中是一个 32 位的数,其中高 12 位表示主设备号,低 20 为表示次设备号。在实际使用中,通过内核头文件<linux/kdev_t.h>中定义的 3 个宏来得到主次设备号。

与主次设备号相关的 3 个宏分别是:
- MAJOR(dev_t dev) 根据设备号 dev 获得主设备号。
- MINOR(dev_t dev) 根据设备号 dev 获得次设备号。
- MKDEV(int major,int minor) 根据主设备号 major 和次设备号 minor 构建设备号。

2. 申请和释放设备号

Linux 内核维护着一个特殊的数据结构,用来存储设备号与设备的关系。在安装设备时,应该给设备申请一个设备号,使系统可以明确设备对应的设备号。设备驱动程序中的很多功能是通过设备号来操作设备的。

建立一个字符设备之前,驱动程序首先要做的事情就是获得设备编号。其中需要的主要函数在<linux/fs.h>中声明。申请设备号有静态申请和动态申请两种,静态申请多是人为的为字符设备分配设备号,很可能发生冲突,现多采用动态申请设备号的方法。

- 静态申请设备号:

```
int register_chrdev_region(dev_t first, unsigned int count,char * name); //指定设备编号
```

函数功能：为一个字符驱动获取一个或多个设备编号来使用。

first 是你要分配的起始设备编号。

count 是你请求的连续设备编号的总数。注意，如果 count 太大，你要求的范围可能溢出到下一个主设备号。

name 是连接到这个编号范围的设备的名字；它会出现在 /proc/devices 和 sysfs 中。

■ 动态申请设备号：

```
int alloc_chrdev_region(dev_t * dev, unsigned int firstminor,unsigned int count, char * name);
```

该函数需要传递给它指定的第一个要申请的设备号 firstminor（一般为 0）和要申请的设备号数 count，以及设备名 name，调用该函数后自动分配得到的设备号保存在 dev 中，dev 是输出参数，在函数成功后将保存已经分配的设备号，函数有可能申请一段连续的设备号，这时 dev 返回第一个设备号。Name 的作用和 register_chrdev_region 相同。

■ 释放设备号：

```
void unregister_chrdev_region(dev_t first, unsigned int count); //释放设备编号
```

first 是表示要释放的设备号，count 表示从 from 开始要释放的设备号个数。通常在驱动程序模块的卸载函数中调用此函数。

分配之设备号的最佳方式是：默认采用动态分配，同时保留在加载甚至是编译时指定主设备号的余地。以下是在实例中用来获取主设备号的代码：

```
dev_t devno = MKDEV(Virtualmem_major, 0);/*申请设备号*/
if(Virtualmem_major)
result = register_chrdev_region(devno, 1, "Virtualmem");
else   /*动态申请设备号*/
{
result = alloc_chrdev_region(&devno, 0, 1, "Virtualmem");
Virtualmem_major = MAJOR(devno);
}
```

其中的参数 Virtualmem 是和该编号范围关联的设备名称，它将出现在/proc/devices 中。

3. 一些重要的数据结构

大部分基本的驱动程序操作涉及 3 个重要的内核数据结构，分别是 file_operations、file 和 inode，它们的定义都在<linux/fs.h>中。

(1) file_operations 结构体

file_operations 是一个对设备进行操作的抽象结构体。Linux 内核的设计非常

巧妙，内核允许为设备建立一个设备文件，对设备文件的所有操作，就相当于对设备的操作。这样的好处是，用户程序可以使用访问普通文件的方法访问设备文件，进而访问设备。这样的方法极大地减轻了程序员的编程负担，程序员不必去熟悉新的驱动接口，就能够访问设备。

对普通文件的访问常常使用 open()、read()、write()、close()、ioctl()等方法，同样对设备文件的访问，也可以使用这些方法，这些调用最终会引起对 file_operations 结构体中对应函数的调用。对于程序员来说，只要为不同的设备编写不同的操作函数就可以了。

为了增加 file_operations 的功能，所以将很多函数集中在了该结构中，该结构的定义如下，仅列出重要成员。

```
struct file_operations {
    struct module * owner;
    loff_t (*llseek) (struct file *, loff_t, int);
    ssize_t (*read) (struct file *, char __user *, size_t, loff_t *);
    ssize_t (*write) (struct file *, const char __user *, size_t, loff_t *);
    ssize_t (*aio_read) (struct kiocb *, const struct iovec *, unsigned long, loff_t);
    ssize_t (*aio_write) (struct kiocb *, const struct iovec *, unsigned long, loff_t);
    int (*readdir) (struct file *, void *, filldir_t);
    unsigned int (*poll) (struct file *, struct poll_table_struct *);
    int (*ioctl) (struct inode *, struct file *, unsigned int, unsigned long);
    long (*unlocked_ioctl) (struct file *, unsigned int, unsigned long);
    long (*compat_ioctl) (struct file *, unsigned int, unsigned long);
    int (*mmap) (struct file *, struct vm_area_struct *);
    int (*open) (struct inode *, struct file *);
    int (*flush) (struct file *, fl_owner_t id);
    int (*release) (struct inode *, struct file *);
    int (*fsync) (struct file *, struct dentry *, int datasync);
    int (*aio_fsync) (struct kiocb *, int datasync);
    int (*fasync) (int, struct file *, int);
    int (*lock) (struct file *, int, struct file_lock *);
    ssize_t (*sendpage) (struct file *, struct page *, int, size_t, loff_t *, int);
    unsigned long (*get_unmapped_area)(struct file *, unsigned long, unsigned long, unsigned long, unsigned long);
    int (*check_flags)(int);
    int (*flock) (struct file *, int, struct file_lock *);
    ssize_t (*splice_write)(struct pipe_inode_info *, struct file *, loff_t *, size_t, unsigned int);
    ssize_t (*splice_read)(struct file *, loff_t *, struct pipe_inode_info *, size_t, unsigned int);
    int (*setlease)(struct file *, long, struct file_lock **);
```

};

各重要成员函数意义如下：

① struct module *owner

它是一个指向拥有这个结构模块的指针,这个成员用来维持模块的引用计数。当模块还在使用时,不能用 rmmod 卸载模块。几乎所有时刻,它被简单初始化为 THIS_MODULE,一个在 <linux/module.h> 中定义的宏。

② loff_t (*llseek) (struct file *, loff_t, int);

llseek 方法用作改变文件中的当前读/写位置,将新位置返回。loff_t 参数是一个"long long"类型,并且就算在 32 位平台上也至少 64 位宽,由一个负返回值指示错误。

③ ssize_t (*read) (struct file *, char __user *, size_t, loff_t *);

用来从设备中获取数据,成功时函数返回读取的字节数,失败时返回一个负的错误码。

④ ssize_t (*write) (struct file *, const char __user *, size_t, loff_t *);

用来写数据到设备中,成功时该函数返回写入的字节数,失败时返回一个负的错误码。

⑤ unsigned int (*poll) (struct file *, struct poll_table_struct *);

poll 方法是 3 个系统调用的后端:poll、epoll 和 select,都用作查询对一个或多个文件描述符的读或写是否会阻塞。poll 方法应当返回一个位掩码指示是否非阻塞的读或写,如果一个驱动的 poll 方法为 NULL,设备假定为不阻塞地可读可写。

⑥ int (*ioctl) (struct inode *, struct file *, unsigned int, unsigned long);

ioctl 函数提供了一种执行设备特定命令的方法。例如使设备复位,这既不是读操作也不是写操作,不适合用 read() 和 write() 方法来实现。如果在应用程序中给 ioctl 传入没有定义的命令,那么将返回-ENOTTY 的错误,表示该设备不支持这个命令。

⑦ int (*mmap) (struct file *, struct vm_area_struct *);

mmap 用来请求将设备内存映射到进程的地址空间,如果这个方法是 NULL,mmap 系统调用返回 - ENODEV。

⑧ int (*open) (struct inode *, struct file *);

open() 函数用来打开一个设备,在该函数中可以对设备进行初始化。如果这个函数被赋值为 NULL,则设备永远打开成功,并不会对设备产生影响。

⑨ int (*release) (struct inode *, struct file *);

release() 函数用来释放 open 函数中申请的资源,并将在文件引用计数为 0 时被系统调用。其对应应用程序的 close() 方法,但并不是每一次调用 close() 方法,都会触发 release() 函数,在对设备文件的所有打开都释放后,才会被调用。

file_operations 结构体等其他结构体在此不赘述,读者可自行查阅其他书籍。

初始化 file_operations 结构体实例代码如下：

```c
static const struct file_operations Virtualmem_fops =
{
    .owner = THIS_MODULE,
    .read = Virtualmem_read,
    .write = Virtualmem_write,
    .open = Virtualmem_open,
    .release = Virtualmem_release,
};
```

(2) 文件结构 file

struct file 定义于 <linux/fs.h>，是设备驱动中第二个最重要的数据结构。注意 file 与用户空间程序的 file 指针没有任何关系。一个 file 定义在 C 库中，从不出现在内核代码中。一个 struct file 是一个内核结构，从不出现在用户程序中。

file 结构代表一个打开的文件描述符，不是专门给驱动程序使用的，系统中每一个打开的文件在内核中都有一个关联的 struct file。它由内核在 open 时创建，并传递给在文件上操作的任何函数，直到最后关闭。当文件的所有实例都关闭之后，内核释放这个数据结构。

在内核源码中，struct file 的指针常常称为 filp("file pointer")。我们将一直称这个指针为 filp 以避免和结构自身混淆。因此，file 指的是结构，而 filp 是结构指针。

struct file 结构如下所示：

```c
struct file {
    /*
     * fu_list becomes invalid after file_free is called and queued via
     * fu_rcuhead for RCU freeing
     */
    union {
        struct list_head    fu_list;
        struct rcu_head     fu_rcuhead;
    } f_u;
    struct path         f_path;
#define f_dentry    f_path.dentry
#define f_vfsmnt    f_path.mnt
    const struct file_operations    *f_op;
    atomic_t        f_count;
    unsigned int    f_flags;
    mode_t          f_mode;
    loff_t          f_pos;
```

```
    struct fown_struct      f_owner;
    unsigned int            f_uid, f_gid;
    struct file_ra_state    f_ra;
    unsigned long           f_version;
#ifdef CONFIG_SECURITY
    void                    *f_security;
#endif
    /* needed for tty driver, and maybe others */
    void                    *private_data;
#ifdef CONFIG_EPOLL
    /* Used by fs/eventpoll.c to link all the hooks to this file */
    struct list_head        f_ep_links;
    spinlock_t              f_ep_lock;
#endif /* #ifdef CONFIG_EPOLL */
    struct address_space    *f_mapping;
};
```

各重要成员函数意义如下。

① mode_t f_mode;

文件模式确定文件是可读的或者是可写的（或者两者都是），通过位 FMODE_READ 和 FMODE_WRITE。你可能想在你的 open 或者 ioctl 函数中检查这个成员的读写许可。

② loff_t f_pos;

当前读写位置。loff_t 在所有平台中都是 64 位（在 gcc 术语里是 long long）。如果驱动程序需要知道文件中的当前位置，可以读这个值，但是正常情况下不应该改变它；读和写应当使用它们作为最后参数来更新一个位置，代替直接作用于 filp->f_pos。这个成员的一个例外是在 llseek 方法中，它的目的就是改变文件位置。

③ unsigned int f_flags;

这些是文件标志，例如 O_RDONLY、O_NONBLOCK 和 O_SYNC。驱动应当检查 O_NONBLOCK 标志来看是否是请求非阻塞操作，其他标志很少使用，所有的标志在头文件 <linux/fcntl.h> 中定义。

④ struct file_operations *f_op;

和文件关联的操作，即为刚刚介绍过的 file_operations 结构体。

⑤ void *private_data;

open 系统调用设置这个指针为 NULL。你可以使用这个成员来指向分配的私有的数据，但是接着必须记住在内核销毁文件结构之前，在 release 方法中释放那个内存。private_data 是一个有用的资源，在系统调用间保留状态信息，大部分模块都使用它。

(3) inode 结构

inode 结构由内核在内部来表示文件。因此,它和代表打开文件描述符的文件结构是不同的。可能有代表单个文件的多个打开描述符的许多文件结构,但是它们都指向一个单个 inode 结构。内核中用 inode 结构表示具体的文件,而用 file 结构表示打开的文件描述符。

inode 结构包含大量关于文件的信息,作为一个通用的规则,这个结构只有 2 个成员对于编写驱动代码有用。对于该结构的更多的信息,可以参看内核源码。

① dev_t i_rdev;表示设备文件对应的设备号。

② struct cdev *i_cdev;

struct cdev 是内核的内部结构,代表字符设备。当节点指的是一个字符设备文件时,这个成员包含一个指针指向这个结构。

4. 字符设备的注册

内核内部使用 struct cdev 结构体来描述字符设备。该结构体是所有字符设备的抽象,包含了大量字符设备所共有的特性。在内核调用设备的操作之前,必须分配并注册一个或多个 struct cdev。驱动代码头文件应包含<linux/cdev.h>,该头文件定义了 struct cdev 以及与其相关的一些辅助函数。

该结构体原型如下:

```
struct cdev {
        struct kobject kobj;                //kobj 是一个嵌入在该结构中的内核对象,
                                            //用于该数据结构的一般管理
        struct module * owner;              //owner 指向提供驱动程序的模块
        const struct file_operations * ops; //文件操作结构体指针,其结构体内的
                                            //大部分函数要被实现
        struct list_head list;              //list 用来实现一个链表,其中包含所有
                                            //表示该设备特殊文件的 inode
        dev_t dev;                          //设备号,int 类型,高 12 位为主设备号,
                                            //低 20 位为次设备号
        unsigned int count;                 //表示与该设备关联的从设备的数目
};
```

驱动程序中常常将特定的信息放在 cdev 之后,形成一个设备结构体,如本节代码中的 Virtualmem_dev 结构体。

```
struct Virtualmem_dev
{
    struct cdev cdev;                          /* cdev 结构体 */
    unsigned char mem[VIRTUALMEM_SIZE];        /* 全局内存 */
};
```

(1) 一个 cdev 一般有两种定义初始化的方式:静态的和动态的。
① 静态定义初始化：

```
struct cdev my_cdev;
cdev_init(&my_cdev, &fops);
my_cdev.owner = THIS_MODULE;
```

② 动态定义初始化：

```
struct cdev * my_cdev = cdev_alloc();
my_cdev->ops = &fops;
my_cdev->owner = THIS_MODULE;
```

两种使用方式的功能是一样的,只是使用的内存区不一样,cdev_init()还多赋了一个 cdev->ops 的值。cdev_init 的参数 fops 类型为 file_operations,前面已经讲过,包含了一些函数指针,指向处理与设备实际通信的函数。

(2) 初始化 cdev 后,需要把它添加到系统中去。为此可以调用 cdev_add()函数,传入 cdev 结构的指针、起始设备编号以及设备编号范围。

```
int cdev_add(struct cdev * p, dev_t dev, unsigned count)
```

cdev_add 的 count 参数表示该设备提供的从设备号的数量。在 cdev_add 成功返回后,设备进入活动状态。

(3) 当一个字符设备驱动不再需要的时候(比如模块卸载),就可以用 cdev_del()函数来释放 cdev 占用的内存。

```
void cdev_del(struct cdev * p)
```
,这里,dev 是 cdev 结构体指针。

(4) 注册字符设备实例如下:

```
/* 初始化并注册 cdev */
static void Virtualmem_setup_cdev(struct Virtualmem_dev * dev, int index)
{
    int err, devno = MKDEV(Virtualmem_major, index);
    cdev_init(&dev->cdev, &Virtualmem_fops);
    dev->cdev.owner = THIS_MODULE;
    dev->cdev.ops = &Virtualmem_fops;
    err = cdev_add(&dev->cdev, devno, 1);
    if (err)
        printk(KERN_NOTICE "Error % d adding Virtualmem % d", err, index);
}
/* 设备驱动模块加载函数 */
/***************************************************
 * 名称:static void Virtualmem_init ()
```

```
 *功能:设备注册函数
 *入口参数:无
 *出口参数:无
 *******************************************************/
int Virtualmem_init(void)
{
    int result;
    dev_t devno = MKDEV(Virtualmem_major, 0);
    /*申请设备号*/
    if(Virtualmem_major)
        result = register_chrdev_region(devno, 1, "Virtualmem");
    else    /*动态申请设备号*/
    {
        result = alloc_chrdev_region(&devno, 0, 1, "Virtualmem");
        Virtualmem_major = MAJOR(devno);
    }
    if (result < 0)
        return result;
    /*动态申请设备结构体的内存*/
    Virtualmem_devp = kmalloc(sizeof(struct Virtualmem_dev), GFP_Kernel);
    if(! Virtualmem_devp)      /*申请失败*/
    {
        result =   - ENOMEM;
        goto fail_malloc;
    }
    memset(Virtualmem_devp, 0, sizeof(struct Virtualmem_dev));
    Virtualmem_setup_cdev(Virtualmem_devp, 0);
    return 0;

    fail_malloc: unregister_chrdev_region(devno, 1);
    return result;
}
```

5. 内存使用

Linux 内核中用于内存管理的核心函数,它们的定义都在<linux/slab.h>中

(1) void * kmalloc(size_t size, int flags);

第一个参数 size,表示分配内存的大小,以字节为单位。第二个参数是分配标志,可以通过这个标志控制 kmalloc 函数的多种分配方式,主要有如下几种取值:

① GFP_ATOMIC:用来从中断处理和进程上下文之外的其他代码中分配内存,从不睡眠。

② GFP_Kernel :内核内存分配时最常用的方法,当内存不足时,可能会引起

休眠。

③ GFP_USER：用来为用户空间页来分配内存；它可能会引起睡眠。

④ GFP_HIGHUSER：如果有高端内存，则优先从高端内存中分配。

⑤ GFP_NOIO、GFP_NOFS：这两个标志功能如同 GFP_Kernel，但是有更多的限制。GFP_NOIO 标志分配内存时，禁止任何 IO 调用。GFP_NOFS 标志分配内存时不允许执行文件系统调用。

(2) void kfree(void * ptr);

释放 kmalloc 申请的内存。ptr 为有 kmalloc 申请的内存的地址指针。

6. open 和 release

(1) open 方法提供给驱动程序以初始化硬件设备的能力，为以后的操作做准备。应完成的工作如下：

① 检查设备特定的错误（如设备未就绪或硬件问题）；

② 如果设备是首次打开，则对其进行初始化；

③ 如有必要，更新 f_op 指针；

④ 分配并填写置于 filp->private_data 里的数据结构。

```
int (* open)(struct inode * inode, struct file * filp);
```

inode 参数的 i_cdev 成员的形式中包含我们之前建立的 cdev 结构，唯一的问题是通常我们不想要 cdev 结构本身，需要的是包含 cdev 结构的 Virtualmem_dev 结构，内核为我们以 container_of 宏的形式从 inode 中获得设备指针，container_of 在 <linux/Kernel.h> 中定义。

定义在 <linux/Kernel.h> 中的 container_of 宏，源码如下：

```
#define container_of(ptr, type, member) ({ \
const typeof( ((type *)0)->member ) * __mptr = (ptr); \
(type *)( (char *)__mptr - offsetof(type,member) );})
```

其实从源码可以看出，其作用就是：通过指针 ptr，获得包含 ptr 所指向数据（是 member 结构体）的 type 结构体的指针，即用指针得到另外一个指针。这个宏使用一个指向 container_field 类型的成员的指针，它在一个 container_type 类型的结构中，并且返回一个指针指向包含结构。在 open 函数中，这个宏用来找到指向本设备的结构体指针。

实例如下：

```
struct Virtualmem_dev * dev; /* device information */
dev = container_of(inode->i_cdev, struct Virtualmem_dev, cdev);
filp->private_data = dev; /* for other methods */
```

一旦它找到 Virtualmem_dev 结构，在文件结构的 private_data 成员中存储一个它的指针,以备以后在其他函数中使用。

代码如下:

```
int Virtualmem_open(struct inode * inode, struct file * filp)
{
    struct Virtualmem_dev * dev;
    dev = container_of(inode->i_cdev,struct Virtualmem_dev,cdev); //通过 inode 的 i_cdev 结构也就是 cdev 结构我们可以得到自己定义的 Virtualmem_dev 结构指针
    /*将设备结构体指针赋值给文件私有数据指针*/
    filp->private_data = dev;//将找到的指针保存到 file 结构中的 private_data 字段中,作为备用
    return 0;
}
```

(2) release 方法提供释放内存,关闭设备的功能。应完成的工作如下:

① 释放由 open 分配的、保存在 file->private_data 中的所有内容;

② 在最后一次关闭操作时关闭设备。

有的驱动程序在 release()方法中甚至仅仅返回一个数值,什么也不做。

7. read 和 write

read 和 write 方法的主要作用就是实现内核与用户空间之间的数据复制。

- ssize_t read(struct file * filp, char __user * buff, size_t count, loff_t * offp);
- ssize_t write(struct file * filp, const char __user * buff, size_t count, loff_t * offp);

对于这两个方法,filp 是文件指针,count 是请求的传输数据大小。buff 参数指向被写入数据的缓存,或者放入数据的空缓存。最后,offp 是一个指针,指向一个"long offset type"对象,它指出用户正在存取的文件位置。

read 和 write 方法的 buff 参数是用户空间指针。因此,它不能被内核代码直接引用。这个限制有以下理由:

当用户空间指针运行于内核模式时可能是根本无效的。可能没有那个地址的映射,或者它可能指向一些其他的随机数据。就算这个指针在内核空间是同样的东西,用户空间内存是分页的,在做系统调用时这个内存可能没有在 RAM 中。试图直接引用用户空间内存可能产生一个页面错,这是内核代码不允许做的事情,结果可能是一个错误,导致进行系统调用的进程死亡。

因为 Linux 的内核空间和用户空间是隔离的,所以要实现数据复制就必须使用在<asm/uaccess.h>中定义的函数:

- unsigned long copy_to_user(void __user * to, const void * from, unsigned long count);

- unsigned long copy_from_user(void * to,const void __user * from,unsigned long count);

这两个函数的角色不限于在内核空间和用户空间进行数据复制：它们还检查用户空间指针是否有效。如果指针无效，不进行复制。至于实际的设备方法，read 方法的任务是从设备复制数据到用户空间（使用 copy_to_user），而 write 方法必须从用户空间复制数据到设备（使用 copy_from_user）。每个 read 或 write 系统调用请求一个特定数目字节的传送。不管这些方法传送多少数据，它们通常应当更新 * offp 中的文件位置来表示在系统调用完成后的当前的文件位置。

下面分析一下上述两个函数的返回值。

在 read 中使用 copy_to_user 时，调用后检查返回值，如果这个值等于传递给 read 系统调用的 count 参数，表示请求的字节数已经被传送。如果是正数，但是小于 count，则表示只有部分数据被传送。如果值为 0，则表示到达了文件末尾（没有读取数据）。如果是一个负值，表示有一个错误，这个值指出了什么错误，根据 <linux/errno.h> 来进行判断。出错的典型返回值包括 -EINTR（被打断的系统调用）或者 -EFAULT（坏地址）。

在 write 中使用 copy_from_user 时，如果值等于 count，表示要求的字节数已被传送。如果是正值，但是小于 count，则表示只有部分数据被传送，程序最可能重试写入剩下的数据。如果值为 0，什么没有写，这个结果不是一个错误，没有理由返回一个错误码。一个负值表示发生一个错误，有效的错误值定义于 <linux/errno.h> 中。

8. 字符驱动代码

```
#include <linux/init.h>
#include <linux/module.h>
#include <linux/types.h>              //dev_t u16 u32 定义
#include <linux/fs.h>                 //file inode file_operations 定义
#include <linux/errno.h>              /* 错误代码处理头文件 error codes */
#include <linux/mm.h>                 //memory alloc
#include <linux/cdev.h>
#include <linux/Kernel.h>             /* 与 printk()等函数有关的头文件 */
#include <linux/slab.h>               /* 与 kmalloc()等函数有关的头文件 */
#include <asm/uaccess.h>              //get_user put_user access_ok
#define VIRTUALMEM_SIZE       0x1000  /* 全局内存最大 4 KB */
#define VIRTUALMEM_MAJOR 0            /* 预设的 Virtualmem 的主设备号 */
static int Virtualmem_major = VIRTUALMEM_MAJOR;
/* Virtualmem 设备结构体 */
struct Virtualmem_dev
{
    struct cdev cdev;                            /* cdev 结构体 */
    unsigned char mem[VIRTUALMEM_SIZE];  /* 全局内存 */
```

```c
};

struct Virtualmem_dev * Virtualmem_devp;/*设备结构体指针*/
/*文件打开函数*/
/***************************************************
*名称:Virtualmem_open()
*功能:设备文件打开函数,对应用户空间 open 系统调用
*入口参数:设备文件节点
*出口参数:无
***************************************************/
int Virtualmem_open(struct inode * inode, struct file * filp)
{
    /*将设备结构体指针赋值给文件私有数据指针*/
    struct Virtualmem_dev * dev;
    dev = container_of(inode->i_cdev,struct Virtualmem_dev,cdev); //通过 inode 的 i_cdev 结构,也就是 cdev 结构,我们可以得到自己定义的 Virtualmem_dev 结构指针
    filp->private_data = dev;//将找到的指针保存到 file 结构中的 private_data 字段中,用以备用
    return 0;
}
/*文件释放函数*/
/***************************************************
*名称:static void Virtualmem_release()
*功能:设备文件释放函数,对应用户空间 close 系统调用
*入口参数:设备文件节点
*出口参数:无
***************************************************/
int Virtualmem_release(struct inode * inode, struct file * filp)
{
    return 0;
}
/*读函数*/
/***************************************************
*名称:Virtualmem_read()
*功能:对应用户空间的 read 系统调用,从内核空间复制给定长度缓冲区数据到用户空间
*入口参数:*filp 操作设备文件的 ID,*buffer 对应用户空间的缓冲区的起始地址,count 用户空间数据缓冲区长度,*ppos 用户在文件中进行存储操作的位置
*出口参数:返回用户空间数据缓冲区长度
***************************************************/
static ssize_t Virtualmem_read(struct file * filp, char __user * buf, size_t size,
                               loff_t * ppos)
```

```
    {
        unsigned long p =   * ppos;
        unsigned int count = size;
        int ret = 0;
        struct Virtualmem_dev * dev = filp->private_data; //定义一个 Virtualmem_dev 设
备类型指针指向在 open 函数找到的 Virtualmem_dev 设备类型保存在 file 的 private_data 中
        /* 分析和获取有效的写长度 */
        if (p >= VIRTUALMEM_SIZE)//是否偏移量大于了设备结构的尺寸
            return count ?  - ENXIO: 0;
        if (count > VIRTUALMEM_SIZE - p)
            count = VIRTUALMEM_SIZE - p;
        /* 内核空间->用户空间 */
        if (copy_to_user(buf, (void *)(dev->mem + p), count))
        {
            ret =  - EFAULT;
        }
        else
        {
            ret = count;
            printk(KERN_INFO "read % d bytes(s) from % d\n", count, p);
        }
        return ret;
    }
    /* 写函数 */
    /*********************************************
    * 名称:Virtualmem_write()
    * 功能:对应用户空间的 write 系统调用,从用户空间复制给定长度缓冲区数据到内核空间
    * 入口参数:*filp 操作设备文件的 ID,*buffer 对应用户空间的缓冲区的起始地址,count
用户空间数
据缓冲区长度,*ppos 用户在文件中进行存储操作的位置
    * 出口参数:返回用户空间数据缓冲区长度
    **********************************************/
    static ssize_t Virtualmem_write(struct file * filp, const char __user * buf,
                                    size_t size, loff_t * ppos)
    {
        unsigned long p =   * ppos;
        unsigned int count = size;
        int ret = 0;
        struct Virtualmem_dev * dev = filp->private_data; /* 获得设备结构体指针 */
        /* 分析和获取有效的写长度 */
        if (p >= VIRTUALMEM_SIZE)
```

```c
            return count ? - ENXIO: 0;
        if (count > VIRTUALMEM_SIZE - p)
            count = VIRTUALMEM_SIZE - p;
        /*用户空间->内核空间*/
        if (copy_from_user(dev->mem + p, buf, count))
            ret = - EFAULT;
        else
        {
            ret = count;
            printk(KERN_INFO "written %d bytes(s) from %d\n", count, p);
        }
        return ret;
}
/*文件操作结构体*/
/*************************************************
 *名称:Virtualmem_fops 设备文件结构
 *功能:设备驱动文件结构体
 *************************************************/
static const struct file_operations Virtualmem_fops =
{
    .owner = THIS_MODULE,
    .read = Virtualmem_read,
    .write = Virtualmem_write,
    .open = Virtualmem_open,
    .release = Virtualmem_release,
};
/*初始化并注册 cdev*/
static void Virtualmem_setup_cdev(struct Virtualmem_dev * dev, int index)
{
    int err, devno = MKDEV(Virtualmem_major, index);
    cdev_init(&dev->cdev, &Virtualmem_fops);
    dev->cdev.owner = THIS_MODULE;
    dev->cdev.ops = &Virtualmem_fops;
    err = cdev_add(&dev->cdev, devno, 1);
    if (err)
        printk(KERN_NOTICE "Error %d adding Virtualmem %d", err, index);
}
/*设备驱动模块加载函数*/
/*************************************************
 *名称:static void Virtualmem_init ()
 *功能:设备注册函数
```

```
 * 入口参数:无
 * 出口参数:无
 ********************************************/
int Virtualmem_init(void)
{
    int result;
    dev_t devno = MKDEV(Virtualmem_major, 0);
    /*申请设备号*/
    if (Virtualmem_major)
        result = register_chrdev_region(devno, 1, "Virtualmem");
    else   /*动态申请设备号*/
    {
        result = alloc_chrdev_region(&devno, 0, 1, "Virtualmem");
        Virtualmem_major = MAJOR(devno);
    }
    if (result < 0)
        return result;
    /*动态申请设备结构体的内存*/
    Virtualmem_devp = kmalloc(sizeof(struct Virtualmem_dev), GFP_Kernel);
    if (! Virtualmem_devp)       /*申请失败*/
    {
        result =  - ENOMEM;
        goto fail_malloc;
    }
    memset(Virtualmem_devp, 0, sizeof(struct Virtualmem_dev));
    Virtualmem_setup_cdev(Virtualmem_devp, 0);
    return 0;
    fail_malloc: unregister_chrdev_region(devno, 1);
    return result;
}
/*模块卸载函数*/
/********************************************
 * 名称:Virtualmem_exit ()
 * 功能:设备注册函数
 * 入口参数:无
 * 出口参数:无
 ********************************************/
void Virtualmem_exit(void)
{
    cdev_del(&Virtualmem_devp->cdev);     /*注销 cdev*/
    kfree(Virtualmem_devp);       /*释放设备结构体内存*/
    unregister_chrdev_region(MKDEV(Virtualmem_major, 0), 1); /*释放设备号*/
```

}
MODULE_AUTHOR("AK - 47");//告知内核该模块的作者
MODULE_LICENSE("Dual BSD/GPL");//用来告知内核,该模块的许可证
module_param(Virtualmem_major, int, S_IRUGO);//该模块可以允许有一个动态传入的参数
module_init(Virtualmem_init);//指定驱动加载时调用的函数
module_exit(Virtualmem_exit);//指定驱动卸载时调用的函数

9. 测试代码

```
#include <stdio.h>
#include <sys/types.h>/* 数据类型定义 */
#include <sys/stat.h>/* open 时权限的定义 */
#include <sys/ioctl.h>/* ioctl */
#include <fcntl.h>/* open、read、write、read 等具体实现 */
#include <unistd.h>/* 一些标志位实现,如 0、1、2 的具体实现等 */
#define DEVICE_FILENAME "/dev/Virtualmem"
int main ( )
{
    int dev;
    int loop;
    char buf[128];
    char to[128];
    int i;
    for(i = 0;i<100;i ++ )
    buf[i] = i;
    dev = open(DEVICE_FILENAME,O_RDWR|O_NDELAY);
    if (dev >= 0)
    {
      printf("\nwait? \n");
      write (dev, buf, 100);
      sleep (2);
      read (dev, to, 100);
      for(i = 0;i<100;i ++ )
      {
          printf(" %d\n",to[i]);
      }
      sleep (1);
    }
    else
    {
      printf("open failure! \n");
    }
```

```
    close (dev);
    return 0;
}
```

10. 驱动程序调试

驱动程序的调试方法,请参看 4.1.10 小节内容,后续调试驱动程序的方法不再赘述。运行测试程序,调试结果如图 4-1 所示。

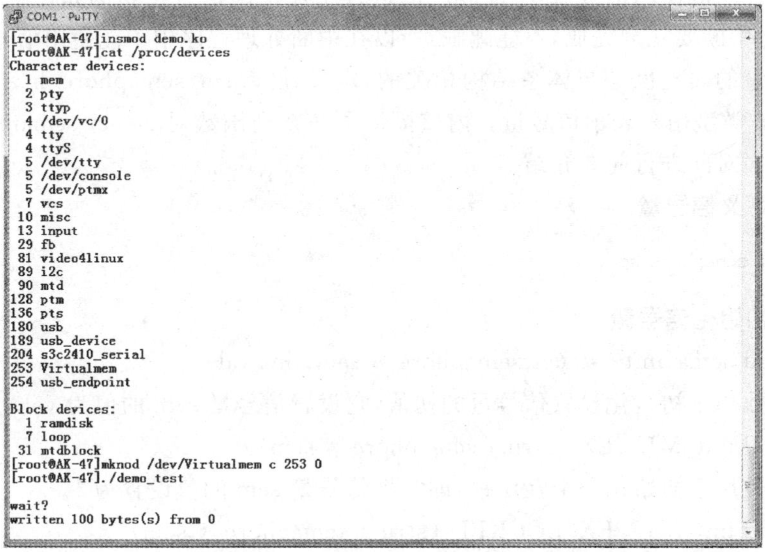

```
[root@AK-47]insmod demo.ko
[root@AK-47]cat /proc/devices
Character devices:
  1 mem
  2 pty
  3 ttyp
  4 /dev/vc/0
  4 tty
  4 ttyS
  5 /dev/tty
  5 /dev/console
  5 /dev/ptmx
  7 vcs
 10 misc
 13 input
 29 fb
 81 video4linux
 89 i2c
 90 mtd
128 ptm
136 pts
180 usb
189 usb_device
204 s3c2410_serial
253 Virtualmem
254 usb_endpoint

Block devices:
  1 ramdisk
  7 loop
 31 mtdblock
[root@AK-47]mknod /dev/Virtualmem c 253 0
[root@AK-47]./demo_test
wait?
written 100 bytes(s) from 0
```

图 4-1 字符驱动调试过程示意图

4.1.5 设备驱动中的并发处理控制

并发是指在操作系统中,一个时间段中有几个程序都处于已启动运行到运行完毕之间,且这几个程序都是在同一个处理机上运行,但任一时刻点上只有一个程序在处理机上运行。并发容易导致竞争的问题。竞争就是两个或两个以上的进程同时访问一个资源,从而引起资源的错误。

Linux 内核提供了一些机制避免并发对系统资源的影响,有原子量、自旋锁、信号量和完成量等。本小节仅介绍几种常用的方法。

处理并发的常用技术是加锁或者互斥,即确保在任何时间只有一个执行单元可以操作共享资源。本小节介绍一下通过 semaphore(信号量)机制的实现方法。

1. 信号量

Linux 内核的信号量在概念和原理上与用户态的信号量是一样的,但是它是一种睡眠锁。如果有一个任务想要获得已经被占用的信号量时,信号量会将这个进程放入一个等待队列,然后让其睡眠。当持有信号量的进程将信号释放后,处于等待队列中的任务将被唤醒,并让其获得信号量。信号量在创建时需要设置一个初始值,表示允许有几个任务同时访问该信号量保护的共享资源,初始值为 1 就变成互斥锁(Mutex),即同时只能有一个任务可以访问信号量保护的共享资源。当任务访问完被信号量保护的共享资源后,必须释放信号量,通过把信号量的值加 1 实现信号量释放。如果释放后信号量的值为非正数,表明有任务等待当前信号量。

从信号量的原理上来说,没有获得信号量的函数可能睡眠。这就要求只有能够睡眠的进程才能使用信号量,不能睡眠的进程不能使用信号量。例如在中断处理程序中,由于中断要立刻完成,不能睡眠,所以在中断处理程序中不能使用信号量。

信号量的实现也是与体系结构相关的,定义在＜asm/semaphore.h＞中,struct semaphore 类型用来表示信号量。内核提供了一系列函数对 struct semaphore 进行操作。下面对此进行简要介绍。

(1) 定义信号量

struct semaphore sem;

(2) 初始化信号量

- void sema_init (struct semaphore * sem, int val)

该函数用于初始化设置信号量的初值,它设置信号量 sem 的值为 val。

- void init_MUTEX (struct semaphore * sem)

该函数用于初始化一个互斥锁,即它把信号量 sem 的值设置为 1。

- void init_MUTEX_LOCKED (struct semaphore * sem)

该函数也用于初始化一个互斥锁,但它把信号量 sem 的值设置为 0,即一开始就处在已锁状态。带有"_LOCKED"的是将信号量初始化为 0,即锁定,允许任何线程访问时必须先解锁;没带"_LOCKED"的将信号量初始化为 1 。

(3) 获取信号量

- int down(struct semaphore * sem)

获取信号量 sem,可能会导致进程睡眠,因此不能在中断上下文使用该函数。该函数将把 sem 的值减 1,如果信号量 sem 的值非负,就直接返回,否则调用者将被挂起,直到别的任务释放该信号量才能继续运行。

- int down_interruptible(struct semaphore * sem)

该函数与 down()函数非常类似,不同之处在于,down()函数进入睡眠之后,就不能够被信号唤醒,而 down_interruptible()函数进入睡眠后可以被信号唤醒。如果被信号唤醒,那么会返回非 0 值。所以在调用 down_interruptible()函数时,一般应检查返回值,判断被唤醒的原因。

- int down_trylock(struct semaphore? * sem)

带有"_trylock"的函数表示永不休眠,若信号量在调用时处于不可获得状态,会返回非零值。

(4) 释放信号量

■ void up(struct semaphore * sem)

该函数释放信号量 sem，即把 sem 的值加 1，如果 sem 的值为非正数，表明有任务等待该信号量，因此应唤醒这些等待者。

2. 驱动代码

```c
#include <linux/module.h>
#include <linux/types.h>
#include <linux/fs.h>
#include <linux/errno.h>
#include <linux/mm.h>
#include <linux/sched.h>
#include <linux/init.h>
#include <linux/cdev.h>
#include <asm/io.h>
#include <asm/system.h>
#include <asm/uaccess.h>
#define VIRTUALMEM_MAJOR 0      /*预设的主设备号*/
static int Virtualmem_major = VIRTUALMEM_MAJOR;
/*Virtualmem 设备结构体*/
struct Virtualmem_dev
{
    struct cdev cdev; /*cdev 结构体*/
    struct semaphore lock;
};
struct Virtualmem_dev * Virtualmem_devp; /*设备结构体指针*/
/*文件打开函数*/
int Virtualmem_open(struct inode * inode, struct file * filp)
{
    /*将设备结构体指针赋值给文件私有数据指针*/
    filp->private_data = Virtualmem_devp;
    if (! down_trylock(&Virtualmem_devp->lock))
        return 0;
    else
    {
        printk("I am busy! \n");
        return -EBUSY;
    }
}
/*文件释放函数*/
int Virtualmem_release(struct inode * inode, struct file * filp)
{
    up(&Virtualmem_devp->lock);
    return 0;
}
/*读函数*/
```

```c
static ssize_t Virtualmem_read(struct file * filp, char __user * buf, size_t size,
                    loff_t * ppos)
{
    int ret = 0;
    struct Virtualmem_dev * dev = filp->private_data;    /*获得设备结构体指针*/
    return ret;
}
/*写函数*/
static ssize_t Virtualmem_write(struct file * filp, const char __user * buf,
                    size_t size, loff_t * ppos)
{
    int ret = 0;
    struct Virtualmem_dev * dev = filp->private_data;    /*获得设备结构体指针*/
    return ret;
}
static int gpio_ioctl(struct inode * inode, struct file * filp, unsigned int cmd, unsigned long arg)
{
    return 0;
}
/*文件操作结构体*/
static const struct file_operations Virtualmem_fops =
{
    .owner = THIS_MODULE,
    .read = Virtualmem_read,
    .write = Virtualmem_write,
    .open = Virtualmem_open,
    .release = Virtualmem_release,
    .ioctl = gpio_ioctl, /*实现主要控制功能*/
};
/*初始化并注册cdev*/
static void Virtualmem_setup_cdev(struct Virtualmem_dev * dev, int index)
{
    int err, devno = MKDEV(Virtualmem_major, index);
    cdev_init(&dev->cdev, &Virtualmem_fops);
    dev->cdev.owner = THIS_MODULE;
    dev->cdev.ops = &Virtualmem_fops;
    err = cdev_add(&dev->cdev, devno, 1);
    if (err)
        printk(KERN_ALERT "Error %d adding Virtualmem %d", err, index);
}
/*设备驱动模块加载函数*/
int Virtualmem_init(void)
{
    int result;
    dev_t devno = MKDEV(Virtualmem_major, 0);
    /*申请设备号*/
```

```c
    if (Virtualmem_major)
        result = register_chrdev_region(devno, 1, "semadev");
    else     /*动态申请设备号*/
    {
        result = alloc_chrdev_region(&devno, 0, 1, "semadev");
        Virtualmem_major = MAJOR(devno);
    }
    if (result < 0)
        return result;
    /*动态申请设备结构体的内存*/
    Virtualmem_devp = kmalloc(sizeof(struct Virtualmem_dev), GFP_Kernel);
    if (! Virtualmem_devp)     /*申请失败*/
    {
        result = - ENOMEM;
        goto fail;
    }
    memset(Virtualmem_devp, 0, sizeof(struct Virtualmem_dev));
    Virtualmem_setup_cdev(Virtualmem_devp, 0);
    init_MUTEX(&Virtualmem_devp->lock);
    return 0;
    fail: unregister_chrdev_region(devno, 1);
    return result;
}
/*模块卸载函数*/
void Virtualmem_exit(void)
{
    cdev_del(&Virtualmem_devp->cdev);     /*注销cdev*/
    kfree(Virtualmem_devp);          /*释放设备结构体内存*/
    unregister_chrdev_region(MKDEV(Virtualmem_major, 0), 1);     /*释放设备号*/
}
MODULE_AUTHOR("AK - 47");
MODULE_LICENSE("Dual BSD/GPL");
module_param(Virtualmem_major, int, S_IRUGO);
module_init(Virtualmem_init);
module_exit(Virtualmem_exit);
```

3. 测试代码

```c
#include <stdio.h>
#include <sys/types.h>
#include <sys/stat.h>
#include <sys/ioctl.h>
#include <fcntl.h>
#include <unistd.h>
#define DEVICE_FILENAME "/dev/semadev"
int main( )
```

```
{
    int dev;
    dev = open(DEVICE_FILENAME, O_RDWR|O_NDELAY);
    if (dev<0)
        printf("can't open the beep!");
    if (dev >= 0)
    {
        printf("open the device succeed! \n");
    }
    sleep(10);
    printf("I want to close device! \n");
    close(dev);
    return 0;
}
```

4. 驱动程序调试

测试程序运行第一次会延时 10 秒钟,在 10 秒钟内再次运行程序,由于设备被占用,无法获得信号量,提示打开设备失败。执行结果如图 4-2 所示。

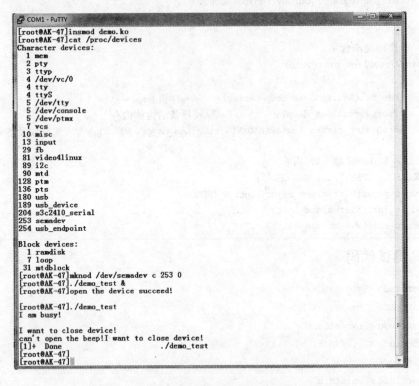

图 4-2 使用信号量字符驱动调试过程示意图

4.1.6 设备驱动中的阻塞处理机制

阻塞调用是指调用结果返回之前,当前线程会被挂起。函数只有在得到结果之后才会返回。非阻塞和阻塞的概念相对应,指在不能立刻得到结果之前,该函数不会阻塞当前线程,而会立刻返回。

在阻塞型驱动程序中,read 实现方式如下:如果进程调用 read,但设备没有数据或数据不足,进程阻塞;当新数据到达后,唤醒被阻塞在阻塞型驱动程序中进程。Write 实现方式如下:如果进程调用了 write,但设备没有足够的空间供其写入数据,进程阻塞;当设备中的数据被读走后,缓冲区中空出部分空间,则唤醒进程。

阻塞方式是文件读写操作的默认方式,但应用程序可通过使用 O_NONBLOCK 标志来人为地设置读写操作为非阻塞方式(该标志定义在<linux/fcntl.h>中,在使用系统调用 open()函数打开文件时指定)。如果设置了 O_NONBLOCK 标志,read 和 write 的行为会发生变化。如果进程在没有数据就绪时调用了 read,或者在缓冲区没有空间时调用了 write,系统只是简单地返回-EAGAIN,而不会阻塞进程。

本节介绍驱动程序编程中常用的等待队列机制,这种机制使等待队列的进程暂时睡眠,当等待的信号到来时,便唤醒等待队列中进程继续执行。

1. 等待队列

Linux 2.6 内核提供了如下关于等待队列的操作:

(1) 定义"等待队列头"

- wait_queue_head_t my_queue

(2) 初始化等待队列

- init_waitqueue_head(&my_queue)

(3) 定义的同时并初始化一个名为 my_queue 的等待队列

- DECLARE_WAIT_QUEUE_HEAD(my_queue)

(4) 等待事件

- wait_event(queue,condition)

wait_event 宏的功能是,在等待队列中睡眠直到 condition 为真。在等待的期间,进程会被置为 TASK_UNINTERRYPTIBLE 进入睡眠,直到 condition 变量变为真。每次进程被唤醒的时候都会检查 condition 的值。

- wait_event_interruptible(queue,condition)

wait_event_interruptible 宏和 wait_event 宏的区别是,调用该宏在等待的过程中当前的进程会被设置为 TASK_INTERRUPTIBLE(可中断)状态。在每次被唤醒的时候,首先检查 condition 是否为真,如果为真则返回,否则检查,如果进程是被信号唤醒,会返回-ERESTARTSYS 错误码,如果是 condition 为假,则返回 0。

- wait_event_timeout(queue,condition,timeout)

wait_event_interruptible 宏和 wait_event 宏类似,不过如果所给的睡眠时间为

负数则立即返回。如果在睡眠期间被唤醒,且 condition 为真则返回剩余的睡眠时间;否则继续睡眠直到到达或超过给定的睡眠时间,然后返回 0。

■ wait_event_interruptible_timeout(queue,conditon,timeout)

wait_event_interruptible_timeout 与 wait_event_timeout 宏类似,不过如果在睡眠期间被信号打断则返回 ERESTARTSYS 错误码。

(5) 睡眠函数

■ sleep_on(wait_queue_head_t * queue)

无条件睡眠(老版本,建议不再使用)。

■ interruptible_sleep_on(wait_queue_head_t * q)

让进程进入不可中断的睡眠,并把它放入等待队列 q。

(6) 从等待队列中唤醒进程

■ wake_up(wait_queue_t * q)

从等待队列 q 中唤醒状态为 TASK_UNINTERRUPTIBLE、TASK_INTERRUPTIBLE、TASK_KILLABLE 的所有进程。该宏和 wait_event/wait_event_timeout 成对使用。

■ wake_up_interruptible(wait_queue_t * q)

从等待队列 q 中唤醒状态为 TASK_INTERRUPTIBLE 的进程。与 wait_event_interruptible/wait_event_interruptible_timeout 成对使用。

2. 驱动代码

```
# include <linux/module.h>
# include <linux/types.h>
# include <linux/fs.h>
# include <linux/errno.h>
# include <linux/init.h>
# include <linux/cdev.h>
# include <linux/sched.h>    /* current and everything */
# include <linux/Kernel.h>   /* printk() */
# include <linux/fs.h>       /* everything... */
# include <linux/types.h>    /* size_t */
# include <linux/wait.h>
# include <asm/uaccess.h>    //get_user put_user access_ok
# define VIRTUALMEM_SIZE    0x1000   /* 全局内存最大 4 KB */
# define VIRTUALMEM_MAJOR 0       /* 预设的 ioport 的主设备号 */
static int Virtualmem_major = VIRTUALMEM_MAJOR;
/* Virtualmem 设备结构体 */
struct Virtualmem_dev
{
    struct cdev cdev; /* cdev 结构体 */
```

```c
    unsigned char mem[VIRTUALMEM_SIZE]; /*全局内存*/
};
static DECLARE_WAIT_QUEUE_HEAD(wq);
static int flag = 0;
struct Virtualmem_dev * Virtualmem_devp; /*设备结构体指针*/
/*文件打开函数*/
int Virtualmem_open(struct inode * inode, struct file * filp)
{
    /*将设备结构体指针赋值给文件私有数据指针*/
    filp->private_data = Virtualmem_devp;
    return 0;
}
/*文件释放函数*/
int Virtualmem_release(struct inode * inode, struct file * filp)
{
    return 0;
}
/*读函数*/
static ssize_t Virtualmem_read(struct file * filp, char __user * buf, size_t size,
                    loff_t * ppos)
{
    unsigned int count = size;
    unsigned long p =  * ppos;
    int ret = 0;
    struct Virtualmem_dev * dev = filp->private_data;    /*获得设备结构体指针*/
    printk(KERN_DEBUG "process %i (%s) going to sleep\n",
            current->pid, current->comm);
    wait_event_interruptible(wq, flag != 0);
    flag = 0;
    /*内核空间->用户空间*/
    if (copy_to_user(buf, (void * )(dev->mem), count))
    {
        ret =  - EFAULT;
    }
    else
    {
        ret = count;
        printk(KERN_INFO "read %d bytes(s) from %d\n", count, p);
    }
    printk(KERN_DEBUG "awoken %i (%s)\n", current->pid, current->comm);
    return ret;
```

```c
}
/*写函数*/
static ssize_t Virtualmem_write(struct file *filp, const char __user *buf,
                                size_t size, loff_t *ppos)
{
    unsigned int count = size;
    unsigned long p = *ppos;
    int ret = 0;
    struct Virtualmem_dev *dev = filp->private_data;    /*获得设备结构体指针*/
    printk(KERN_DEBUG "process %i (%s) awakening the readers...\n",
           current->pid, current->comm);
    /*用户空间->内核空间*/
    if (copy_from_user(dev->mem, buf, count))
        ret = - EFAULT;
    else
    {
        ret = count;
        printk(KERN_INFO "written %d bytes(s) from %d\n", count, p);
    }
    flag = 1;
    wake_up_interruptible(&wq);
    return size;
}
/*文件操作结构体*/
static const struct file_operations Virtualmem_fops =
{
    .owner = THIS_MODULE,
    .read = Virtualmem_read,
    .write = Virtualmem_write,
    .open = Virtualmem_open,
    .release = Virtualmem_release,
};
/*初始化并注册cdev*/
static void Virtualmem_setup_cdev(struct Virtualmem_dev *dev, int index)
{
    int err, devno = MKDEV(Virtualmem_major, index);
    cdev_init(&dev->cdev, &Virtualmem_fops);
    dev->cdev.owner = THIS_MODULE;
    dev->cdev.ops = &Virtualmem_fops;
    err = cdev_add(&dev->cdev, devno, 1);
    if (err)
```

```c
    printk(KERN_ALERT "Error %d adding Virtualmem %d", err, index);
}
/*设备驱动模块加载函数*/
int Virtualmem_init(void)
{
    int result;
    dev_t devno = MKDEV(Virtualmem_major, 0);
    /*申请设备号*/
    if (Virtualmem_major)
        result = register_chrdev_region(devno, 1, "sleepy");
    else   /*动态申请设备号*/
    {
        result = alloc_chrdev_region(&devno, 0, 1, "sleepy");
        Virtualmem_major = MAJOR(devno);
    }
    if (result < 0)
        return result;
    /*动态申请设备结构体的内存*/
    Virtualmem_devp = kmalloc(sizeof(struct Virtualmem_dev), GFP_Kernel);
    if (! Virtualmem_devp)                              /*申请失败*/
    {
        result =  - ENOMEM;
        goto fail;
    }
    memset(Virtualmem_devp, 0, sizeof(struct Virtualmem_dev));
    Virtualmem_setup_cdev(Virtualmem_devp, 0);
    return 0;
    fail: unregister_chrdev_region(devno, 1);
    return result;
}
/*模块卸载函数*/
void Virtualmem_exit(void)
{
    cdev_del(&Virtualmem_devp->cdev);                   /*注销 cdev*/
    kfree(Virtualmem_devp);                             /*释放设备结构体内存*/
    unregister_chrdev_region(MKDEV(Virtualmem_major, 0), 1);   /*释放设备号*/
}
MODULE_AUTHOR("AK - 47");
MODULE_LICENSE("Dual BSD/GPL");
module_init(Virtualmem_init);
module_exit(Virtualmem_exit);
```

3. 测试代码
(1) 读进程

```c
#include <unistd.h>
#include <sys/stat.h>
#include <fcntl.h>
#include <stdlib.h>
int main()
{
    int sleepytest;
    int code;
    sleepytest = open("/dev/sleepy",O_RDONLY);
    if ((code = read(sleepytest , NULL , 0)) < 0)
        printf("read error! code = %d \n",code);
    else
        printf("read ok! code = %d \n",code);
    close(sleepytest);
    exit(0);
}
```

(2) 写进程

```c
#include <unistd.h>
#include <sys/stat.h>
#include <fcntl.h>
#include <stdlib.h>
int main()
{
    int sleepytest;
    int code;
    sleepytest = open("/dev/sleepy",O_WRONLY);
    if ((code = write(sleepytest , NULL , 0)) < 0 )
        printf("write error! code = %d \n",code);
    else
        printf("write ok! code = %d \n",code);
    close(sleepytest);
    exit(0);
}
```

4. 驱动程序调试

首先加载驱动程序模块,创建设备节点,然后运行读进程测试程序。由于无法满足条件,读进程睡眠,运行写进程测试程序,在驱动程序 Virtualmem_write()函数中,置 flag=1,唤醒了读进程,使读进程得以执行。执行结果如图 4-3 所示。

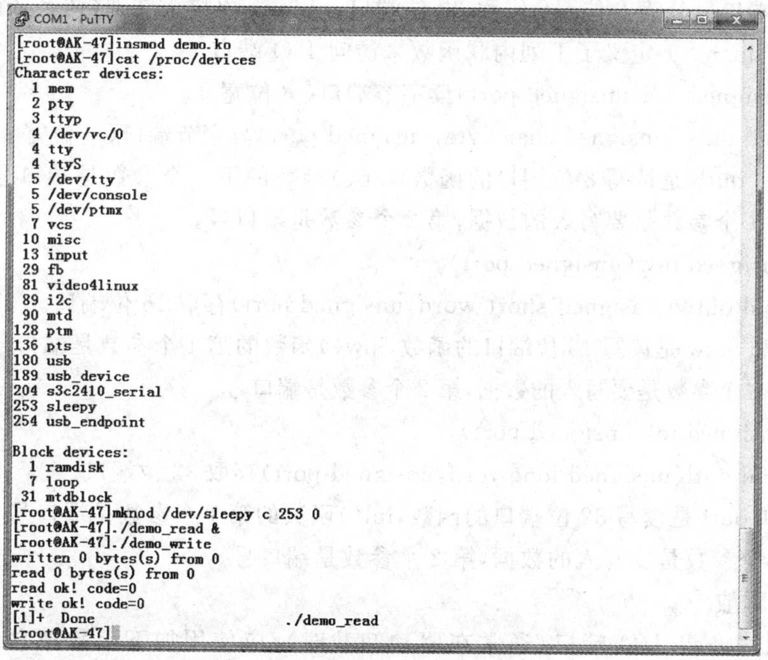

```
[root@AK-47]insmod demo.ko
[root@AK-47]cat /proc/devices
Character devices:
  1 mem
  2 pty
  3 ttyp
  4 /dev/vc/0
  4 tty
  4 ttyS
  5 /dev/tty
  5 /dev/console
  5 /dev/ptmx
  7 vcs
 10 misc
 13 input
 29 fb
 81 video4linux
 89 i2c
 90 mtd
128 ptm
136 pts
180 usb
189 usb_device
204 s3c2410_serial
253 sleepy
254 usb_endpoint
Block devices:
  1 ramdisk
  7 loop
 31 mtdblock
[root@AK-47]mknod /dev/sleepy c 253 0
[root@AK-47]./demo_read &
[root@AK-47]./demo_write
written 0 bytes(s) from 0
read 0 bytes(s) from 0
read ok! code=0
write ok! code=0
[1]+ Done                    ./demo_read
[root@AK-47]
```

图 4-3 使用等待队列字符驱动调试过程示意图

4.1.7 IO 端口方式控制端口点亮 LED

设备有一组外部寄存器用来存储和控制设备的状态。存储设备状态的寄存器叫做数据寄存器,控制设备状态的寄存器叫做控制寄存器。这些寄存器可能位于内存空间,也可能位于 IO 空间。无论是内存地址空间还是 IO 地址空间,这些寄存器的访问都是连续的。一般台式机在设计时,因为内存地址空间比较紧张,所以一般将外部设备连接到 IO 地址空间上。对于嵌入式设备,将外部设备连接到多余的内存空间上。

当一个寄存器或内存位于 IO 空间时,称其为 IO 端口;当一个寄存器或内存位于内存空间时,称其为 IO 内存。

1. 以 IO 端口方式控制 LED

对 I/O 端口的操作需按如下步骤完成:

(1) 申请

■ struct resource * request_region(unsigned long first,unsigned long n, const char * name)

这个函数告诉内核,你要使用从 first 开始的 n 个端口,name 参数是设备的名字。如果申请成功,返回非 NULL;申请失败,返回 NULL。

(2) 访问

I/O 端口可分为 8 位、16 位和 32 位端口。Linux 内核头文件（体系依赖的头文件 <asm/io.h>）定义了下列内联函数来访问 I/O 端口：

- unsigned inb(unsigned port)读字节端口（8 位宽）。
- void outb(unsigned char byte, unsigned port)写字节端口（8 位宽）。

inb 和 outb 是读写 8 位端口的函数，inb()函数的第 1 个参数是端口号，outb()函数的第 1 个参数是要写入的数据，第 2 个参数是端口号。

- unsigned inw(unsigned port)。
- void outw(unsigned short word, unsigned port)存取 16 位端口。

inw 和 outw 是读写 16 位端口的函数，inw()函数的第 1 个参数是端口号，outw()函数的第 1 个参数是要写入的数据，第 2 个参数是端口号。

- unsigned inl(unsigned port)。
- void outl(unsigned longword, unsigned port)存取 32 位端口。

inl 和 outl 是读写 32 位端口的函数，inl()函数的第 1 个参数是端口号，outl()函数的第 1 个参数是要写入的数据，第 2 个参数是端口号。

(3) 释放

当用完一组 I/O 端口（通常在驱动卸载时），应使用如下函数把它们返还给系统：

- void release_region(unsigned long start, unsigned long n)。

start 是要使用的 IO 端口，第 2 个参数表示从 start 开始的 n 个端口。

(4) LED 相关端口寄存器

如图 1-27 所示，4 个发光二极管接到了 S3C2410 的 F 组端口 GPF4～GPF7 上面，当 GPF4～GPF7 引脚为低电平时，点亮发光二极管。

端口是具有有限存储容量的高速存储部件，也叫寄存器，存储容量一般为 8、16、32 位，可以用来存储指令、数据和地址。对硬件设备的操作一般是通过软件方法读取相应寄存器的状态来实现的。下面介绍与发光二极管相关的 F 端口寄存器，本内容也可以参考三星公司的 S3C2410 的数据手册。

F 端口有 3 个控制寄存器，分别为 GPFCON、GPFDAT、GPGUP。该端口各寄存器的地址，读写要求如表 4-1 所列。

表 4-1 端口 F 控制寄存器

端口 F 控制寄存器				
寄存器	地址	R/W	描述	复位值
GPFCON	0x56000050	R/W	端口 F 的配置寄存器	0x0
GPFDAT	0x56000054	R/W	端口 F 的数据寄存器	Undefined
GPFUP	0x56000058	R/W	端口 F 的上拉寄存器	0x0

① GPFCON 是配置寄存器,在 S3C2410 中,大多数引脚是功能复用的。一个引脚可以配置成输入、输出或者其他功能。GPFCON 就是选择一个功能,GPF 组端口共有 8 个引脚,每个引脚有 4 种功能:分别是数据输入、数据输出、中断和保留。GPFCON 的每两位可以取值 00、01、10、11,表示不同的功能。

② GPFDAT 是数据寄存器。用于记录引脚的状态,寄存器的每一位表示一个引脚的状态,当引脚被 GPFCON 设置为输入时,读取该寄存器可以获得相应位的状态值;当引脚被 GPFCON 设置为输出时,写此寄存器的相应位可以令此引脚输出高电平或者低电平。当引脚被设置为中断时,此引脚会被设置为中断信号源。

③ GPFUP 是端口上拉寄存器,当对应位为 1 时,表示相应的引脚没有内部上拉电阻;为 0 时,相应的引脚使用上拉电阻。当需要上拉或者下拉电阻时,外围电路没有加上拉或下拉电阻,那么就可以使用内部上拉或者下拉电阻来代替。

各个寄存器的配置如表 4-2、表 4-3、表 4-4 所列。

表 4-2 GPFCON 寄存器设置

GPFCON	位	描述
GPF7	[15:14]	00=输入 01=输出 10=EINT7 11=保留
GPF6	[13:12]	00=输入 01=输出 10=EINT6 11=保留
GPF5	[11:10]	00=输入 01=输出 10=EINT5 11=保留
GPF4	[9:8]	00=输入 01=输出 10=EINT4 11=保留
GPF3	[7:6]	00=输入 01=输出 10=EINT3 11=保留
GPF2	[5:4]	00=输入 01=输出 10=EINT2 11=保留
GPF1	[3:2]	00=输入 01=输出 10=EINT1 11=保留
GPF0	[1:0]	00=输入 01=输出 10=EINT0 11=保留

表 4-3 GPFDAT 寄存器设置

GPFDAT	位	描述
GPF[7:0]	[7:0]	当端口被配置为输入引脚时,来自外部设备的数据能从相应的引脚读取。当端口被配置为输出引脚时,写入寄存器的数据被送至相应引脚。当端口被配置为功能引脚时,默认值被读取

表 4-4 GPFUP 寄存器设置

GPFUP	位	描述
GPF[7:0]	[7:0]	0:相应端口引脚的上拉功能被使能 1:上拉功能被禁止

2. IO 端口方式控制 LED 实例

```
#include <linux/module.h>
#include <linux/types.h>
#include <linux/fs.h>
#include <linux/errno.h>
#include <linux/init.h>
#include <linux/cdev.h>
#include <asm/io.h>     //inl,outl.,inb,outb,inw……
#include <asm/system.h> //mb,rmb,wmb
#include <asm/uaccess.h> //access_ok,get_user,put_user
#include <linux/device.h> //for  udev
#include <asm-arm/arch-s3c2410/hardware.h>//s3c2410_gpio_cfgpin,s3c2410_gpio_setpin……
#include <linux/ioport.h>//request_region,request_mem_region……
#include <asm/arch-s3c2410/regs-gpio.h>//s3c2410_gpxcon………
#define VIRTUALMEM_MAJOR 0      /*预设的 ioport 的主设备号*/
//用来保存原始的寄存器配置
static unsigned int gpfcon_old = 0;
static unsigned int gpfdat_old = 0;
static unsigned int gpfup_old  = 0;
static int Virtualmem_major = VIRTUALMEM_MAJOR;
struct resource * IO_port_resource;//IO 口是否可用结果返回
/*Virtualmem 设备结构体*/
struct Virtualmem_dev
{
    struct cdev cdev; /*cdev 结构体*/
};
struct Virtualmem_dev * Virtualmem_devp; /*设备结构体指针*/
/*文件打开函数*/
int Virtualmem_open(struct inode * inode, struct file * filp)
```

```c
{
    /*将设备结构体指针赋值给文件私有数据指针*/
    filp->private_data = Virtualmem_devp;
    printk("In the open process! turn off the led! \n");
    outl(0x5500 | inl((unsigned long )S3C2410_GPFCON),(unsigned long )S3C2410_GPFCON);
    outl(0xF0 | inl((unsigned long )S3C2410_GPFUP),(unsigned long)S3C2410_GPFUP);
    outl(0xF0 | inl((unsigned long )S3C2410_GPFDAT),(unsigned long)S3C2410_GPFDAT);
    return 0;
}
/*文件释放函数*/
int Virtualmem_release(struct inode * inode, struct file * filp)
{
    return 0;
}
/*读函数*/
static ssize_t Virtualmem_read(struct file * filp, char __user * buf, size_t size,
                               loff_t * ppos)
{
    int ret = 0;
    struct Virtualmem_dev * dev = filp->private_data;    /*获得设备结构体指针*/
    return ret;
}
/*写函数*/
static ssize_t Virtualmem_write(struct file * filp, const char __user * buf,
                                size_t size, loff_t * ppos)
{
    unsigned int count = size;
    int ret = 0;
    struct Virtualmem_dev * dev = filp->private_data;    /*获得设备结构体指针*/
    unsigned char * userbuf;
    /*用户空间->内核空间*/
//    get_user ( * userbuf,(unsigned char * )buf);
    if (copy_from_user(userbuf, (unsigned char * )buf, count))
        ret =  - EFAULT;
    else
    {
        outl (( * userbuf), (unsigned long)S3C2410_GPFDAT);
//        writel ( * userbuf, (unsigned long)S3C2410_GPFDAT);
        printk("write data from user to ioport! \n");
    }
    return ret;
}
/*文件操作结构体*/
static const struct file_operations Virtualmem_fops =
{
```

```c
    .owner = THIS_MODULE,
    .read = Virtualmem_read,
    .write = Virtualmem_write,
    .open = Virtualmem_open,
    .release = Virtualmem_release,
};
/*初始化并注册cdev*/
static void Virtualmem_setup_cdev(struct Virtualmem_dev * dev, int index)
{
    int err, devno = MKDEV(Virtualmem_major, index);
    cdev_init(&dev->cdev, &Virtualmem_fops);
    dev->cdev.owner = THIS_MODULE;
    dev->cdev.ops = &Virtualmem_fops;
    err = cdev_add(&dev->cdev, devno, 1);
    if (err)
        printk(KERN_ALERT "Error %d adding Virtualmem %d", err, index);
}
/*设备驱动模块加载函数*/
int Virtualmem_init(void)
{
    int result;
    dev_t devno = MKDEV(Virtualmem_major, 0);
    /*申请设备号*/
    if (Virtualmem_major)
        result = register_chrdev_region(devno, 1, "ioport");
    else   /*动态申请设备号*/
    {
        result = alloc_chrdev_region(&devno, 0, 1, "ioport");
        Virtualmem_major = MAJOR(devno);
    }
    if (result < 0)
        return result;
    /*动态申请设备结构体的内存*/
    Virtualmem_devp = kmalloc(sizeof(struct Virtualmem_dev), GFP_Kernel);
    if (! Virtualmem_devp)     /*申请失败*/
    {
        result = - ENOMEM;
        goto fail;
    }
    memset(Virtualmem_devp, 0, sizeof(struct Virtualmem_dev));
    Virtualmem_setup_cdev(Virtualmem_devp, 0);
    if ((IO_port_resource = request_region((unsigned long)S3C2410_GPFCON, 0x0c,"ioport")) == NULL)
        goto fail;
    else
```

```c
    {
        printk("In the init process! \n");
        gpfcon_old = (unsigned int) inl((unsigned long)S3C2410_GPFCON);
        gpfdat_old = (unsigned int) inl((unsigned long)S3C2410_GPFDAT);
        gpfup_old  = (unsigned int) inl((unsigned long)S3C2410_GPFUP);
        printk("S3C2410_GPFCON is %8X\n",gpfcon_old);
        printk("S3C2410_GPFUP   is %8X\n",gpfup_old);
        printk("S3C2410_GPFDAT is %8X\n",gpfdat_old);
        return 0;
    }
    fail: unregister_chrdev_region(devno, 1);
    return result;
}
/*模块卸载函数*/
void Virtualmem_exit(void)
{
    if (IO_port_resource!= NULL)    release_region((unsigned long)S3C2410_GPFCON, 0x0c);
    cdev_del(&Virtualmem_devp->cdev);    /*注销 cdev*/
    kfree(Virtualmem_devp);              /*释放设备结构体内存*/
    unregister_chrdev_region(MKDEV(Virtualmem_major, 0), 1);    /*释放设备号*/
}
MODULE_AUTHOR("AK-47");
MODULE_LICENSE("Dual BSD/GPL");
module_param(Virtualmem_major, int, S_IRUGO);
module_init(Virtualmem_init);
module_exit(Virtualmem_exit);
```

3. IO 端口方式测试代码

```c
#include <stdio.h>
#include <sys/types.h>
#include <sys/stat.h>
#include <sys/ioctl.h>
#include <fcntl.h>
#include <unistd.h>
#define DEVICE_FILENAME "/dev/ioport"
int main ( )
{
    int dev;
    int loop;
    char buf[128];
    dev = open(DEVICE_FILENAME,O_RDWR|O_NDELAY);
    if (dev >= 0)
    {
        printf("\nwait? input\n");
```

```
            printf("write the 0x5f to the Port F! \n");
            buf[0] = 0x5f;
            write (dev, buf, 1);
            sleep (2);
            printf("write the 0xaf to the Port F! \n");
            buf[0] = 0xaf;
            write (dev, buf, 1);
            sleep (1);
        }
        else
        {
            printf("open failure! \n");
        }
        close (dev);
        return 0;
    }
```

4. 驱动程序调试

加载驱动程序后,创建设备节点,然后运行测试程序,由于向 LED 所在端口先后写了 0x5f 和 0xaf,因此会观察到 4 个发光二极管交替闪亮 1 次。

IO 端口方式控制 LED 驱动调试过程如图 4-4 所示。

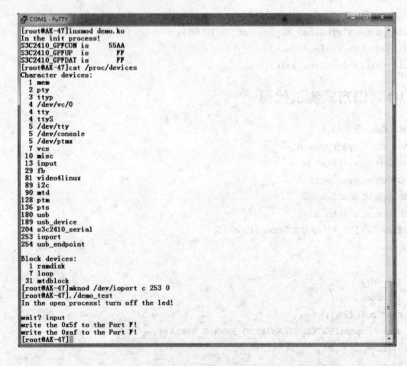

图 4-4　IO 端口方式控制 LED 驱动调试过程示意图

4.1.8 IO 内存方式控制端口点亮 LED

1. 以 IO 内存方式控制 LED

可以将 IO 端口映射到 IO 内存空间来访问,在设备驱动模块的加载函数或者 open()函数中可以调用 request_mem_region()函数来申请资源,使用 ioremap()函数将 IO 端口所在的物理地址映射到虚拟地址上。之后,就可以调用 readb()、readw()、readl()等函数读写寄存器中的内容了。不再使用 IO 内存时,可以使用 iounmap()函数释放物理地址到虚拟地址的映射。最后使用 release_mem_region()函数释放申请的资源。

对 I/O 内存的操作需按如下步骤完成:

(1) 申请

- struct resource * request_mem_region(unsigned long start, unsigned long len, char * name)

这个函数申请一个从 start 开始,长度为 len 字节的内存区。如果成功,返回非 NULL;否则返回 NULL,所有在用的 I/O 内存在/proc/iomem 中列出。

(2) 访问

在访问 I/O 内存之前,必须进行物理地址到虚拟地址的映射,ioremap 函数具有此功能。

- void * ioremap(unsigned long phys_addr, unsigned long size)

ioremap 接收一个物理地址和一个整个 IO 端口的大小,返回一个虚拟地址,这个虚拟地址对应一个 size 大小的物理地址空间。

(3) 访问 I/O 内存的正确方法是通过一系列内核提供的函数实现

① 从 I/O 内存读,使用下列函数之一:
- unsigned ioread8(void * addr)
- unsigned ioread16(void * addr)
- unsigned ioread32(void * addr)

② 写 I/O 内存,使用下列函数之一:
- void iowrite8(u8 value, void * addr)
- void iowrite16(u16 value, void * addr)
- void iowrite32(u32 value, void * addr)

老版本的 I/O 内存访问函数如下:

① 从 I/O 内存读,使用下列函数之一:
- unsigned readb(address)
- unsigned readw(address)
- unsigned readl(address)

② 写 I/O 内存,使用下列函数之一:

- unsigned writeb(unsigned value, address)
- unsigned writew(unsigned value, address)
- unsigned writel(unsigned value, address)

(4) 释放内存

I/O 内存不再需要使用时应当释放，步骤如下：

- void iounmap(void * addr)

iounmap()函数接收 ioremap 函数申请的虚拟地址作为参数，并取消物理地址到虚拟地址的映射。

- void release_mem_region(unsigned longstart, unsigned long len)

release_mem_region()函数释放申请的资源。

2. IO 内存方式控制 LED 实例

本实例硬件原理见 4.1.7 小节讲述。软件代码如下：

```
#include <linux/module.h>
#include <linux/types.h>
#include <linux/fs.h>
#include <linux/errno.h>
#include <linux/mm.h>
#include <linux/sched.h>
#include <linux/init.h>
#include <linux/cdev.h>
#include <asm/io.h>
#include <asm/system.h>
#include <asm/uaccess.h>
#include <linux/device.h>  //for udev
#include <linux/ioport.h>
#include <asm/arch-s3c2410/regs-gpio.h>
#define VIRTUALMEM_MAJOR 0      /*预设的 ioport 的主设备号*/
static unsigned int gpfcon_old = 0;
static unsigned int gpfdat_old = 0;
static unsigned int gpfup_old  = 0;
static int Virtualmem_major = VIRTUALMEM_MAJOR;
struct resource * IO_mem_resource;
unsigned long io_addr;
/*Virtualmem 设备结构体*/
struct Virtualmem_dev
{
    struct cdev cdev; /*cdev 结构体*/
};
struct Virtualmem_dev * Virtualmem_devp; /*设备结构体指针*/
/*文件打开函数*/
int Virtualmem_open(struct inode * inode, struct file * filp)
{
    /*将设备结构体指针赋值给文件私有数据指针*/
```

```c
    filp->private_data = Virtualmem_devp;
    printk("In the open process! turn off the led! \n");
    iowrite32(0x5500 | ioread32(io_addr),io_addr);//GPFCON
    iowrite32(0xF0 | ioread32(io_addr+8),(io_addr+8));//GPFUP
    iowrite32(0xF0 | ioread32(io_addr+4),(io_addr+4));//GPFDAT
    return 0;
}
/*文件释放函数*/
int Virtualmem_release(struct inode *inode, struct file *filp)
{
    iowrite32(gpfcon_old,io_addr);
    iowrite32(gpfup_old,(io_addr+8));
    iowrite32(gpfdat_old,(io_addr+4));
    return 0;
}
/*读函数*/
static ssize_t Virtualmem_read(struct file *filp, char __user *buf, size_t size,
                               loff_t *ppos)
{
    int ret = 0;
    struct Virtualmem_dev *dev = filp->private_data;    /*获得设备结构体指针*/
    return ret;
}
/*写函数*/
static ssize_t Virtualmem_write(struct file *filp, const char __user *buf,
                                size_t size, loff_t *ppos)
{
    unsigned int count = size;
    int ret = 0;
    struct Virtualmem_dev *dev = filp->private_data;    /*获得设备结构体指针*/
    unsigned char *userbuf;
    /*用户空间->内核空间*/
    if (copy_from_user(userbuf, (unsigned char *)buf, count))
        ret = - EFAULT;
    else
    {
        iowrite32((*userbuf),(io_addr+4));
        printk("write data from user to iomem! \n");
    }
    return ret;
}
/*文件操作结构体*/
static const struct file_operations Virtualmem_fops =
{
    .owner = THIS_MODULE,
    .read = Virtualmem_read,
    .write = Virtualmem_write,
```

```c
    .open = Virtualmem_open,
    .release = Virtualmem_release,
};
/*初始化并注册cdev*/
static void Virtualmem_setup_cdev(struct Virtualmem_dev * dev, int index)
{
    int err, devno = MKDEV(Virtualmem_major, index);
    cdev_init(&dev->cdev, &Virtualmem_fops);
    dev->cdev.owner = THIS_MODULE;
    dev->cdev.ops = &Virtualmem_fops;
    err = cdev_add(&dev->cdev, devno, 1);
    if (err)
        printk(KERN_ALERT "Error % d adding Virtualmem % d", err, index);
}
/*设备驱动模块加载函数*/
int Virtualmem_init(void)
{
    int result;
    dev_t devno = MKDEV(Virtualmem_major, 0);
    /*申请设备号*/
    if (Virtualmem_major)
        result = register_chrdev_region(devno, 1, "iomem");
    else   /*动态申请设备号 */
    {
        result = alloc_chrdev_region(&devno, 0, 1, "iomem");
        Virtualmem_major = MAJOR(devno);
    }
    if (result < 0)
        return result;
    /*动态申请设备结构体的内存*/
    Virtualmem_devp = kmalloc(sizeof(struct Virtualmem_dev), GFP_Kernel);
    if (! Virtualmem_devp)    /*申请失败*/
    {
        result = - ENOMEM;
        goto fail;
    }
    memset(Virtualmem_devp, 0, sizeof(struct Virtualmem_dev));
    Virtualmem_setup_cdev(Virtualmem_devp, 0);
    if ((IO_mem_resource = request_mem_region(0x56000050, 0x0c,"iomem")) == NULL)
        goto fail;
    else
    {
        printk("In the init process! \n");
        io_addr = (unsigned long) ioremap(0x56000050 , 0x0c);
        printk("io_addr : % lx \n", io_addr);
        gpfcon_old = ioread32 (io_addr);
        gpfdat_old = ioread32 (io_addr + 4);
```

```c
        gpfup_old = ioread32 (io_addr + 8);
        printk("S3C2410_GPFCON is %8X\n",gpfcon_old);
        printk("S3C2410_GPFUP  is %8X\n",gpfup_old);
        printk("S3C2410_GPFDAT is %8X\n",gpfdat_old);
        return 0;
    }
    fail: unregister_chrdev_region(devno, 1);
    return result;
}
/*模块卸载函数*/
void Virtualmem_exit(void)
{
    if (IO_mem_resource! = NULL) release_mem_region(0x56000050, 0x0c);
    cdev_del(&Virtualmem_devp->cdev);         /*注销cdev*/
    kfree(Virtualmem_devp);           /*释放设备结构体内存*/
    unregister_chrdev_region(MKDEV(Virtualmem_major, 0), 1);    /*释放设备号*/
}
MODULE_AUTHOR("AK-47");
MODULE_LICENSE("Dual BSD/GPL");
module_param(Virtualmem_major, int, S_IRUGO);
module_init(Virtualmem_init);
module_exit(Virtualmem_exit);
```

3. IO 内存方式测试代码

```c
#include <stdio.h>
#include <sys/types.h>
#include <sys/stat.h>
#include <sys/ioctl.h>
#include <fcntl.h>
#include <unistd.h>
#define DEVICE_FILENAME "/dev/iomem"
int main ( )
{
    int dev;
    int loop;
    char buf[128];
    dev = open(DEVICE_FILENAME,O_RDWR|O_NDELAY);
    if (dev >= 0)
    {
        printf("\nwait? input\n");
        printf("write the 0x5f to the Port F! \n");
        buf[0] = 0x5f;
        write (dev, buf, 1);
        sleep (2);
        printf("write the 0xaf to the Port F! \n");
        buf[0] = 0xaf;
```

```
        write (dev, buf, 1);
        sleep (1);
    }
    else
    {
        printf("open failure! \n");
    }
    close (dev);
    return 0;
}
```

4. 驱动程序测试

加载驱动程序后，创建设备节点，然后运行测试程序，由于向 LED 所在端口先后写了 0x5f 和 0xaf，因此会观察到 4 个发光二极管交替闪亮一次。

IO 内存方式控制 LED 驱动调试过程如图 4-5 所示。

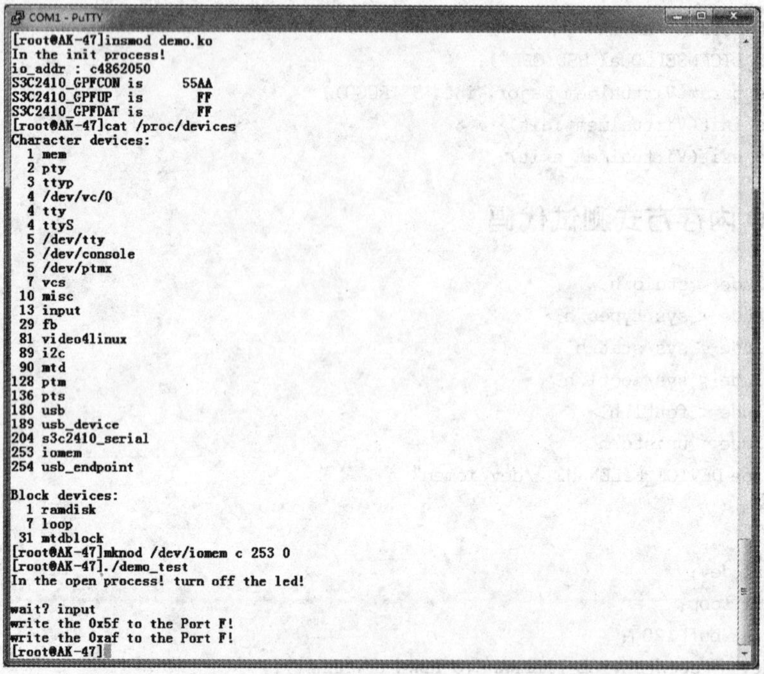

```
[root@AK-47]insmod demo.ko
In the init process!
io_addr : c4862050
S3C2410_GPFCON is    55AA
S3C2410_GPFUP is     FF
S3C2410_GPFDAT is    FF
[root@AK-47]cat /proc/devices
Character devices:
  1 mem
  2 pty
  3 ttyp
  4 /dev/vc/0
  4 tty
  4 ttyS
  5 /dev/tty
  5 /dev/console
  5 /dev/ptmx
  7 vcs
 10 misc
 13 input
 29 fb
 81 video4linux
 89 i2c
 90 mtd
128 ptm
136 pts
180 usb
189 usb_device
204 s3c2410_serial
253 iomem
254 usb_endpoint

Block devices:
  1 ramdisk
  7 loop
 31 mtdblock
[root@AK-47]mknod /dev/iomem c 253 0
[root@AK-47]./demo_test
In the open process! turn off the led!

wait? input
write the 0x5f to the Port F!
write the 0xaf to the Port F!
[root@AK-47]
```

图 4-5 IO 内存方式控制 LED 驱动调试过程示意图

4.1.9 位控制法控制端口点亮 LED

1. IOCTL 简介

大部分驱动除了需要具备读写设备的能力外，还需要具备对硬件控制的能力。例如，要求设备报告错误信息，改变波特率，这些操作常常通过 IOCTL 方法来实现。

第4章 嵌入式 Linux 驱动开发

IOCTL 方法原型如下：
- int (* ioctl)(struct inode * inode, struct file * filp, unsigned int cmd, unsigned long arg)

驱动函数 IOCTL 的一般状态。
- int xxx_ioctl(struct inode * inode, struct file * filp, unsigned int cmd, unsigned long arg)

```
{
    //cmd 有效的校验
    //检查 arg 上传送的用户内存是否合法
    switch(cmd)
    {
        case 分辨常数 1:处理例程 1
                  break;
        ............
    }
    return 0;
}
```

cmd 参数从用户空间传下来，可选的参数 arg 以一个 unsigned long 的形式传递，不管它是一个整数或一个指针。如果 cmd 命令不涉及数据传输，则第 3 个参数 arg 的值无任何意义。

2. 编写 IOCTL 控制驱动程序

(1) 首先需要定义命令

IOCTL 命令编码被划分为几个位段，include/asm/ioctl.h 中定义了这些位字段：类型（幻数）、序号、传送方向、参数的大小。Documentation/ioctl－number.txt 文件中罗列了在内核中已经使用了的幻数。

内核提供了下列宏来帮助定义命令：
- _IO(type,nr)没有参数的命令；
- _IOR(type,nr,datatype)从驱动中读数据；
- _IOW(type,nr,datatype)写数据到驱动；
- _IOWR(type,nr,datatype)双向传送,type 和 number 成员作为参数被传递。

定义命令（范例）：

```
#define MEM_IOC_MAGIC    'm'  //定义幻数
#define MEM_IOCSET _IOW(MEM_IOC_MAGIC, 0, int)
#define MEM_IOCGQSET _IOR(MEM_IOC_MAGIC, 1, int)
```

(2) IOCTL 函数的实现

通常是根据命令执行的一个 switch 语句。但是，当命令号不能匹配任何一个设备所支持的命令时,通常返回-EINVAL("非法参数")。

如何使用 IOCTL 中的 arg 参数?

如果是一个整数,可以直接使用。如果是指针,我们必须确保这个用户地址是有效的,因此使用前需进行正确的检查。

- int access_ok(int type, const void * addr, unsigned long size)

第一个参数是 VERIFY_READ 或者 VERIFY_WRITE,用来表明是读用户内存还是写用户内存。addr 参数是要操作的用户内存地址,size 是操作的长度。如果 ioctl 需要从用户空间读一个整数,那么 size 参数等于 sizeof(int)。access_ok 返回一个布尔值:1 是成功(存取没问题)和 0 是失败(存取有问题),如果该函数返回失败,则 Ioctl 应当返回 - EFAULT。

IOCTL 函数实现(参数检查):

```
if (_IOC_DIR(cmd) & _IOC_READ)
err = ! access_ok(VERIFY_WRITE, (void __user * )arg,
_IOC_SIZE(cmd));
else if (_IOC_DIR(cmd) & _IOC_WRITE)
err = ! access_ok(VERIFY_READ, (void __user * )arg,
_IOC_SIZE(cmd));
if (err)
return - EFAULT;
```

3. 位操作

Linux 内核提供了操纵处理器端口位的函数,具体在 #include <asm-arm/arch-s3c2410/hardware.h 中进行定义。常使用的有如下 3 个:

- s3c2410_gpio_cfgpin 配置某端口某位;
- s3c2410_gpio_setpin 设置某端口某位为高或低;
- s3c2410_gpio_pullup 设置某端口某位是否上拉。

设置实例:

```
s3c2410_gpio_cfgpin(S3C2410_GPA0, S3C2410_GPA0_ADDR0);//将 S3C2410 的 A 组端口的 0
号引脚设置为地址总线的 0 号引脚功能。
s3c2410_gpio_cfgpin(S3C2410_GPE8, S3C2410_GPE8_SDDAT1);//将 S3C2410 的 E 组端口 ude8
号引脚设置为 SDDAT 总线的第 1 号引脚。
```

设置是否上拉实例:

```
s3c2410_gpio_pullup(S3C2410_GPB0,0);//使能 B 组端口的 0 号引脚的上拉功能。
s3c2410_gpio_pullup(S3C2410_GPE8,0);//使能 E 组端口的 8 号引脚的上拉功能。
1 => disable the pull-up
0 => enable the pull-up
```

其中:

S3C2410_GPA0_ADDR0
S3C2410_GPE8_SDDAT1
在 linux/include/asm/hardware/s3c2410/regs-gpio.h 下定义。

4. IOCTL 结合位操作方式控制 LED 实例

```
#include <linux/module.h>
#include <linux/types.h>
#include <linux/fs.h>
#include <linux/errno.h>
#include <linux/mm.h>
#include <linux/sched.h>
#include <linux/init.h>
#include <linux/cdev.h>
#include <asm/io.h>
#include <asm/system.h>
#include <asm/uaccess.h>        /* copy_*_user */
#include <linux/device.h>       //for udev
#include <asm-arm/arch-s3c2410/hardware.h>//主要测试 setpin,cfgpin 函数
#include <linux/ioport.h>
#include <asm/arch-s3c2410/regs-gpio.h>
#include <linux/ioctl.h>
#define GPIO_IOCTL_MAGIC 'G'
#define LED_D09_SWT _IOW(GPIO_IOCTL_MAGIC, 0, unsigned int)
#define LED_D10_SWT _IOW(GPIO_IOCTL_MAGIC, 1, unsigned int)
#define LED_D11_SWT _IOW(GPIO_IOCTL_MAGIC, 2, unsigned int)
#define LED_D12_SWT _IOW(GPIO_IOCTL_MAGIC, 3, unsigned int)
#define GPIO_IOC_MAXNR 12
#define LED_SWT_ON    0
#define LED_SWT_OFF 1
#define VIRTUALMEM_MAJOR 0      /*预设的 ioport 的主设备号*/
static unsigned int gpfcon_old = 0;
static unsigned int gpfdat_old = 0;
static unsigned int gpfup_old  = 0;
static int Virtualmem_major = VIRTUALMEM_MAJOR;
struct resource * IO_port_resource;
/*Virtualmem 设备结构体*/
struct Virtualmem_dev
{
    struct cdev cdev; /*cdev 结构体*/
};
struct Virtualmem_dev * Virtualmem_devp; /*设备结构体指针*/
```

```c
/*文件打开函数*/
int Virtualmem_open(struct inode * inode, struct file * filp)
{
    /*将设备结构体指针赋值给文件私有数据指针*/
    filp->private_data = Virtualmem_devp;
    return 0;
}
/*文件释放函数*/
int Virtualmem_release(struct inode * inode, struct file * filp)
{
    return 0;
}
/*读函数*/
static ssize_t Virtualmem_read(struct file * filp, char __user * buf, size_t size,
    loff_t * ppos)
{
    int ret = 0;
    struct Virtualmem_dev * dev = filp->private_data; /*获得设备结构体指针*/
    return ret;
}


/*写函数*/
static ssize_t Virtualmem_write(struct file * filp, const char __user * buf,
    size_t size, loff_t * ppos)
{
    int ret = 0;
    struct Virtualmem_dev * dev = filp->private_data; /*获得设备结构体指针*/
    return ret;
}
static int gpio_ioctl(struct inode * inode, struct file * filp,unsigned int cmd, unsigned long arg)
{ /*ioctl函数接口:主要接口的实现*/
    unsigned int swt = (unsigned int)arg;
    int err = 0;
    if (_IOC_TYPE(cmd) != GPIO_IOCTL_MAGIC) return - ENOTTY;
    if (_IOC_NR(cmd) > GPIO_IOC_MAXNR) return - ENOTTY;
    if (_IOC_DIR(cmd) & _IOC_READ)
        err = ! access_ok(VERIFY_WRITE, (void __user * )arg, _IOC_SIZE(cmd));
    else if (_IOC_DIR(cmd) & _IOC_WRITE)
        err =  ! access_ok(VERIFY_READ, (void __user * )arg, _IOC_SIZE(cmd));
    if (err) return - EFAULT;
    switch (cmd)
```

```c
            {
                case LED_D09_SWT:
                {
                    if (! capable (CAP_SYS_ADMIN))
                    return - EPERM;
                    s3c2410_gpio_setpin(S3C2410_GPF7, swt);
                    break;
                }
                case LED_D10_SWT:
                {
                    s3c2410_gpio_setpin(S3C2410_GPF6, swt);
                    break;
                }
                case LED_D11_SWT:
                {
                    s3c2410_gpio_setpin(S3C2410_GPF5, swt);
                    break;
                }
                case LED_D12_SWT:
                {
                    s3c2410_gpio_setpin(S3C2410_GPF4, swt);
                    break;
                }
                default:
                {
                    printk("Unsupported command\n");
                    break;
                }
            }
        return 0;
}

/*文件操作结构体*/
static const struct file_operations Virtualmem_fops =
{
    .owner = THIS_MODULE,
    .read = Virtualmem_read,
    .write = Virtualmem_write,
    .open = Virtualmem_open,
    .release = Virtualmem_release,
    .ioctl = gpio_ioctl, /*实现主要控制功能*/
};
```

```c
struct class *my_class = NULL;
/*初始化并注册cdev*/
static void Virtualmem_setup_cdev(struct Virtualmem_dev *dev, int index)
{
    int err, devno = MKDEV(Virtualmem_major, index);

    cdev_init(&dev->cdev, &Virtualmem_fops);
    dev->cdev.owner = THIS_MODULE;
    dev->cdev.ops = &Virtualmem_fops;
    err = cdev_add(&dev->cdev, devno, 1);
    if (err)
    printk(KERN_ALERT "Error %d adding Virtualmem %d", err, index);
    my_class = class_create(THIS_MODULE, "ioctldev");
    if(IS_ERR(my_class)) {
        printk("Err: failed in creating class.\n");
        return ;
    }
    class_device_create(my_class,NULL,devno,NULL,"ioctldev");
}
/*设备驱动模块加载函数*/
int Virtualmem_init(void)
{
    int result;
    dev_t devno = MKDEV(Virtualmem_major, 0);

    /*申请设备号*/
    if (Virtualmem_major)
        result = register_chrdev_region(devno, 1, "ioctldev");
    else  /*动态申请设备号*/
    {
        result = alloc_chrdev_region(&devno, 0, 1, "ioctldev");
        Virtualmem_major = MAJOR(devno);
    }
    if (result < 0)
        return result;

    /*动态申请设备结构体的内存*/
    Virtualmem_devp = kmalloc(sizeof(struct Virtualmem_dev), GFP_Kernel);
    if (! Virtualmem_devp)    /*申请失败*/
    {
        result = - ENOMEM;
```

```c
        goto fail;
    }
    memset(Virtualmem_devp, 0, sizeof(struct Virtualmem_dev));

    Virtualmem_setup_cdev(Virtualmem_devp, 0);
        if ((IO_port_resource = request_region((unsigned long)S3C2410_GPFCON, 0x0c,"ioctldev")) == NULL)
            goto fail;
        else{
            printk("In the init process! \n");
            gpfcon_old = (unsigned int) inl((unsigned long)S3C2410_GPFCON);
            gpfdat_old = (unsigned int) inl((unsigned long)S3C2410_GPFDAT);
            gpfup_old = (unsigned int) inl((unsigned long)S3C2410_GPFUP);
            printk("S3C2410_GPFCON is %8X\n",gpfcon_old);
            printk("S3C2410_GPFUP  is %8X\n",gpfup_old);
            printk("S3C2410_GPFDAT is %8X\n",gpfdat_old);
//全部熄灭 LED
            s3c2410_gpio_setpin(S3C2410_GPF4, 1);
            s3c2410_gpio_setpin(S3C2410_GPF5, 1);
            s3c2410_gpio_setpin(S3C2410_GPF6, 1);
            s3c2410_gpio_setpin(S3C2410_GPF7, 1);

            return 0;
    }
    fail: unregister_chrdev_region(devno, 1);
    return result;
}
/*模块卸载函数*/
void Virtualmem_exit(void)
{
    if (IO_port_resource!= NULL) release_region((unsigned long)S3C2410_GPFCON, 0x0c);
    cdev_del(&Virtualmem_devp->cdev);      /*注销 cdev*/
    kfree(Virtualmem_devp);        /*释放设备结构体内存*/

//全部点亮 LED
    s3c2410_gpio_setpin(S3C2410_GPF4, 0);
    s3c2410_gpio_setpin(S3C2410_GPF5, 0);
    s3c2410_gpio_setpin(S3C2410_GPF6, 0);
    s3c2410_gpio_setpin(S3C2410_GPF7, 0);

    class_device_destroy(my_class, MKDEV(Virtualmem_major, 0));
```

第 4 章 嵌入式 Linux 驱动开发

```
    class_destroy(my_class);

    unregister_chrdev_region(MKDEV(Virtualmem_major,0),1); /*释放设备号*/
}
MODULE_AUTHOR("AK - 47");
MODULE_LICENSE("Dual BSD/GPL");
module_param(Virtualmem_major, int, S_IRUGO);
module_init(Virtualmem_init);
module_exit(Virtualmem_exit);
```

5. 测试代码

```
#include <stdio.h>
#include <sys/types.h>
#include <sys/stat.h>
#include <sys/ioctl.h>
#include <fcntl.h>
#include <unistd.h>
#include <linux/ioctl.h>
#define GPIO_IOCTL_MAGIC 'G'
#define LED_D09_SWT _IOW(GPIO_IOCTL_MAGIC, 0, unsigned int)
#define LED_D10_SWT _IOW(GPIO_IOCTL_MAGIC, 1, unsigned int)
#define LED_D11_SWT _IOW(GPIO_IOCTL_MAGIC, 2, unsigned int)
#define LED_D12_SWT _IOW(GPIO_IOCTL_MAGIC, 3, unsigned int)
#define GPIO_IOC_MAXNR 12
#define LED_SWT_ON    0
#define LED_SWT_OFF 1
#define DEVICE_FILENAME "/dev/ioctldev"
int main()
{
    int dev;
    dev = open(DEVICE_FILENAME, O_RDWR|O_NDELAY);
    if(dev >= 0)
    {
        sleep(1);
        ioctl(dev, LED_D09_SWT,LED_SWT_ON);
        sleep(1);
        ioctl(dev, LED_D09_SWT,LED_SWT_OFF);
        sleep(1);
        ioctl(dev, LED_D10_SWT,LED_SWT_ON);
        sleep(1);
        ioctl(dev, LED_D10_SWT,LED_SWT_OFF);
```

```
        sleep(1);
        ioctl(dev, LED_D11_SWT,LED_SWT_ON);
        sleep(1);
        ioctl(dev, LED_D11_SWT,LED_SWT_OFF);
        sleep(1);
        ioctl(dev, LED_D12_SWT,LED_SWT_ON);
        sleep(1);
        ioctl(dev, LED_D12_SWT,LED_SWT_OFF);
    }
    close(dev);
    return 0;
}
```

6. 测试驱动程序

加载驱动程序后,由于采用了 4.1.10 和 4.1.11 小节所述的自动创建设备节点的方法,省去了手动创建的麻烦。创建设备节点,然后运行测试程序,会观察到 4 个发光二级管依次点亮。

IO 位控制法控制 LED 驱动调试过程如图 4-6 所示。

```
[root@AK-47]insmod demo.ko
In the init process!
S3C2410_GPFCON is       55AA
S3C2410_GPFUP  is       FF
S3C2410_GPFDAT is       FF
[root@AK-47]ls /dev/ioct1dev
/dev/ioct1dev
[root@AK-47]./demo_test
[root@AK-47]
```

图 4-6 IO 位控制法控制 LED 驱动调试过程示意图

4.1.10　调试驱动程序的方法

在加载驱动程序过程中,驱动程序通过 Makefile 文件编译成模块文件 xxx.ko 后,通过网络端口下载到开发板上面,接下来调试驱动程序采用如下步骤:

① 首先通过串口线连接开发板下位机,然后运行 PuTTY,打开终端,找到驱动程序所在位置后,执行 insmod xxxx.ko 加载编译成功的驱动程序。

② 驱动模块加载成功后,在开发板下位机 proc/devices 目录下面会有设备节点的具体信息,可以在终端下输入 cat /proc/devices 命令观察设备节点信息,记下设备名、主次设备号。

③ 然后在终端下利用刚才第 2 步记下的信息,创建设备节点,利用命令 "mknod　/dev/xxx　c　主设备号次设备号"来进行创建。

④ 设备驱动程序需要通过应用程序来进行测试,假设测试程序为 xxx_test,那么接下来在中断下运行测试程序 xxx_test 观察驱动程序是否正常运行,是否正常操控硬件。

但是在上述的驱动程序的调试过程中,会出现一个问题。实际使用的过程中,当让开发板下位机独立启动,是没有机会在 PC 电脑上面通过串口线连接开发板下位机,在终端输入上述命令的。此时如何完成设备节点的创建呢?可以有两种解决方案:

① 放弃动态申请设备号方案,采用静态申请。这样就不用执行 cat /proc/devices 观察设备的节点号命令了,由于静态申请设备号,设备号已知,所以 mknod 命令中的主次设备号已知。独立启动的时候,将 mknod 创建设备节点命令放入根文件系统 init.d 下 rcS 文件最后,创建设备节点即可。此方法缺点为设备号申请不灵活,容易造成设备号浪费,对热插拔等的支持也不好。

② 仍采用动态申请,在驱动程序中加入相应语句,设备节点的创建由 udev 来完成。下面先介绍下 udev,然后给出示例代码。

4.1.11 创建设备节点的方法

1. 什么是 udev?

udev 是与硬件平台无关的,属于用户空间的进程,而驱动程序属于内核空间,udev 脱离驱动层的关联而建立在操作系统之上。基于这种设计实现,我们可以随时修改及删除/dev 下的设备文件名称和指向,随心所欲地按照我们的愿望安排和管理设备文件系统,而完成如此灵活的功能只需要简单地修改 udev 的配置文件即可,无需重新启动操作系统。

在 BusyBox 制作好的文件系统中加入 udev 后,我们让 udev 成为一个守护进程,监视模块的加载情况。一旦驱动模块加载,udev 会对驱动程序自动创建设备节点;模块一旦卸载,会自动删除节点,更好的支持了热插拔应用。下面就来看一下 udev 的制作与使用方法。

2. 如何生成 udev 工具

- 下载 udev-100.tar.bz2。
- tar xjf udev-100.tar.bz2,解压到某一目录下。
- cd udev-100,进入加压后 udev 目录,编辑 Makefile,查找 CROSS_COMPILE,修改 CROSS_COMPILE ? = arm-linux-,即要编译成在下位机运行的程序。
- make 执行编译过程。
- 在 udev 当前目录下生成 udev、udevcontrol、udevd、udevinfo、udevmonitor、udevsettle、udevstart、udevtest、udevtrigger9 个工具程序。在嵌入式系统里,我们只需要 udevd 和 udevstart 就能使 udev 工作得很好,其他工具则帮助我们完成 udev 的信息察看、事件捕捉或者更高级的操作。

3. 如何配置 udev？

udev 需要内核 sysfs 和 tmpfs 的支持，sysfs 为 udev 提供设备入口和 uevent 通道，tmpfs 为 udev 设备文件提供存放空间。也就是说，在上电之前系统上是没有足够的设备文件可用的，我们需要一些技巧让 Kernel 先引导起来。

首先，使你的内核支持 sysfs 和 tmpfs。如果采用 2.6 的 2410 默认配置，这步可以省略了。

其次，需要做的工作就是重新生成 rootfs，把 udevd 和 udevstart 复制到/sbin 目录。

然后我们需要在/etc/下为 udev 建立设备规则，这可以说是 udev 最为复杂的一步。复杂规则我们可以暂时不用去理会。这里提供一个由简入繁的方法，对于嵌入式系统，这样做可以一劳永逸。在前面用到的 udev－100 目录里，有一个 etc 目录，里面放着的 udev 目录包含了 udev 设备规则的详细样例文本。为了简单而又便捷，我们只需要用到 etc/udev/udev.conf 这个文件，在我们的 rootfs/etc 下建立一个 udev 文件夹，把它复制过去。这个文件很简单，除了注释只有一行，是用来配置日志信息的，嵌入式系统也许用不上日志，但是 udevd 需要检查这个文件。

以下是文件内容，基本不用动。

```
# udev.conf
# The initial syslog(3) priority: "err", "info", "debug" or its
# numerical equivalent. For runtime debugging, the daemons internal
# state can be changed with: "udevcontrol log_priority=<value>".
udev_log="err"
```

在 rootfs/etc/udev 下建立一个 rules.d 目录，生成一个空的配置文件。

touch etc/udev/rules.d/udev.rules。

保存它，我们的设备文件系统基本上就可以使用了，udevd 和 udevstart 会自动分析这个文件。为了使 udevd 在 Kernel 起来后能够自动运行，我们在 rootfs/etc/init.d/rcS 的最后增加以下几行：

```
####################
echo "Starting udevd..."
/sbin/udevd -- daemon
/sbin/udevstart
####################
```

重新生成 rootfs，烧写到 Flash 指定的分区中。上面叙述的是使我们的系统支持 udev，驱动程序中也要做一些改动，相应的代码要做一些改变，在 init 和 exit 中添加。下面来看 4.1.9 小节中的实例。

```
#include <linux/module.h>
```

```c
#include <linux/types.h>
#include <linux/fs.h>
#include <linux/errno.h>
#include <linux/mm.h>
#include <linux/sched.h>
#include <linux/init.h>
#include <linux/cdev.h>
#include <asm/io.h>
#include <asm/system.h>
#include <asm/uaccess.h>        /*copy_*_user*/
#include <linux/device.h>       //for udev
……
……
/*文件操作结构体*/
static const struct file_operations Virtualmem_fops =
{
  .owner = THIS_MODULE,
  .read = Virtualmem_read,
  .write = Virtualmem_write,
  .open = Virtualmem_open,
  .release = Virtualmem_release,
  .ioctl = gpio_ioctl, /*实现主要控制功能*/
};
struct class *my_class = NULL;
/*初始化并注册cdev*/
static void Virtualmem_setup_cdev(struct Virtualmem_dev *dev, int index)
{
  int err, devno = MKDEV(Virtualmem_major, index);

  cdev_init(&dev->cdev, &Virtualmem_fops);
  dev->cdev.owner = THIS_MODULE;
  dev->cdev.ops = &Virtualmem_fops;
  err = cdev_add(&dev->cdev, devno, 1);
  if (err)
    printk(KERN_ALERT "Error %d adding Virtualmem %d", err, index);
    my_class = class_create(THIS_MODULE, "ioctldev");
    if(IS_ERR(my_class)) {
        printk("Err: failed in creating class.\n");
        return ;
    }
  class_device_create(my_class,NULL,devno,NULL,"ioctldev");
```

```c
}
/*设备驱动模块加载函数*/
int Virtualmem_init(void)
{
    ……
    ……
    Virtualmem_setup_cdev(Virtualmem_devp, 0);
……
……
}
/*模块卸载函数*/
void Virtualmem_exit(void)
{
if (IO_port_resource! = NULL) release_region((unsigned long)S3C2410_GPFCON, 0x0c);
    cdev_del(&Virtualmem_devp ->cdev);     /*注销cdev*/
    kfree(Virtualmem_devp);        /*释放设备结构体内存*/
……
    class_device_destroy(my_class, MKDEV(Virtualmem_major, 0));
    class_destroy(my_class);
    unregister_chrdev_region(MKDEV(Virtualmem_major, 0), 1); /*释放设备号*/
}
……
module_init(Virtualmem_init);
module_exit(Virtualmem_exit);
```

通过上述代码增加,udev 成为守护进程,当我们的 insmod 加载生成的 xxx.ko 驱动程序文件后,在/dev 下面就可以生成相应的设备文件节点了(前提是 udev 守护进程运行中),省去了 mknod 去创建文件节点的麻烦。而且由于 udevd 做成了守护进程,每当加载新的驱动程序的时候会自动地创建设备文件节点。卸载驱动程序时,会自动删除设备文件节点,释放设备号。

4. 附录

改动后的 rcs 文件:

```sh
#!/bin/sh
echo "Processing etc/init.d/rcS"
# hostname ${HOSTNAME}
hostname AK-47
echo " Mount all"
/bin/mount -a
echo " Start mdev...."
#/bin/echo /sbin/mdev > proc/sys/Kernel/hotplug
```

```
#mdev -s
echo "*******************************************"
echo " rootfs by NFS, s3c2410"
echo " Created by Mr. Liu @ 2008.11.28"
echo " Good Luck"
echo " www.neusoft.edu.cn"
echo "*******************************************"
echo
export QTDIR=/usr/
export LD_LIBRARY_PATH=$QTDIR/lib:$LD_LIBRARY_PATH
export PATH=$QTDIR/qt_bin:$QTDIR/bin:$PATH
ln -sf /dev/ts0 /dev/h3600_tsraw
ln -sf /dev/ts0 /dev/h3600_ts
ln -s /dev/scsi/host0/bus0/target0/lun0/part1 /dev/sda1
echo "ifconfig eth0 192.168.0.1"
/sbin/ifconfig eth0 192.168.0.1
echo "start udev!"
/sbin/udevd --daemon
/sbin/udevstart
echo "finished run udev!"
#/bin/menu -qws &
```

查看上面修改后的信息,注意几点,由于将 udevd 和 udevstart 做成了守护进程,所以注释掉了 mdev-s。其实 mdev 是我们制作根文件系统的时候,由 BusyBox 提供的一个轻量级的 udev 工具,功能较 udev 文件包功能简单。由于两者功能相同所以可以任取其一来使用。特别要注意的是,只要 udevd 或者 mdev 运行,就会探测并在用户空间创建设备节点。因此,驱动程序应该在 udevd 或者 mdev 运行前加载完毕,即 insmod xxx.ko 命令应该置于 udevd 或者 mdev 之前。

下面给出一个 rcS 文件的范例(带驱动程序 ko 加载):

```
#!/bin/sh
echo "Processing etc/init.d/rcS"
#hostname ${HOSTNAME}
hostname AK-47
echo " Mount all"
/bin/mount -a
echo " Start mdev...."
#/bin/echo /sbin/mdev > proc/sys/Kernel/hotplug
/sbin/insmod demo.ko
#mdev -s
echo "*******************************************"
echo " rootfs by NFS, s3c2410"
```

```
echo " Created by Mr.Liu @ 2008.11.28"
echo " Good Luck"
echo " www.neusoft.edu.cn"
echo " *************************************"
echo
export QTDIR = /usr/
export LD_LIBRARY_PATH = $ QTDIR/lib: $ LD_LIBRARY_PATH
export PATH = $ QTDIR/qt_bin: $ QTDIR/bin: $ PATH
ln - sf /dev/ts0 /dev/h3600_tsraw
ln - sf /dev/ts0 /dev/h3600_ts
ln - s /dev/scsi/host0/bus0/target0/lun0/part1 /dev/sda1
echo "ifconfig eth0 192.168.0.1"
/sbin/ifconfig eth0 192.168.0.1
echo "start udev!"
/sbin/udevd - -daemon
/sbin/udevstart
echo "finished run udev!"
/bin/demo_test&
```

上述文件实现了驱动在系统启动时的自动加载,同时通过 udev 自动探测设备号,创建设备节点。

4.1.12 中断与 TASKLET

中断在 Linux 中仅仅是通过信号来实现的,当硬件需要通知处理器一个事件时,就可以发送一个信号给处理器。例如当用户按下键盘的一个键,就会向处理器发送一个信号,处理器接收到信号后,会调用相应的硬件处理驱动程序,完成相应的功能。

通常情况下,编写带有中断的驱动程序只要申请中断,并添加中断处理函数就可以了。中断的到达和中断处理函数的调用,都是由内核框架完成的。

1. 中断处理函数

(1) 申请中断

int request_irq(unsigned int irq, irqreturn_t (* handler)(int, void *), unsigned long flags, const char * dev_name, void * dev_id);

函数参数含义如下:

- unsigned int irq :请求的中断号,中断号由开发板的硬件原理图决定。
- irqreturn_t (* handler):表示要注册的中断处理函数指针。当中断发生时,内核会自动调用该函数来处理中断。
- unsigned long flags :表示关于中断处理的属性。内核通过它可以决定该中断应该如何处理。
- flags 中可以设置的位如下:

IRQF_DISABLED：中断禁止标志。中断处理例程运行在当前处理器禁止中断的状态下。

IRQF_SHARED：共享中断。

- const char * dev_name：传递给 request_irq 的字符串，显示中断的拥有者是哪个设备。该名字会在/proc/interrupts 中显示，interrupts 记录了设备和中断号之间的对应关系。
- void * dev_id：这个指针是为共享中断线而设立的，如果不需要共享中断线，那么只要将该指针设为 NULL 即可。
- request_irq 的返回值：返回 0 指示成功；或者返回一个负的错误码，如果返回 -EBUSY 则表示另一个驱动已经占用了你所请求的中断线。

(2) 启用和禁止中断

- void disable_irq(int irq);//禁止给定的中断，并等待当前的中断处理例程结束。
- void enable_irq(int irq); //使能中断。
- void local_irq_save(unsigned long flags);//在保存当前中断状态到 flags 之后禁止中断。
- void local_irq_disable(void);//关闭中断而不保存状态。

(3) 打开中断

- void local_irq_restore(unsigned long flags);//恢复中断。
- void local_irq_enable(void);//中断开启的时机，推荐在设备第一次打开、硬件被告知产生中断前时申请中断。

(4) 释放中断

void free_irq(unsigned int irq,void * dev_id)

- irq 表示释放申请的中断号。
- dev_id 这个指针为共享中断设立。

(5) 中断处理例程的示例

```
static irqreturn_t sample_interrupt(int irq, void * dev_id)
{
    ……
}
static void sample_open(struct inode * inode, struct file * filp)
{
    ……
        request_irq(dev->irq, sample_interrupt,0, "sample", dev);
    ……
        return 0;
}
```

(6) 中断处理函数返回值

中断处理函数应当返回一个值指示是否真正处理了一个中断。如果处理函数发现设备确实需要处理，应当返回 IRQ_HANDLED，否则返回值 IRQ_NONE。

2. 中断处理机制

实际使用中，Linux 将中断的处理过程分为"顶半部"和"底半部"两部分：
- "顶半部"是实际立刻响应中断的中断服务函数。
- "底半部"是被顶半部调度，并在稍后更安全的时间内执行的函数。

顶半部完成尽可能少的比较紧急的功能，往往是简单地读取寄存器中的中断状态并清除中断标记，同时将底半部处理程序挂到该设备的底半部执行队列中去。中断处理工作的重心就落到了底半部的头上，来完成中断事件的绝大多数任务，而且可以被新的中断打断。底半部处理函数执行时，所有中断都是打开的。典型的情况是：顶半部保存设备数据到一个设备特定的缓存并调度它的底半部，最后退出。这个操作非常快。底半部接着进行任何其他需要的工作。这种方式的好处是在底半部工作期间，顶半部仍然可以继续为新中断服务。

Linux 内核有 2 个不同的机制可用来实现底半部处理：
- tasklet 小任务（首选机制），它非常快，但是所有的 tasklet 代码必须是原子的。
- 工作队列，它可能有更高的延时，但允许休眠。

3. Tasklet——小任务机制

小任务是指对要推迟执行的函数（任务）进行组织的一种机制。其数据结构为 tasklet_struct，每个结构代表一个独立的小任务。该数据结构原型如下：

```
struct tasklet_struct
{
    struct tasklet_struct * next;        //构成 tasklet 的链表
    unsigned long state;                 //tasklet 的状态
    atomic_t count;                      //使能计数
    void ( * func)(unsigned long);       //tasklet 处理函数
    unsigned long data;                  //处理函数的参数
};
```

(1) 声明和使用小任务

① 静态声明法：

```
struct   tasklet_struct   name;
DECLARE_TASKLET(name,func, data)
```

根据给定的名字 name 静态地创建一个 tasklet_struct 结构。当该小任务被调度以后，给定的函数 func 会被执行，它的参数由 data 给出。

② 利用 tasklet_init()函数动态申请法：

```
void tasklet_init(struct tasklet_struct * t,void ( * func)(unsigned long), unsigned long data)
```

例：tasklet_init(&name,tasklet_handler,0);

(2) 编写小任务处理程序

```
void  tasklet_handler(unsigned long data)
```

由于小任务不能睡眠，因此不能在小任务中使用信号量或者其它产生阻塞的函数。但是小任务运行时可以响应中断。

(3) 调度自己的小任务

```
void tasklet_schedule(struct tasklet_struct * t)
```

通过调用 tasklet_schedule()函数并传递给该函数相应的 tasklet_struct 的指针，该 tasklet 就会被调度以便执行。

```
tasklet_schedule(&my_tasklet);
```

在小任务被调度以后，只要有机会它就会尽可能早地运行。

(4) 删除小任务等

① void tasklet_disable(struct tasklet_struct * t)//函数用来禁止某个指定的 tasklet。如果该 tasklet 当前正在执行，这个函数会等到它执行完毕再返回。

```
tasklet_disable(&my_tasklet);            /* 小任务现在被禁止,这个小任务不能运行 */
```

② void tasklet_enable(struct tasklet_struct * t)//调用 tasklet_enable()函数可以激活一个 tasklet,要激活 DECLARE_TASKLET_DISABLED()创建的 tasklet,也要调用这个函数。

```
tasklet_enable(&my_tasklet);            /* 小任务现在被激活 */
```

③ void tasklet_kill(struct tasklet_struct * t)//通过调用 tasklet_kill()函数从挂起的队列中去掉一个 tasklet。该函数的参数是一个指向某个 tasklet 的 tasklet_struct 的长指针。在处理一个经常重新调度它自身的 tasklet 的时候，从挂起的队列中移去已调度的 tasklet 会很有用。这个函数首先等待该 tasklet 执行完毕，然后再将它移去。由于该函数可能会引起休眠，所以禁止在中断上下文中使用它。

tasklet_kill(&my_tasklet)函数从挂起的队列中去掉一个小任务。

4. 利用 tasklet 处理中断

如图 4-7 所示,本书硬件平台开发系统的矩阵键盘为 4×4 矩阵键盘,行线分别接至 EINT0、EINT2、EINT11、EINT19,对应 S3C2410 的 GPF0、GPF2、GPG3、GPG11 引脚;列线分别接至 KSCAN0、KSCAN1、KSCAN2、KSCAN3,对应 S3C2410

第4章 嵌入式 Linux 驱动开发

的 GPE11、GPG6、GPE13、GPG3 引脚。由于 4 条行线都通过 4.7 kΩ 电阻接到了 3.3 V 电压,因此当没有按键按下时,4 条行线读到的皆为高电平。

当 4 条列线设置为 0,也就是低电平时,此时若有某一按键按下,按键所在行列位置即导通。在按下的瞬间,按下的按键对应的行线即出现了一个高电平到低电平的跳变,如果将行线对应 S3C2410 引脚设置为中断功能引脚,同时使能下降沿触发,就会给 S3C2410 微处理器发出一个信号,触发中断。

在上述操作发生之前,如果 Linux 驱动程序申请中断,并注册了中断服务程序,那么当按键按下时即触发中断服务程序执行。在中断服务程序中,可以调度 tasklet 小任务服务程序,进而来演示 Linux 内核提供的"顶半部"、"底半部"中断处理机制。

在本实例中,仅将图 4-7 所示矩阵按键的第一行使能,来验证 tasklet 小任务调用的过程。代码中涉及 S3C2410 对应端口寄存器配置方法,请参考 4.1.7 小节内容及 S3C2410 的数据手册。

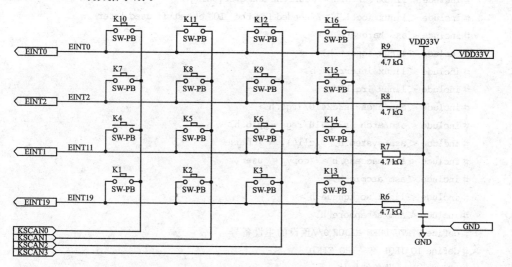

图 4-7 按键连接示意图

5. 中断 tasklet 处理驱动实例

```
#include <linux/module.h>
#include <linux/types.h>
#include <linux/fs.h>
#include <linux/errno.h>
#include <linux/init.h>
#include <linux/cdev.h>
#include <asm/io.h>      //inl,outl.,inb,outb,inw……
#include <asm/system.h>  //mb,rmb,wmb
#include <asm/uaccess.h> //access_ok,get_user,put_user
#include <linux/device.h> //for  udev
```

第4章 嵌入式Linux驱动开发

```c
#include <asm-arm/arch-s3c2410/hardware.h>//s3c2410_gpio_cfgpin,s3c2410_gpio_setpin......
#include <linux/ioport.h>//request_region,request_mem_region......
#include <asm/arch-s3c2410/regs-gpio.h>//s3c2410_gpxcon......
#include <linux/moduleparam.h>
#include <linux/Kernel.h>// printk()
#include <linux/slab.h>      // kmalloc()
#include <linux/fs.h>
#include <linux/errno.h>//error codes
#include <linux/proc_fs.h>
#include <linux/fcntl.h>// O_ACCMODE
#include <linux/seq_file.h>
#include <linux/kfifo.h>
#include <linux/sched.h>//current and everything
#include <linux/ioctl.h>//needed for the _IOW etc stuff used later
#include <asm/hardware.h>
#include <linux/ioport.h>
#include <linux/interrupt.h>
#include <linux/irq.h>
#include <asm/arch-s3c2410/irqs.h>
#include <asm/arch-s3c2410/regs-gpio.h>
#include <asm/system.h>//cli(), *_flags
#include <asm/uaccess.h>//copy_*_user
#include <asm/atomic.h>
#include <linux/workqueue.h>
#include <asm/semaphore.h>
#define VIRTUALMEM_MAJOR 0//预设的主设备号
#define IO_IRQ1      IRQ_EINT0
/*Virtualmem 设备结构体*/
struct Virtualmem_dev
{
    struct cdev cdev;            /* Char device structure */
    unsigned int IO_irq1;
};
/*按键参数传递,由中断服务传递给tasklet*/
struct IO_irq_key
{
    int count;
};
struct Virtualmem_dev * IO_irq_devices;/*设备结构体指针*/
static struct IO_irq_key key1;/*传递参数结构体变量*/
static struct tasklet_struct keytask;//定义小任务tasklet
```

```c
static int Virtualmem_major = VIRTUALMEM_MAJOR;
/* key_tasklet */
void key_tasklet(unsigned long arg)
{
    struct IO_irq_key * data = (struct IO_irq_key *)arg;
    printk("\n* * * * in the tasklet * * * *\n");
    printk(KERN_NOTICE "current key1.count is %d\n", data->count);//打印参数
}
static irqreturn_t IO_irq_interrupt(int irq, void * dev_id)
{
    printk("\n* * in the interrput * *\n");
    key1.count ++ ;//按键按下1次,此值加1,并将此值传递给tasklet
    tasklet_schedule(&keytask);//调度tasklet
    return IRQ_HANDLED;
}
/* 文件打开函数 */
int Virtualmem_open(struct inode * inode, struct file * filp)
{
    int result;
    /* 将设备结构体指针赋值给文件私有数据指针 */
    filp->private_data = IO_irq_devices;

    //申请中断
    result = request_irq(IO_irq_devices->IO_irq1,IO_irq_interrupt, IRQF_DISABLED ,
"irq-tasklet", (void *)NULL);
    if (result<0 )
    {
        printk( "IO_irq: can't get assigned one of irq \n");
        free_irq(IO_irq_devices->IO_irq1, NULL);
        return -EAGAIN;
    }
    else
    {
/*
        s3c2410_gpio_cfgpin(S3C2410_GPG11, S3C2410_GPG11_EINT19);//EINT19行所接按键为//k1,k2,k3,k13
        s3c2410_gpio_pullup(S3C2410_GPG11, 0);
        s3c2410_gpio_cfgpin(S3C2410_GPG3, S3C2410_GPG3_EINT11);//EINT11行所接按键为//k4,k5,k6,k14
        s3c2410_gpio_pullup(S3C2410_GPG3, 0);
        s3c2410_gpio_cfgpin(S3C2410_GPF2, S3C2410_GPF2_EINT2);//EINT2行所接按键
```

为 //k7,k8,k9,k15
```
            s3c2410_gpio_pullup(S3C2410_GPF2, 0);
*/
            //申请设备号为 IRQ_EINT0,此处将 GPF0 号引脚配置为 EINT0 功能
            s3c2410_gpio_cfgpin(S3C2410_GPF0, S3C2410_GPF0_EINT0);//EINT0 行所接按键
为 //k10,k11,k12,k16
            s3c2410_gpio_pullup(S3C2410_GPF0, 0);
    }
    //初始化小任务 tasklet,并传递参数为 key1
    tasklet_init(&keytask , key_tasklet , (unsigned long)&key1);
    printk( "IO_irq: opened !   \n");
    return 0;
}
/*文件释放函数*/
int Virtualmem_release(struct inode * inode, struct file * filp)
{
    free_irq(IO_irq_devices->IO_irq1, NULL);//释放申请的中断
    s3c2410_gpio_cfgpin(S3C2410_GPF0, S3C2410_GPF0_INP);
    tasklet_kill(&keytask);//删除小任务
    printk( "IO_irq: release !   \n");
    return 0;
}
/*读函数*/
static ssize_t Virtualmem_read(struct file * filp, char __user * buf, size_t size,
                                loff_t * ppos)
{
    int ret = 0;
    struct Virtualmem_dev * dev = filp->private_data;     /*获得设备结构体指针*/
    return ret;
}
/*写函数*/
static ssize_t Virtualmem_write(struct file * filp, const char __user * buf,
                                size_t size, loff_t * ppos)
{
    int ret = 0;
    struct Virtualmem_dev * dev = filp->private_data;     /*获得设备结构体指针*/
    return ret;
}
/*文件操作结构体*/
static const struct file_operations Virtualmem_fops =
{
    .owner = THIS_MODULE,
```

```c
    .read = Virtualmem_read,
    .write = Virtualmem_write,
    .open = Virtualmem_open,
    .release = Virtualmem_release,
};
struct class * my_class;
/*模块卸载函数*/
void Virtualmem_exit(void)
{
    cdev_del(&IO_irq_devices->cdev);    /*注销 cdev*/
    kfree(IO_irq_devices);              /*释放设备结构体内存*/
    class_device_destroy(my_class, MKDEV(Virtualmem_major, 0));
    class_destroy(my_class);
    unregister_chrdev_region(MKDEV(Virtualmem_major, 0), 1);   /*释放设备号*/
}
/*初始化并注册 cdev*/
static void Virtualmem_setup_cdev(struct Virtualmem_dev * dev, int index)
{
    int err, devno = MKDEV(Virtualmem_major, index);
    cdev_init(&dev->cdev, &Virtualmem_fops);
    dev->cdev.owner = THIS_MODULE;
    dev->cdev.ops = &Virtualmem_fops;
    err = cdev_add(&dev->cdev, devno, 1);
    if (err)
        printk(KERN_ALERT "Error % d adding Virtualmem % d", err, index);
    my_class = class_create(THIS_MODULE, "irq-tasklet");
    if (IS_ERR(my_class))
    {
        printk("Err: failed in creating class.\n");
        return ;
    }
    class_device_create(my_class,NULL,devno,NULL,"irq-tasklet");
}
/*设备驱动模块加载函数*/
int Virtualmem_init(void)
{
    int result;
    dev_t devno = MKDEV(Virtualmem_major, 0);

    /* 申请设备号*/
    if (Virtualmem_major)
```

```c
        result = register_chrdev_region(devno, 1, "irq-tasklet");
    else    /* 动态申请设备号 */
    {
        result = alloc_chrdev_region(&devno, 0, 1, "irq-tasklet");
        Virtualmem_major = MAJOR(devno);
    }
    if (result < 0)
        return result;
    /* 动态申请设备结构体的内存 */
    IO_irq_devices = kmalloc(sizeof(struct Virtualmem_dev), GFP_Kernel);
    if (! IO_irq_devices)    /*申请失败*/
    {
        result = - ENOMEM;
        goto fail;
    }
    memset(IO_irq_devices, 0, sizeof(struct Virtualmem_dev));
    IO_irq_devices ->IO_irq1 = (unsigned int) IO_IRQ1;//将 IO_IRQ1 获得的 IRQ_EINT0 中断赋值给//设备
    printk("The device use the irq is %x\n",IO_irq_devices ->IO_irq1);
    set_irq_type(IO_IRQ1,IRQF_TRIGGER_FALLING);//设置设备中断的触发方式
    Virtualmem_setup_cdev(IO_irq_devices, 0);
    //配置行列矩阵键盘的引脚功能,将列线皆设置为输出,并且置低,类似于接地
    s3c2410_gpio_cfgpin(S3C2410_GPE11, S3C2410_GPE11_OUTP);//      /* GPE11 */ KSCAN0
    s3c2410_gpio_setpin(S3C2410_GPE11, 0);
//    s3c2410_gpio_cfgpin(S3C2410_GPE13, S3C2410_GPE13_OUTP);//     /* GPE13 */ KSCAN2
//    s3c2410_gpio_setpin(S3C2410_GPE13, 0);
//    s3c2410_gpio_cfgpin(S3C2410_GPG2, S3C2410_GPG2_OUTP);//       /* GPG2 */ KSCAN3
//    s3c2410_gpio_setpin(S3C2410_GPG2, 0);
//    s3c2410_gpio_cfgpin(S3C2410_GPG6, S3C2410_GPG6_OUTP);//       /* GPG6 */ KSCAN1
//    s3c2410_gpio_setpin(S3C2410_GPG6, 0);
    return 0;
    fail:
    Virtualmem_exit();
    return result;
}
MODULE_AUTHOR("AK - 47");
MODULE_LICENSE("Dual BSD/GPL");
module_param(Virtualmem_major, int, S_IRUGO);
```

```
module_init(Virtualmem_init);
module_exit(Virtualmem_exit);
```

6. 测试代码

```
#include <stdio.h>
#include <sys/types.h>
#include <sys/stat.h>
#include <sys/ioctl.h>
#include <fcntl.h>
#include <unistd.h>
#define DEVICE_FILENAME "/dev/irq-tasklet"
int main()
{
    int dev;
    char input = 0;
    dev = open(DEVICE_FILENAME,O_RDWR|O_NDELAY);
    if (dev >= 0)
    {
        for ( ; input != 'e' ; getchar())
        {
            printf("please input the command :");
            input = getchar();
        }
    }
    else
    {
        printf("open failure! \n");
    }
    close (dev);
    return 0;
}
```

7. 驱动程序调试

加载驱动程序后,自动创建设备节点,然后运行测试程序,结果如图 4-8 所示。按下按键后,通过提示信息发现首先调用的是中断服务函数,然后调用的是 tasklet 小任务函数。由于没有采用按键消抖等措施,会出现检测到多次按下的情况。

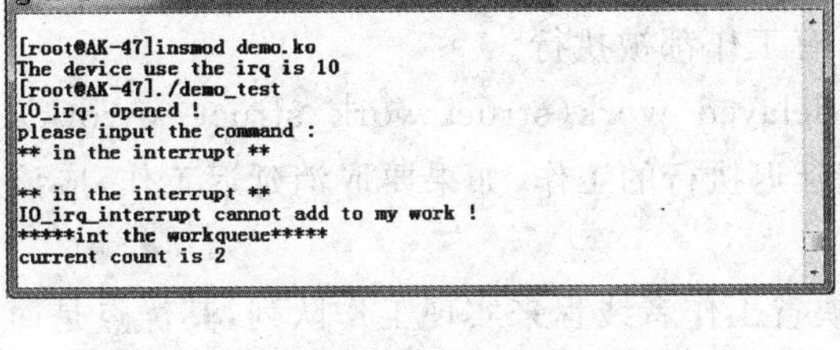

图 4-8 中断驱动调试过程示意图

4.1.13 中断与工作队列

推后执行的任务也可叫做工作(work)，描述它的数据结构为 work_struct，这些工作以队列结构组织成工作队列(workqueue)。

工作结构体原型如下：

```
struct work_struct {
    unsigned long    pending;    /*记录工作是否已经挂在队列上*/
    struct list_head entry;      /*循环链表结构*/
    void    (*func)(void *);     /*func 作为函数指针，由用户实现，中断发生时被调用的函数*/
    void    *data;               /*data 用来存储用户的私人数据，此数据即是 func 的参数*/
    void    *wq_data;            /*wq_data 一般用来指向工作者线程*/
    struct timer_list timer;     /*是推后执行的定时器*/
};
```

对于工作队列，Linux 内核提供两种方法来处理。

1. 使用缺省工作队列处理工作

(1) 创建一个工作。

INIT_WORK(struct work_struct * work，woid(*func)(void *)，void * data);/*初始化指定工作，目的是把用户指定的函数_func 及_func 需要的参数_data 赋给 work_struct 的 func 及 data 变量。*/待执行的用户指定的函数原型是：void work_handler(void * data)。默认情况下，允许响应中断，并且不持有任何锁。如果需要，函数可以睡眠。

(2) 对工作进行调度。

int schedule_work(struct work_struct * work)即把给定工作的处理函数提交给缺省的工作队列和工作者线程。工作者线程本质上是一个普通的内核线程，在默认情况下，每个 CPU 均有一个类型为"events"的工作者线程。当调用 schedule_work 时，这个工作者线程会被唤醒去执行工作链表上的所有工作。

int schedule_delayed_work(struct work_struct * work，unsigned long delay)/*延迟执行工作，delay 参数即为延迟的时间，功能与 schedule_work 类似。

(3) 刷新缺省工作队列：void flush_scheduled_work(void)。此函数会一直等待，直到队列中的所有工作都被执行。

(4) int cancel_delayed_work(struct work_struct * work) //flush_scheduled_work 并不取消任何延迟执行的工作，如果要取消延迟工作，应该调用 cancel_delayed_work。

以上均是采用缺省工作者线程来实现工作队列，其优点是简单易用，缺点是如果缺省工作队列负载太重，执行效率会很低，这就需要我们创建自己的工作和工作队列。

2. 使用自定义工作队列处理工作

（1）struct workqueue_struct * create_workqueue(const char * name)//创建新的工作队列和相应的工作者线程，name 用于该内核线程的命名。

（2）int queue_work(struct workqueue_struct * wq, struct work_struct * work)//类似于 schedule_work，区别在于 queue_work 把给定工作提交给创建的工作队列 wq 而不是缺省队列。

（3）int queue_delayed_work(struct workqueue_struct * wq, struct work_struct * work, unsigned long delay)//延迟 delay 时间后执行工作。

（4）void flush_workqueue(struct workqueue_struct * wq)//刷新指定工作队列。

（5）void destroy_workqueue(struct workqueue_struct * wq)//释放创建的工作队列。

3. 使用缺省工作编写中断驱动

本实例中硬件连接方式与 4.1.12 小节中相同，"底半部"的实现采用了缺省的工作队列来完成。使用自定义工作队列编写中断驱动的方法读者自行完成。

```
#include <linux/module.h>
#include <linux/types.h>
#include <linux/fs.h>
#include <linux/errno.h>
#include <linux/init.h>
#include <linux/cdev.h>
#include <asm/io.h>         //inl,outl.,inb,outb,inw......
#include <asm/system.h>     //mb,rmb,wmb
#include <asm/uaccess.h>    //access_ok,get_user,put_user
#include <linux/device.h>   //for udev
#include <asm-arm/arch-s3c2410/hardware.h>  //s3c2410_gpio_cfgpin,s3c2410_gpio_setpin......
#include <linux/ioport.h>   //request_region,request_mem_region......
#include <asm/arch-s3c2410/regs-gpio.h>     //s3c2410_gpxcon........
#include <linux/moduleparam.h>
#include <linux/Kernel.h>   /* printk() */
#include <linux/slab.h>     /* kmalloc() */
#include <linux/fs.h>       /* everything... */
#include <linux/errno.h>    /* error codes */
#include <linux/proc_fs.h>
#include <linux/fcntl.h>    /* O_ACCMODE */
#include <linux/seq_file.h>
```

```c
#include <linux/kfifo.h>
#include <linux/sched.h> /* current and everything */
#include <linux/delay.h> /* udelay */
#include <linux/ioctl.h> /* needed for the _IOW etc stuff used later */
#include <asm/hardware.h>
#include <linux/ioport.h>
#include <linux/interrupt.h>
#include <linux/irq.h>
#include <asm/arch-s3c2410/irqs.h>
#include <asm/arch-s3c2410/regs-gpio.h>
#include <asm/system.h>     /* cli(), *_flags */
#include <asm/uaccess.h>/* copy_*_user */
#include <asm/atomic.h>
#include <linux/workqueue.h>
#include <asm/semaphore.h>
#define VIRTUALMEM_MAJOR 0 /*预设的主设备号*/
#define IO_IRQ1     IRQ_EINT0
/*Virtualmem 设备结构体*/
struct Virtualmem_dev
{
    struct cdev cdev;    /* Char device structure */
    unsigned int IO_irq1;
};
struct my_work_struct{
    int count;
    struct work_struct irq_work;
};
struct Virtualmem_dev * IO_irq_devices;/*设备结构体指针*/
static struct my_work_struct my_irq_work;//声明一个工作
static int Virtualmem_major = VIRTUALMEM_MAJOR;
void irq_work_fn(struct work_struct * p_work)
{
    struct my_work_struct * p_test_work = container_of(p_work,struct my_work_struct,irq_work);           //获取参数
    printk("\n* * * * * int the workqueue * * * * * \n");
        printk(KERN_NOTICE "current count is %d\n", p_test_work->count);   //打印参数
}
static irqreturn_t IO_irq_interrupt2(int irq, void * dev_id)
{
    int result;
    printk("\n* * in the interrupt * * \n");
    my_irq_work.count ++ ;//计数值增加
```

```c
        if ((result = schedule_work(&(my_irq_work.irq_work)))!=1)
                                //把工作加入到缺省工作队列中,然后进行调度
            printk("IO_irq_interrupt cannot add to my work！");
        return IRQ_HANDLED;
}
/*文件打开函数*/
int Virtualmem_open(struct inode *inode, struct file *filp)
{
    /*将设备结构体指针赋值给文件私有数据指针*/
    int result;
    filp->private_data = IO_irq_devices;
    result = request_irq(IO_irq_devices->IO_irq1, IO_irq_interrupt2, IRQF_DISABLED
,"irq-workstruct", (void *)NULL);
    if(result<0)
    {
        printk( "IO_irq: can't get assigned one of irq \n");
        free_irq(IO_irq_devices->IO_irq1, NULL);
        return -EAGAIN;
    }
    else
    {
/*
        s3c2410_gpio_cfgpin(S3C2410_GPG11, S3C2410_GPG11_EINT19); //EINT19 行所接按
                                                                 //键为 k1,k2,k3,k13
        s3c2410_gpio_pullup(S3C2410_GPG11, 0);
        s3c2410_gpio_cfgpin(S3C2410_GPG3, S3C2410_GPG3_EINT11);//EINT11 行所接按
                                                              //键为 k4,k5,k6,k14
        s3c2410_gpio_pullup(S3C2410_GPG3, 0);
        s3c2410_gpio_cfgpin(S3C2410_GPF2, S3C2410_GPF2_EINT2); //EINT2 行所接按键
                                                              //为 k7,k8,k9,k15
        s3c2410_gpio_pullup(S3C2410_GPF2, 0);
*/
        //申请设备号为 IRQ_EINT0,此处将 GPF0 号引脚配置为 EINT0 功能
        s3c2410_gpio_cfgpin(S3C2410_GPF0, S3C2410_GPF0_EINT0);    //EINT0 行所接按键
                                                                 //为 k10,k11,k12,k16
        s3c2410_gpio_pullup(S3C2410_GPF0, 0);
    }
    INIT_WORK(&(my_irq_work.irq_work), irq_work_fn);    //创建一个工作
    printk( "IO_irq: opened！    \n");
    return 0;
}
/*文件释放函数*/
```

```c
int Virtualmem_release(struct inode * inode, struct file * filp)
{
    free_irq(IO_irq_devices->IO_irq1, NULL);
    s3c2410_gpio_cfgpin(S3C2410_GPF0, S3C2410_GPF0_INP);
    flush_scheduled_work();        //清空所有队列的任务
    printk("IO_irq: release!  \n");
    return 0;
}
/*读函数*/
static ssize_t Virtualmem_read(struct file * filp, char __user * buf, size_t size,
                               loff_t * ppos)
{
    int ret = 0;
    struct Virtualmem_dev * dev = filp->private_data;    /*获得设备结构体指针*/
    return ret;
}
/*写函数*/
static ssize_t Virtualmem_write(struct file * filp, const char __user * buf,
                                size_t size, loff_t * ppos)
{
    int ret = 0;
    struct Virtualmem_dev * dev = filp->private_data;    /*获得设备结构体指针*/
    return ret;
}
/*文件操作结构体*/
static const struct file_operations Virtualmem_fops =
{
    .owner = THIS_MODULE,
    .read = Virtualmem_read,
    .write = Virtualmem_write,
    .open = Virtualmem_open,
    .release = Virtualmem_release,
};
struct class * my_class;
/*模块卸载函数*/
void Virtualmem_exit(void)
{
    cdev_del(&IO_irq_devices->cdev);    /*注销 cdev*/
    kfree(IO_irq_devices);              /*释放设备结构体内存*/
    class_device_destroy(my_class, MKDEV(Virtualmem_major, 0));
    class_destroy(my_class);
```

```c
        unregister_chrdev_region(MKDEV(Virtualmem_major, 0), 1);     /*释放设备号*/
}
/*初始化并注册 cdev*/
static void Virtualmem_setup_cdev(struct Virtualmem_dev *dev, int index)
{
    int err, devno = MKDEV(Virtualmem_major, index);
    cdev_init(&dev->cdev, &Virtualmem_fops);
    dev->cdev.owner = THIS_MODULE;
    dev->cdev.ops = &Virtualmem_fops;
    err = cdev_add(&dev->cdev, devno, 1);
    if (err)
        printk(KERN_ALERT "Error %d adding Virtualmem %d", err, index);
    my_class = class_create(THIS_MODULE, "irq-workstruct");
    if (IS_ERR(my_class))
    {
        printk("Err: failed in creating class.\n");
        return ;
    }
    class_device_create(my_class,NULL,devno,NULL,"irq-workstruct");
}
/*设备驱动模块加载函数*/
int Virtualmem_init(void)
{
    int result;
    dev_t devno = MKDEV(Virtualmem_major, 0);
    /* 申请设备号 */
    if (Virtualmem_major)
        result = register_chrdev_region(devno, 1, "irq-workstruct");
    else     /* 动态申请设备号 */
    {
        result = alloc_chrdev_region(&devno, 0, 1, "irq-workstruct");
        Virtualmem_major = MAJOR(devno);
    }
    if (result < 0)
        return result;
    /* 动态申请设备结构体的内存 */
    IO_irq_devices = kmalloc(sizeof(struct Virtualmem_dev), GFP_Kernel);
    if (! IO_irq_devices)    /*申请失败*/
    {
        result = - ENOMEM;
        goto fail;
```

```c
        }
        memset(IO_irq_devices, 0, sizeof(struct Virtualmem_dev));
        IO_irq_devices->IO_irq1 = (unsigned int) IO_IRQ1;        //将 IO—IRQ1 获得的
IRQ_EINT0 中//断赋值给设备
        printk("The device use the irq is %x\n",IO_irq_devices->IO_irq1);
        set_irq_type(IO_IRQ1,IRQF_TRIGGER_FALLING);               //设置中断触
发方式
        Virtualmem_setup_cdev(IO_irq_devices, 0);
        //配置行列矩阵键盘的引脚功能,将列线皆设置为输出,并且置低,类似于接地,矩阵
        //变为独立键盘
        s3c2410_gpio_cfgpin(S3C2410_GPE11, S3C2410_GPE11_OUTP);   //             /*
GPE11 */ KSCAN0
        s3c2410_gpio_setpin(S3C2410_GPE11, 0);
        //   s3c2410_gpio_cfgpin(S3C2410_GPE13, S3C2410_GPE13_OUTP);    //          /*
GPE13 */ KSCAN2
        //   s3c2410_gpio_setpin(S3C2410_GPE13, 0);
        //   s3c2410_gpio_cfgpin(S3C2410_GPG2, S3C2410_GPG2_OUTP);      //          /* GPG2
*/ KSCAN3
        //   s3c2410_gpio_setpin(S3C2410_GPG2, 0);
        //   s3c2410_gpio_cfgpin(S3C2410_GPG6, S3C2410_GPG6_OUTP);      //          /* GPG6
*/ KSCAN1
        //   s3c2410_gpio_setpin(S3C2410_GPG6, 0);
        return 0;
        fail:
        Virtualmem_exit();
        return result;
        }
        MODULE_AUTHOR("AK-47");
        MODULE_LICENSE("Dual BSD/GPL");
        module_init(Virtualmem_init);
        module_exit(Virtualmem_exit);
```

4. 测试代码

```c
#include <stdio.h>
#include <sys/types.h>
#include <sys/stat.h>
#include <sys/ioctl.h>
#include <fcntl.h>
#include <unistd.h>
#define DEVICE_FILENAME "/dev/irq-workstruct"
int main()
```

```
{
    int dev;
    char input = 0;
    dev = open(DEVICE_FILENAME,O_RDWR|O_NDELAY);
    if (dev >= 0)
    {
        for ( ; input != 'e' ; getchar())
        {
            printf("please input the command :");
            input = getchar();
        }
    }
    else
    {
        printf("open failure! \n");
    }
    close (dev);
    return 0;
}
```

5. 驱动程序测试

中断处理程序中,采用工作队列后,程序测试结果如图4-9所示。

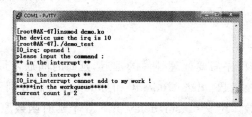

图4-9 中断驱动采用工作队列调试示意图

4.1.14 内核定时器

时钟中断由系统的定时硬件以周期性的时间间隔产生,这个间隔(即频率)由内核根据Hz值来确定,Hz在不同的硬件平台,取值不同,这个值一般定义为100,此时Hz的意思是每秒钟时钟中断发生100次。每当时钟中断发生时,内核内部计数器的值就会加上1,内部计数器由jiffies变量来表示。

全局变量jiffies用来记录自系统启动以来产生的节拍的总数。启动时,内核将该变量初始化为0,此后,每次时钟中断处理程序都会增加该变量的值。1秒内时钟中断的次数等于Hz,所以jiffies1秒内增加的值也就是Hz。注意,jiffies类型为无符号长整型(unsigned long)。

将以秒为单位的时间转化为 jiffies 公式:seconds * Hz。
将 jiffies 转化为以秒为单位的时间公式:jiffies / Hz。

1. 内核定时器

定时器用于控制某个函数(定时器处理函数)在未来的某个特定时间执行。内核定时器被组织成双向链表,并使用 structtimer_list 结构描述。

```
struct timer_list {
    struct list_head entry; /* 内核使用 */
    unsigned long expires; /* 超时的 jiffies 值 */
    void (*function)(unsigned long); /* 超时的时候的处理函数,一般由用户指定 */
    unsigned long data; /* 超时处理函数参数 */
    struct tvec_base *base; /* 内核使用 */
};
```

操作定时器的函数如下:

■ int mod_timer(struct timer_list *timer,unsigned long expires);用于修改定时器的到期时间,在新的被传入的 expires 到来后才会执行定时器函数。

■ void init_timer(struct timer_list *timer);初始化定时器队列结构。

■ void add_timer(struct timer_list *timer);注册内核定时器,将定时器加入到内核链表中。

■ int del_timer(struct timer_list *timer);在定时器超时前将它删除。当定时器超时后,系统会自动地将它删除。

2. 时间延时函数

当一个设备驱动程序需要处理硬件的延迟,延时时间通常最多几个毫秒,在这个情况下,可以使用内核函数 ndelay、udelay 和 mdelay,它们分别延后执行指定的纳秒数、微秒数或者毫秒数。定义<asm/delay.h>,3 个延时函数原型如下:

```
#include<linux/delay.h>
```

■ void ndelay(unsignedlong nsecs);

■ void udelay(unsignedlong usecs);

■ void mdelay(unsignedlong msecs);

这 3 个延时函数是让内核处于忙等待状态并进行独占,其他任务在延时函数等待时间内不能运行。作为一个通用的规则,若试图延时几千纳秒,应使用 udelay 而不是 ndelay;类似地,毫秒规模的延时应当使用 mdelay 完成而不是使用 udelay 或者 ndelay 函数。

3. 内核定时器驱动代码

```
#include <linux/module.h>
```

```c
#include <linux/types.h>
#include <linux/fs.h>
#include <linux/errno.h>
#include <linux/mm.h>
#include <linux/sched.h>
#include <linux/init.h>
#include <linux/cdev.h>
#include <asm/io.h>
#include <asm/system.h>
#include <asm/uaccess.h>
#include <linux/timer.h>   /*包括 timer.h 头文件*/
#include <asm/atomic.h>
#define TIMER_MAJOR 0      /*预设的 timer 的主设备号,此驱动程序使用了静态申请*/
static int timer_major = TIMER_MAJOR;
/*timer 设备结构体*/
struct timer_dev
{
    struct cdev cdev;  /*cdev 结构体*/
    atomic_t counter;  /* 一共经历了多少秒*/
    struct timer_list s_timer;  /*设备要使用的定时器*/
};
struct timer_dev * timer_devp;  /*设备结构体指针*/
/*定时器处理函数*/
static void timer_timer_handle(unsigned long arg)
{
    mod_timer(&timer_devp->s_timer,jiffies + HZ);
    atomic_inc(&timer_devp->counter);

    printk(KERN_NOTICE "current jiffies is %ld\n", jiffies);
}
/*文件打开函数*/
int timer_open(struct inode * inode, struct file * filp)
{
    /*初始化定时器*/
    init_timer(&timer_devp->s_timer);
    timer_devp->s_timer.function = &timer_timer_handle;
    timer_devp->s_timer.expires = jiffies + HZ;
    add_timer(&timer_devp->s_timer); /*添加(注册)定时器*/
    atomic_set(&timer_devp->counter,0);  //计数清 0
    return 0;
}
/*文件释放函数*/
int timer_release(struct inode * inode, struct file * filp)
{
```

```c
    del_timer(&timer_devp->s_timer);
    return 0;
}
/*globalfifo读函数*/
static ssize_t timer_read(struct file * filp, char __user * buf, size_t count,
    loff_t * ppos)
{
    int counter;
    counter = atomic_read(&timer_devp->counter);
    if(put_user(counter, (int * )buf))
        return - EFAULT;
    else
        return sizeof(unsigned int);
}
/*文件操作结构体*/
static const struct file_operations timer_fops =
{
    .owner = THIS_MODULE,
    .open = timer_open,
    .release = timer_release,
    .read = timer_read,
};
/*初始化并注册cdev*/
static void timer_setup_cdev(struct timer_dev * dev, int index)
{
    int err, devno = MKDEV(timer_major, index);
    cdev_init(&dev->cdev, &timer_fops);
    dev->cdev.owner = THIS_MODULE;
    dev->cdev.ops = &timer_fops;
    err = cdev_add(&dev->cdev, devno, 1);
    if (err)
        printk(KERN_NOTICE "Error %d adding LED %d", err, index);
}

/*设备驱动模块加载函数*/
int timer_init(void)
{
    int ret;
    dev_t devno = MKDEV(timer_major, 0);
    /* 申请设备号 */
    if (timer_major)
        ret = register_chrdev_region(devno, 1, "timer");
    else   /* 动态申请设备号 */
    {
```

```c
    ret = alloc_chrdev_region(&devno, 0, 1, "timer");
    timer_major = MAJOR(devno);
  }
  if (ret < 0)
    return ret;
  /* 动态申请设备结构体的内存 */
  timer_devp = kmalloc(sizeof(struct timer_dev), GFP_Kernel);
  if (! timer_devp)        /* 申请失败 */
  {
    ret = - ENOMEM;
    goto fail_malloc;
  }
  memset(timer_devp, 0, sizeof(struct timer_dev));
  timer_setup_cdev(timer_devp, 0);
  return 0;
  fail_malloc: unregister_chrdev_region(devno, 1);
    return 0;
}
/* 模块卸载函数 */
void timer_exit(void)
{
  cdev_del(&timer_devp->cdev);    /* 注销 cdev */
  kfree(timer_devp);              /* 释放设备结构体内存 */
  unregister_chrdev_region(MKDEV(timer_major, 0), 1); /* 释放设备号 */
}
MODULE_AUTHOR("AK - 47");
MODULE_LICENSE("Dual BSD/GPL");
module_init(timer_init);
module_exit(timer_exit);
```

4. 定时器测试代码

```c
#include <sys/types.h>
#include <sys/stat.h>
#include <stdio.h>
#include <fcntl.h>
#include <unistd.h>
#include <sys/time.h>
main()
{
  int fd;
  int counter = 0;
  int old_counter = 0;
  /* 打开/dev/timer 设备文件 */
  fd = open("/dev/timer", O_RDONLY);
```

```
if (fd ! = - 1)
{
    while (1)
    {
        read(fd,&counter, sizeof(unsigned int));//读目前经历的秒数
        if(counter! = old_counter)
        {
            printf("seconds after open /dev/timer : % d\n",counter);
            old_counter = counter;
        }
    }
}
else
{
    printf("Device open failure\n");
}
}
```

5. 驱动程序测试

加入定时器后,启动程序测试结果如图 4-10 所示。

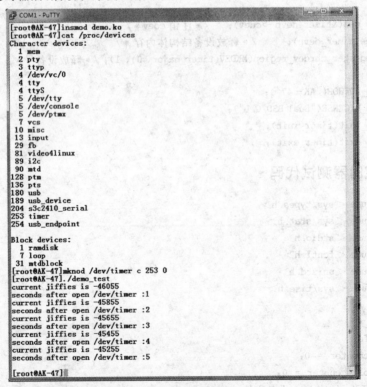

图 4-10 定时器驱动调试示意图

4.2 应用实例

本节要求：

通过具体的实例熟练掌握驱动程序的开发方法。

本节目标：

- 重点掌握键盘驱动程序的3种编写方法。
- 理解驱动程序编写的模式。
- 了解模数转换器和触摸屏驱动原理。

4.2.1 普通按键驱动

1. 工作原理

本应用实例的硬件连接原理图如图4-1所示,本书硬件平台开发系统的矩阵键盘为4×4矩阵键盘,行线分别接至 EINT0、EINT2、EINT11、EINT19,对应 S3C2410 的 GPF0、GPF2、GPG3、GPG11 引脚;列线分别接至 KSCAN0、KSCAN1、KSCAN2、KSCAN3,对应 S3C2410 的 GPE11、GPG6、GPE13、GPG3 引脚。由于4条行线都通过4.7 kΩ电阻接到了3.3V电压,因此当没有按键按下时,4条行线读到的皆为高电平。

当4条列线设置为0,也就是低电平时,此时若有某一按键按下,按键所在行列位置即导通。当按下的瞬间,按下的按键对应的行线即出现了一个高电平到低电平的跳变。如果将行线对应 S3C2410 引脚设置为中断功能引脚,同时使能下降沿触发,就会给 S3C2410 微处理器发出一个信号,触发中断。

如果16个按键全部检测。具体方法为:首先将4条列线对应端口设置为输出功能,置为低电平,列线置为低电平相当于接地。然后行线对应端口设置为中断功能引脚,设置成功后,扫描行线。如果有按键按下时,相应行线的电平为低,并采集到一个高电平至低电平的下跳沿,这将触发中断,进入中断服务程序。在中断服务程序中使用1.3.4小节中讲述的矩阵按键的扫描方法进行按键的判断,具体实现方法为:依次将列线置低电平,即列线端口赋值为 0111、1011、1101、1110;每次列线置低电平时扫描行线电平,当行线电平出现为低电平时,该行线与此时列线低电平对应交叉点即为按键按下的位置。判断完按键键值后,使用内核定时器进行消抖。完成上述过程后即完成了按键键值的获取。

2. 普通按键驱动代码

在本按键驱动设计中,采用的是最普通的设计方法,将按键作为一个字符设备来处理,当按键按下时,配以中断处理函数完成按键驱动程序的设计。

```c
#include <linux/module.h>
#include <linux/init.h>
#include <linux/input.h>
#include <linux/delay.h>
#include <linux/interrupt.h>
#include <asm/io.h>
#include <linux/irq.h>
#include <asm/arch-s3c2410/irqs.h>
#include <asm/signal.h>
#include <asm/hardware.h>
#include <asm/uaccess.h>
#include <asm/arch/regs-gpio.h>
#include <asm/arch/regs-irq.h>  //S3C2410_SRCPND S3C2410_INTSUBMSK S3C2410_EINT
                                //MASK 中断寄存器头文件
#include <asm/dma.h>
#include <linux/Kernel.h>
#include <linux/fs.h>
#include <linux/errno.h>
#include <linux/types.h>
#include <linux/fcntl.h>
#include <linux/cdev.h>
#include <linux/version.h>
#include <linux/vmalloc.h>
#include <linux/ctype.h>
#include <linux/pagemap.h>
#include <linux/poll.h>
#include <linux/ioctl.h>  /* needed for the _IOW etc stuff used later */
//主次设备号
#define KEY_MAJOR 253
#define KEY_MINOR 0
//设备结构
struct KEY_dev
{
    struct semaphore sem;      /* mutual exclusion semaphore */
    wait_queue_head_t rq;
    struct cdev cdev;          /* Char device structure */
    unsigned char key;
};
//   定义按键按下时产生的中断数组
static int irqArray[4] =
{
    IRQ_EINT0,
```

```c
    IRQ_EINT2,
    IRQ_EINT11,
    IRQ_EINT19
};
struct KEY_dev * KEY_devices;
static unsigned char KEY_inc = 0;
static int flag = 0;
struct timer_list polling_timer;
static unsigned long  polling_jffs = 0;
//初始化按键对应IO口及按键按下时触发的中断各个寄存器。
void initButton(void)
{
    writel((readl(S3C2410_GPGCON)&(~((3 << 22)|(3 << 6))))|((2 << 22)|(2 << 6)),
S3C2410_GPGCON);      //GPG11,3 set EINT 对应EINT11和EINT19
    writel((readl(S3C2410_GPFCON)&(~((3 << 4)|(3 << 0))))|((2 << 4)|(2 << 0)),
S3C2410_GPFCON) ;       //GPF2,0 set EINT 对应EINT0与EINT2
    writel((readl(S3C2410_EXTINT0)&(~(7|(7 << 8)))),S3C2410_EXTINT0);
    writel((readl(S3C2410_EXTINT0)|(0|(0 << 8))),S3C2410_EXTINT0);
                                            //set eint0,2 falling edge int
    writel((readl(S3C2410_EXTINT1)&(~(7 << 12))),S3C2410_EXTINT1);
    writel((readl(S3C2410_EXTINT1)|(0 << 12)),S3C2410_EXTINT1);
                                            //set eint11 falling edge int
    writel((readl(S3C2410_EXTINT2)&(~(0xf << 12))),S3C2410_EXTINT2);
    writel((readl(S3C2410_EXTINT2)|(0 << 12)),S3C2410_EXTINT2);
                                            //set eint19 falling edge int
    writel((readl(S3C2410_GPECON)&(~((3 << 22)|(3 << 26)))),S3C2410_GPECON);
                        //设置GPE11(KSCAN0),GPE13(KSCAN2)为输出
    writel((readl(S3C2410_GPECON)|(((1 << 22)|(1 << 26)))),S3C2410_GPECON);
    writel((readl(S3C2410_GPEUP)|(1 << 11)|(1 << 13)),S3C2410_GPEUP);
    writel((readl(S3C2410_GPEDAT)&(~((1 << 11)|(1 << 13)))),S3C2410_GPEDAT);
                  //将GPE11(KSCAN0)和GPE13(KSCAN2)设置为低,即相当于接地
    writel((readl(S3C2410_EINTPEND)|((1 << 11)|(1 << 19))),S3C2410_EINTPEND);
                                                    //clear eint 11,19
    writel((readl(S3C2410_EINTMASK)&(~((1 << 11)|(1 << 19)))),S3C2410_EINT-
MASK);    //enable eint11,19
}
void polling_handler(unsigned long data)
{
    int code = -1;
    writel(readl(S3C2410_SRCPND)&0xffffffda,S3C2410_SRCPND);//clear srcpnd 0 2 11 19
    mdelay(1);
    //扫描按键表,根据中断号,找出所按下的按键。
```

```c
writel(readl(S3C2410_GPEDAT)|0x2000,S3C2410_GPEDAT);//set GPE11(KSCAN0) to 1
writel(readl(S3C2410_GPEDAT)&0xffffff7ff,S3C2410_GPEDAT);//set GPE13(KSCAN2) to 0
//GPF0 对应 EINT0,GPF2 对应 EINT2,GPG3 对应 EINT11,GPG11 对应 EINT19
if ((readl(S3C2410_GPFDAT)&(1 << 0)) == 0 )           //s1、s2 EINT0 对应按键
{
    code = 1;
    goto IRQ_OUT;
}
else if ( (readl(S3C2410_GPFDAT)&(1 << 2)) == 0 )//s3、s4 EINT2 对应按键
{
    code = 3;
    goto IRQ_OUT;
}
else if ( (readl(S3C2410_GPGDAT)&(1 << 3)) == 0 ) //s5、s6 EINT11 对应按键
{
    code = 5;
    goto IRQ_OUT;
}
else if ( (readl(S3C2410_GPGDAT)&(1 << 11)) == 0 ) //s7、s8 EINT19 对应按键
{
    code = 7;
    goto IRQ_OUT;
}
writel(readl(S3C2410_SRCPND)&0xffffffda,S3C2410_SRCPND);//clear srcpnd 0 2 11 19
mdelay(1);
writel(readl(S3C2410_GPEDAT)|0x800,S3C2410_GPEDAT);//set GPE11 to 1
writel(readl(S3C2410_GPEDAT)&0xffffdfff,S3C2410_GPEDAT);//set GPE13 to 0
if ((readl(S3C2410_GPFDAT)&(1 << 0)) == 0 ) //s1、s2 EINT0 对应按键
{
    code = 2;
    goto IRQ_OUT;
}
else if ( (readl(S3C2410_GPFDAT)&(1 << 2)) == 0 )//s3、s4 EINT2 对应按键
{
    code = 4;
    goto IRQ_OUT;
}
else if ( (readl(S3C2410_GPGDAT)&(1 << 3)) == 0 ) //s5、s6 EINT11 对应按键
{
    code = 6;
    goto IRQ_OUT;
}
```

```c
    else if ( (readl(S3C2410_GPGDAT)&(1 << 11)) == 0 ) //s7、s8 EINT19 对应按键
    {
        code = 8;
        goto IRQ_OUT;
    }
    IRQ_OUT:
    enable_irq(IRQ_EINT0);
    enable_irq(IRQ_EINT2);
    enable_irq(IRQ_EINT11);
    enable_irq(IRQ_EINT19);
    if (code >= 0)//如果有按键按下
    {
        //避免中断连续出现
        if ((jiffies - polling_jffs)>100) //通过 jiffies 进行延时
        {
            polling_jffs = jiffies;            //保留旧值
            //获取键盘值
            KEY_devices ->key = code + 1;//code 从 0 开始,硬件原理图为从 1 开始,所以加 1
            //printk("get key % d\n",KEY_devices ->key);
            flag = 1;//标志有按键按下
            wake_up_interruptible(&(KEY_devices ->rq));//唤醒读等待队列
        }
    }
    writel(readl(S3C2410_GPEDAT)&0xffffd7ff,S3C2410_GPEDAT);//set GPE11,GPE13 to 0
}
//按键中断处理服务函数。
static irqreturn_t simplekey_interrupt(int irq, void * dummy)
{
//    printk("enter button interrupt\n");
    disable_irq(IRQ_EINT0);
    disable_irq(IRQ_EINT2);
    disable_irq(IRQ_EINT11);
    disable_irq(IRQ_EINT19);
    polling_timer.expires = jiffies + HZ/10;
    add_timer(&polling_timer);
    return IRQ_HANDLED;
}
int KEY_open(struct inode * inode, struct file * filp)
{
    struct KEY_dev * dev;
    if (KEY_inc > 0)return - ERESTARTSYS;//如果设备被打开,则 KEY_inc 大于 1,则直接返回
    KEY_inc ++ ;
```

```c
        dev = container_of(inode->i_cdev, struct KEY_dev, cdev);
        filp->private_data = dev;
        return 0;
    }
    int KEY_release(struct inode * inode, struct file * filp)
    {
        KEY_inc--;//关闭设备,KEY_inc减1
        return 0;
    }
    //读取按键键值函数
    ssize_t KEY_read(struct file * filp, char __user * buf, size_t count,loff_t * f_pos)
    {
        struct KEY_dev * dev = filp->private_data;
        int sum = 0;
        if (flag == 1)
        {
            flag = 0;
            sum = 1;
            if (copy_to_user(buf,&dev->key,1))
            {
                sum = - EFAULT;
            }
        }
        else
        {
            if (filp->f_flags & O_NONBLOCK)//如果是无阻塞方式访问,则直接返回
            {
                return - EAGAIN;
            }
            else
            {
                if (wait_event_interruptible(dev->rq, flag != 0))//如果无数据可读,阻塞进程
                {
                    return - ERESTARTSYS;
                }
                flag = 0;
                sum = 1;
                if (copy_to_user(buf,&dev->key,1))
                {
                    sum = - EFAULT;
                }
```

```c
        }
    }
    return sum;
}
//响应用户空间 select 系统调用函数
unsigned int KEY_poll(struct file * filp, poll_table * wait)
{
    struct KEY_dev * dev = filp->private_data;
    poll_wait(filp, &dev->rq, wait);
    if (flag == 1)//数据准备好
        return  POLLIN | POLLRDNORM;
    return 0;
}
//file_operations 结构体实现
struct file_operations KEY_fops = {
    .owner =        THIS_MODULE,
    .read =         KEY_read,
    .open =         KEY_open,
    .poll =         KEY_poll,
    .release =      KEY_release,
};
//驱动程序卸载对应函数
void KEY_exit(void)
{
    dev_t devno = MKDEV(KEY_MAJOR, KEY_MINOR);
    int i;
    for (i = 0; i < 4; i++)
    {
        free_irq(irqArray[i],simplekey_interrupt);
    }
    if (KEY_devices)
    {
        cdev_del(&KEY_devices->cdev);
        kfree(KEY_devices);
    }
    unregister_chrdev_region(devno,1);
}
//驱动程序加载对应函数
int KEY_init(void)
{
    int result;
    dev_t dev = 0;
```

```c
    int i = 0;
    initButton();
    dev = MKDEV(KEY_MAJOR, KEY_MINOR);
    result = register_chrdev_region(dev, 1, "KEY");
    if (result < 0)
    {
        printk(KERN_WARNING "KEY: can't get major %d\n", KEY_MAJOR);
        return result;
    }
    KEY_devices = kmalloc(sizeof(struct KEY_dev), GFP_Kernel);
    if (! KEY_devices)
    {
        result = - ENOMEM;
        goto fail;
    }
    memset(KEY_devices, 0, sizeof(struct KEY_dev));
    init_MUTEX(&KEY_devices->sem);
    cdev_init(&KEY_devices->cdev, &KEY_fops);
    KEY_devices->cdev.owner = THIS_MODULE;
    KEY_devices->cdev.ops = &KEY_fops;
    result = cdev_add (&KEY_devices->cdev, dev, 1);
    if (result)
    {
        printk(KERN_NOTICE "Error %d adding KEY\n", result);
        goto fail;
    }
    for (i = 0; i < 4; i++)
    {
        if (request_irq(irqArray[i], simplekey_interrupt, IRQF_DISABLED, "simple-key", (void *)NULL))//申请按键按下时对应中断
        {
            printk("request button irq failed! \n");
            return -1;
        }
        set_irq_type(irqArray[i],IRQF_TRIGGER_FALLING);//设置设备中断的触发方式
    }
    init_waitqueue_head(&KEY_devices->rq);//初始化等待队列
    init_timer(&polling_timer);//初始化定时器
    polling_timer.data = (unsigned long)0;
    polling_timer.function = polling_handler;//定时器定时时间到对应函数
    return 0;
```

```c
        fail;
        KEY_exit();
        return result;
}
MODULE_AUTHOR("AK-47");
MODULE_LICENSE("Dual BSD/GPL");
module_init(KEY_init);
module_exit(KEY_exit);
```

3. 测试程序

```c
#include <sys/stat.h>
#include <fcntl.h>
#include <stdio.h>
#include <sys/time.h>
#include <sys/types.h>
#include <unistd.h>
int main(void)
{
    int buttons_fd;
    unsigned char key_value;
    buttons_fd = open("/dev/KEY",0);
    if (buttons_fd<0)
    {
        perror("open device button");
        exit(1);
    }
    while (1)
    {
        fd_set rds;
        int ret;
        FD_ZERO(&rds);
        FD_SET(buttons_fd,&rds);
        ret = select(buttons_fd+1,&rds,NULL,NULL,NULL);
        if (ret == 0)
        {
            printf("select timeout.\n");
        }
        else if (FD_ISSET(buttons_fd,&rds))
        {
            int ret = read(buttons_fd,&key_value,sizeof key_value);
            if (ret != sizeof key_value)
```

```
            {
                continue;
            }
            else
            {
                printf("get buttons_value: %d\n",key_value);
            }
        }
    }
    close(buttons_fd);
    return 0;
}
```

4. 驱动程序测试

矩阵按键驱动测试结果如图 4-11 所示。

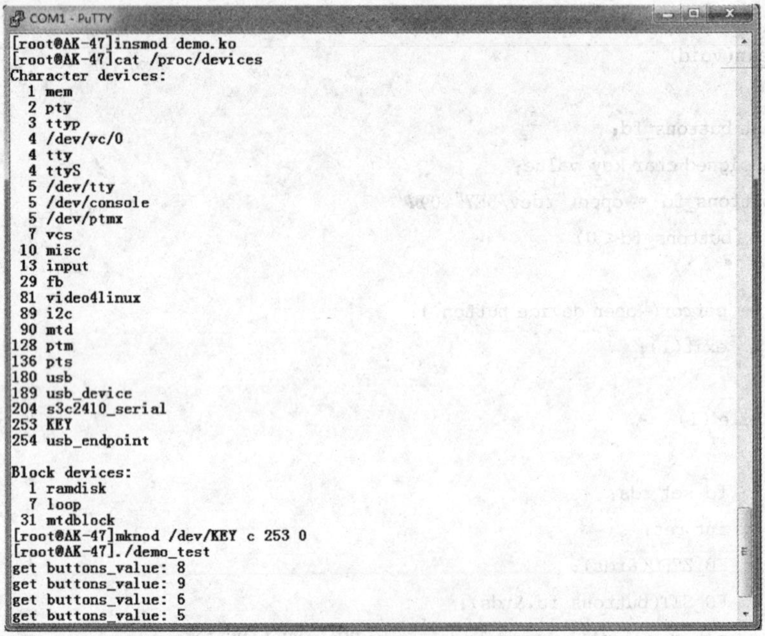

图 4-11　矩阵按键驱动调试示意图

4.2.2　输入子系统下的按键驱动

1. Linux 设备输入子系统简介

在 Linux 中,输入子系统是由输入子系统设备驱动层、输入子系统核心层(Input Core)和输入子系统事件处理层(Event Handler)组成,如图 4-12 所示。其中设备驱动层提供对硬件各寄存器的读写访问和将底层硬件对用户输入访问的响应转换为标准的输入事件,再通过核心层提交给事件处理层;而核心层对下提供了设备驱动层的编程接口,对上又提供了事件处理层的编程接口;而事件处理层就为我们用户空间的应用程序提供了统一访问设备的接口并对驱动层提交来的事件进行处理。所以这使得我们输入设备的驱动部分不需要关心对设备文件的操作,而是要关心对各硬件寄存器的操作和提交的输入事件。即在 Linux 输入子系统下进行驱动程序的编写只需实现图 4-12 中的设备驱动层即可。

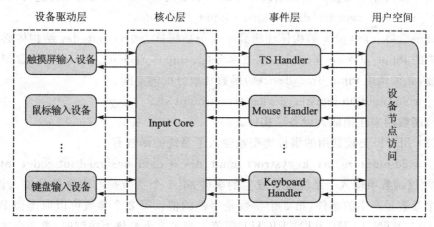

图 4-12 输入子系统示意图

2. 输入子系统设备驱动层实现

在 Linux 中,input 设备用 input_dev 结构体描述,定义在 input.h 中。设备的驱动只需按照如下步骤就可实现了。

① 在驱动模块加载函数中设置 input 设备支持 input 子系统的哪些事件;

② 将 input 设备注册到 input 子系统中;

③ 在 input 设备发生输入操作时(如:键盘被按下/抬起、触摸屏被触摸/抬起/移动、鼠标被移动/单击/抬起时等),提交所发生的事件及对应的键值/坐标等状态。

3. 输入子系统支持事件

Linux 中输入设备的事件类型有(这里只列出了常用的一些,更多请看 linux/input.h):

EV_SYN	0x00	表示设备支持所有时间
EV_KEY	0x01	键盘或者按键,表示一个键码
EV_REL	0x02	鼠标设备,表示一个相对的光标位置结束
EV_ABS	0x03	手写板产生的值,是一个绝对整数值
EV_MSC	0x04	其他类型
EV_LED	0x11	LED 灯设备

EV_SND	0x12	蜂鸣器,输入声音
EV_REP	0x14	允许重复按键类型
EV_FF	0x15	电源管理事件

4. 输入子系统驱动程序接口函数

(1) 分配、注册、注销 input 设备。

① struct input_dev * input_allocate_device(void)

用于在内存中为输入设备结构体分配一个空间,并对其主要的成员进行初始化。

② int input_register_device(struct input_dev * dev)

该函数将 input_dev 结构体注册到输入子系统核心中,input_dev 结构体必须由前面讲的 input_allocate_device() 函数来分配。input_register_device() 函数如果注册失败,必须调用 input_free_device() 函数释放分配的空间。

③ void input_unregister_device(struct input_dev * dev)

该函数用来注销输入设备结构体。

(2) 用于提交较常用的事件类型给输入子系统的函数有:

① void input_report_key(struct input_dev * dev, unsigned int code, int value); //该函数项输入子系统报告发生的事件,第 1 个参数是产生事件的输入设备,第 2 个参数是产生的事件,第 3 个参数是事件的值。第 2 个参数可以取类似 BTN_0、BTN_1、BTN_LEFT、BTN_RIGHT 等值。当第 2 个参数为按键时,第 3 个参数表示按键的状态,value 值为 0 表示按键释放,非 0 表示按键按下。

② void input_report_rel(struct input_dev * dev, unsigned int code, int value); //提交相对坐标事件的函数。

③ void input_report_abs(struct input_dev * dev, unsigned int code, int value); //提交绝对坐标事件的函数。

(3) 注意:

在提交输入设备的事件后必须用下列方法使事件同步,让它告知 input 系统,设备驱动已经发出了一个完整的报告:void input_sync(struct input_dev * dev)。

5. 输入子系统下按键驱动实例

在本按键驱动设计中,将按键纳入到 Linux 内核提供的输入子系统中进行管理,省去了实现对应系统调用和申请文件设备号等环节,简化了驱动程序设计。同时可以将按键按下的键码转换为系统消息,为后续应用程序的开发提供方便。

```
#include <linux/module.h>
#include <linux/init.h>
#include <linux/input.h>
#include <linux/delay.h>
#include <linux/interrupt.h>
#include <asm/io.h>
```

```c
#include <linux/irq.h>
#include <asm/arch-s3c2410/irqs.h>
#include <asm/signal.h>
#include <asm/hardware.h>
#include <asm/uaccess.h>
#include <asm/arch/regs-gpio.h>
#include <asm/arch/regs-irq.h>
#include <asm/dma.h>
//定义按键按下时扫描按键获得的位置对应的系统键值
#define DEBUG_DRIVER 0
static unsigned char inputkey_keycode[] = {
    [0]     = KEY_SPACE,
    [1]     = KEY_2,
    [2]     = KEY_3,
    [3]     = KEY_4,
    [4]     = KEY_5,
    [5]     = KEY_6,
    [6]     = KEY_7,
    [7]     = KEY_8,
    [8]     = KEY_9,
    [9]     = KEY_RIGHT,
    [10]    = KEY_DOWN,
    [11]    = KEY_LEFT,
    [12]    = KEY_1,
    [13]    = KEY_A,
    [14]    = KEY_UP,
    [15]    = KEY_B,
};
//定义按键按下时触发中断数组
static int irqArray[4] =
{
    IRQ_EINT0,
    IRQ_EINT2,
    IRQ_EINT11,
    IRQ_EINT19
};
static struct input_dev * inputkey_dev;//输入设备结构体
static char * inputkey_name = "inputkey";
static char * inputkey_phys = "input0";
struct timer_list polling_timer;
static unsigned long   polling_jffs = 0;
//按键按下时扫描按键函数
```

```c
void polling_handler(unsigned long data)
{
    int code = -1;
    writel(readl(S3C2410_SRCPND)&0xffffffda,S3C2410_SRCPND);//clear srcpnd 0 2 11 19
    mdelay(1);
    //扫描按键表,根据中断号,找出所按下的按键
    s3c2410_gpio_setpin(S3C2410_GPE11, 0);// /* GPE11 */
    s3c2410_gpio_setpin(S3C2410_GPE13, 1);// /* GPE13 */
    s3c2410_gpio_setpin(S3C2410_GPG2, 1);//  /* GPG2 */
    s3c2410_gpio_setpin(S3C2410_GPG6, 1);//  /* GPG6 */
    if ((readl(S3C2410_GPFDAT)&(1 << 0)) == 0 )
    {
        code = 9;
        goto IRQ_OUT;
    }
    else if ( (readl(S3C2410_GPFDAT)&(1 << 2)) == 0 )
    {
        code = 6;
        goto IRQ_OUT;
    }
    else if ( (readl(S3C2410_GPGDAT)&(1 << 3)) == 0 )
    {
        code = 3;
        goto IRQ_OUT;
    }
    else if ( (readl(S3C2410_GPGDAT)&(1 << 11)) == 0 )
    {
        code = 0;
        goto IRQ_OUT;
    }
    writel(readl(S3C2410_SRCPND)&0xffffffda,S3C2410_SRCPND);//clear srcpnd 0 2 11 19
    mdelay(1);
    s3c2410_gpio_setpin(S3C2410_GPE11, 1);// /* GPE11 */
    s3c2410_gpio_setpin(S3C2410_GPE13, 1);// /* GPE13 */
    s3c2410_gpio_setpin(S3C2410_GPG2, 1);//  /* GPG2 */
    s3c2410_gpio_setpin(S3C2410_GPG6, 0);//  /* GPG6 */
    if ((readl(S3C2410_GPFDAT)&(1 << 0)) == 0 )
    {
        code = 10;
        goto IRQ_OUT;
    }
    else if ( (readl(S3C2410_GPFDAT)&(1 << 2)) == 0 )
```

```
    {
        code = 7;
        goto IRQ_OUT;
    }
    else if ( (readl(S3C2410_GPGDAT)&(1 << 3)) == 0 )
    {
        code = 4;
        goto IRQ_OUT;
    }
    else if ( (readl(S3C2410_GPGDAT)&(1 << 11)) == 0 )
    {
        code = 1;
        goto IRQ_OUT;
    }
    writel(readl(S3C2410_SRCPND)&0xffffffda,S3C2410_SRCPND);//clear srcpnd 0 2 11 19
    mdelay(1);
    s3c2410_gpio_setpin(S3C2410_GPE11, 1);/* GPE11 */
    s3c2410_gpio_setpin(S3C2410_GPE13, 0); /* GPE13 */
    s3c2410_gpio_setpin(S3C2410_GPG2, 1);      /* GPG2 */
    s3c2410_gpio_setpin(S3C2410_GPG6, 1);    /* GPG6 */
    if ((readl(S3C2410_GPFDAT)&(1 << 0)) == 0 )
    {
        code = 11;
        goto IRQ_OUT;
    }
    else if ( (readl(S3C2410_GPFDAT)&(1 << 2)) == 0 )
    {
        code = 8;
        goto IRQ_OUT;
    }
    else if ( (readl(S3C2410_GPGDAT)&(1 << 3)) == 0 )
    {
        code = 5;
        goto IRQ_OUT;
    }
    else if ( (readl(S3C2410_GPGDAT)&(1 << 11)) == 0 )
    {
        code = 2;
        goto IRQ_OUT;
    }
    writel(readl(S3C2410_SRCPND)&0xffffffda,S3C2410_SRCPND);//clear srcpnd 0 2 11 19
    mdelay(1);
```

```c
    s3c2410_gpio_setpin(S3C2410_GPE11, 1);  /* GPE11 */
    s3c2410_gpio_setpin(S3C2410_GPE13, 1);  /* GPE13 */
    s3c2410_gpio_setpin(S3C2410_GPG2, 0);   /* GPG2 */
    s3c2410_gpio_setpin(S3C2410_GPG6, 1);   /* GPG6 */
    if ((readl(S3C2410_GPFDAT)&(1 << 0)) == 0 )
    {
        code = 15;
        goto IRQ_OUT;
    }
    else if ( (readl(S3C2410_GPFDAT)&(1 << 2)) == 0 )
    {
        code = 14;
        goto IRQ_OUT;
    }
    else if ( (readl(S3C2410_GPGDAT)&(1 << 3)) == 0 )
    {
        code = 13;
        goto IRQ_OUT;
    }
    else if ( (readl(S3C2410_GPGDAT)&(1 << 11)) == 0 )
    {
        code = 12;
        goto IRQ_OUT;
    }
//从以上按键扫描中得到按下按键所在位置对应的code值
    IRQ_OUT:
    enable_irq(IRQ_EINT0);
    enable_irq(IRQ_EINT2);
    enable_irq(IRQ_EINT11);
    enable_irq(IRQ_EINT19);
    if (code >= 0)
    {
        //避免中断连续出现
        if ((jiffies - polling_jffs) > 100)
        {
           polling_jffs = jiffies;
            //使用code值作为数组下标,去inputkey_keycode数组中找到对应按键
            //将键值汇报给上级事件处理层
           input_report_key(inputkey_dev, inputkey_keycode[code], 1);
                                        //向输入子系统报告产生按键事件
           input_report_key(inputkey_dev, inputkey_keycode[code], 0);
           input_sync(inputkey_dev);//通知接收者,一个报告发送完毕
```

```
#if DEBUG_DRIVER
        printk("key %d\n",code);
#endif
        }
    }
    s3c2410_gpio_setpin(S3C2410_GPE11, 0); /* GPE11 */
    s3c2410_gpio_setpin(S3C2410_GPE13, 0); /* GPE13 */
    s3c2410_gpio_setpin(S3C2410_GPG2, 0); /* GPG2 */
    s3c2410_gpio_setpin(S3C2410_GPG6, 0); /* GPG6 */
}
//按键按下时对应中断服务函数
static irqreturn_t inputkey_interrupt(int irq, void * dummy)
{
    disable_irq(IRQ_EINT0);
    disable_irq(IRQ_EINT2);
    disable_irq(IRQ_EINT11);
    disable_irq(IRQ_EINT19);
#if DEBUG_DRIVER
    printk("In The Interrupt! \n");
#endif
    polling_timer.expires = jiffies + HZ/100;
    add_timer(&polling_timer);
    return IRQ_HANDLED;
}
//初始化按键对应输出输出口和对应中断寄存器
void initButton(void)
{
writel((readl(S3C2410_GPGCON)&(~((3 << 22)|(3 << 6))))|((2 << 22)|(2 << 6)),
S3C2410_GPGCON); //GPG11,3 set EINT(ENIT 19,11)
    writel((readl(S3C2410_GPFCON)&(~((3 << 4)|(3 << 0))))|((2 << 4)|(2 << 0)),
S3C2410_GPFCON);    //GPF2,0 set EINT(EINT 2,0)
    writel((readl(S3C2410_EXTINT0)&(~(7|(7 << 8)))),S3C2410_EXTINT0);
    writel((readl(S3C2410_EXTINT0)|(0|(0 << 8))),S3C2410_EXTINT0);//set eint0,2
falling edge int
    writel((readl(S3C2410_EXTINT1)&(~(7 << 12))),S3C2410_EXTINT1);
    writel((readl(S3C2410_EXTINT1)|(0 << 12)),S3C2410_EXTINT1);//set eint11 fall-
ing edge int
    writel((readl(S3C2410_EXTINT2)&(~(0xf << 12))),S3C2410_EXTINT2);
    writel((readl(S3C2410_EXTINT2)|(0 << 12)),S3C2410_EXTINT2);//set eint19 fall-
ing edge int

    s3c2410_gpio_cfgpin(S3C2410_GPE11, S3C2410_GPE11_OUTP);/* GPE11 */
```

```c
        s3c2410_gpio_setpin(S3C2410_GPE11, 0);
        s3c2410_gpio_cfgpin(S3C2410_GPE13, S3C2410_GPE13_OUTP);/* GPE13 */
        s3c2410_gpio_setpin(S3C2410_GPE13, 0);
        s3c2410_gpio_cfgpin(S3C2410_GPG2, S3C2410_GPG2_OUTP); /* GPG2 */
        s3c2410_gpio_setpin(S3C2410_GPG2, 0);
        s3c2410_gpio_cfgpin(S3C2410_GPG6, S3C2410_GPG6_OUTP); /* GPG6 */
        s3c2410_gpio_setpin(S3C2410_GPG6, 0);
        writel((readl(S3C2410_EINTPEND)|((1 << 11)|(1 << 19))),S3C2410_EINT-
PEND);    //clear eint 11,19
        writel((readl(S3C2410_EINTMASK)&(~((1 << 11)|(1 << 19)))),S3C2410_EINT-
MASK);//enable eint11,19
        //eint0,eint2 no need
    }
    static int __init inputkey_init(void)
    {
        int i;
        initButton();
        polling_jffs = jiffies;
        for (i = 0; i < 4; i++)
        {
            if (request_irq(irqArray[i], inputkey_interrupt, IRQF_DISABLED, "inputkey",
(void *)NULL))
            {
                printk("request button irq failed! \n");
                return -1;
            }
        }
        inputkey_dev = input_allocate_device();//分配一个设备结构体,适用于 2.6.24 以上内核
        set_bit(EV_KEY,inputkey_dev->evbit);
        inputkey_dev->keycode = inputkey_keycode;
        inputkey_dev->keycodesize = sizeof(unsigned char);
        inputkey_dev->keycodemax = ARRAY_SIZE(inputkey_keycode);
        //下面的语句必不可少
        for (i = 0; i < 0x10; i++)
            if (inputkey_keycode[i])
        set_bit(inputkey_keycode[i], inputkey_dev->keybit);
        inputkey_dev->name = inputkey_name;
        inputkey_dev->phys = inputkey_phys;
        inputkey_dev->id.bustype = BUS_AMIGA;
        inputkey_dev->id.vendor = 0x0001;
        inputkey_dev->id.product = 0x0001;
```

```c
    inputkey_dev->id.version = 0x0100;
    if (input_register_device(inputkey_dev) != 0)
        printk("Input buttons devices failed! \n");
#if DEBUG_DRIVER
    printk(KERN_ERR "initialize button ok! \n");
#endif
    init_timer(&polling_timer);
    polling_timer.data = (unsigned long)0;
    polling_timer.function = polling_handler;
    return 0;
}
static void __exit inputkey_exit(void)
{
    int i;
    for (i = 0; i<4; i++)
    {
        free_irq(irqArray[i],inputkey_interrupt);
    }
    input_unregister_device(inputkey_dev);
}
module_init(inputkey_init);
module_exit(inputkey_exit);
MODULE_AUTHOR("AK-47");
MODULE_DESCRIPTION("InputKey driver");
MODULE_LICENSE("GPL");
```

6. 测试代码

```c
#include <stdio.h>
#include <stdlib.h>
#include <unistd.h>
#include <sys/ioctl.h>
#include <sys/types.h>
#include <sys/stat.h>
#include <fcntl.h>
#include <sys/select.h>
#include <sys/time.h>
#include <errno.h>
#include <linux/input.h>
int main(void)
{
    int buttons_fd;
```

第 4 章 嵌入式 Linux 驱动开发

```
            int key_value,i = 0,count;
            struct input_event ev_key;
            buttons_fd = open("/dev/event1", O_RDWR);
            if (buttons_fd < 0)
            {
                perror("open device buttons");
                exit(1);
            }
            for (;;)
            {
                count = read(buttons_fd,&ev_key,sizeof(struct input_event));
                for (i = 0; i<(int)count/sizeof(struct input_event); i ++ )
                    if (EV_KEY == ev_key.type)
                        printf("type:%d,code:%d,value:%d\n", ev_key.type,ev_key.code -
1,ev_key.value);
                    if (EV_SYN == ev_key.type)
                        printf("syn event\n\n");
            }
            close(buttons_fd);
            return 0;
        }
```

7. 驱动程序测试

输入子系统管理下按键驱动测试结果如图 4-13 所示。

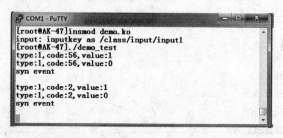

图 4-13　输入子系统管理下按键驱动调试示意图

4.2.3　虚拟总线管理下按键驱动

Linux 内核下的 drivers/input/keyboard/gpio_keys.c 实现了一个与体系结构无关的 GPIO 按键驱动,使用此按键驱动,只需在 arch/arm/mach-s3c2410/mach-smdk2410.c 中定义相关的数据即可。驱动的实现非常简单,但是较适合于实现独立式按键驱动,且按键所接端口为中断引脚,如本书硬件平台矩阵按键对应的 EINT0、EINT2、EINT11、EINT19 中断对应的引脚。如果是矩阵按键,相应代码的改动较大,不宜提倡。

假设在 S3C2410 开发平台上,使用 GPG3、GPG11、GPF0、GPF2 实现了 DOWN、ENTER、HOME、POWER4 个按键,运用该法实现驱动程序首先要在头文件位置键入以下头文件:

```
#include <linux/input.h>
#include <linux/gpio_keys.h>
#include <asm/arch/regs-gpio.h>  //S3C2410 各个端口定义
```

然后在 mach-smdk2410.c 中键入按键的定义信息:

```
static struct gpio_keys_button s3c2410_buttons[] = {
    {
        .gpio = S3C2410_GPG3,
        .code = KEY_DOWN,
        .desc = "Down",
        .active_low = 1,
    },
    {
        .gpio = S3C2410_GPG11,
        .code = KEY_ENTER,
        .desc = "Enter",
        .active_low = 1,
    },
    {
        .gpio = S3C2410_GPF0,
        .code = KEY_HOME,
        .desc = "Home",
        .active_low = 1,
    },
    {
        .gpio = S3C2410_GPF2,
        .code = KEY_POWER,
        .desc = "Power",
        .active_low = 1,
    },
};
static struct gpio_keys_platform_data s3c2410_button_data = {
    .buttons = s3c2410_buttons,
    .nbuttons = ARRAY_SIZE(s3c2410_buttons),
};
static struct platform_device s3c2410_device_button = {
    .name = "gpio-keys",
```

```
        .id = -1,
        .dev = {
        .platform_data = &s3c2410_button_data,
    }
};
```

其中:
- gpio 是连接按键的 IO 管脚。
- code 是这个按键上报的键值,在 input.h 中定义。
- desc 是按键的 name。
- active_low 为 1 是表示低电平触发。

将"&s3c2410_device_button,"语句填入 struct platform_device * s3c2410_devices[]数组,作为该数组的一个成员。

```
static struct platform_device * smdk2410_devices[] __initdata = {
    &s3c_device_usb,
    &s3c_device_lcd,
    &s3c_device_wdt,
    &s3c_device_i2c,
    &s3c_device_iis,
    &s3c_device_rtc,
    &s3c_device_ts,
    &s3c2410_device_button,};
```

编译内核时选择:

Device Drivers >
Input device support >
　　[*] Keyboards
　　　　< * > GPIO Buttons

如果要修改按键对应的 GPIO 和键值,只需要简单地修改 s3c2410_buttons[]数组中的内容。

这样在内核的启动过程中,会发现如下的提示:

input: gpio-keys as /class/input/input0

同时在文件系统 dev 目录下有 event0 设备节点,event1 是触摸屏节点,对 gpio-keys 按键的访问可以通过 event0 来完成。

```
#include <stdio.h>
#include <stdlib.h>
#include <unistd.h>
#include <sys/ioctl.h>
```

```c
#include <time.h>
#include <fcntl.h>
#include <linux/input.h>
int main(int argc, char **argv)
{
    int key_state;
    int fd;
    int ret;
    int code;
    struct input_event buf;
    int repeat_param[2];
    fd = open("/dev/input/event0", O_RDONLY);
    if (fd < 0)
    {
        printf("Open gpio-keys failed.\n");
        return -1;
    }
    else
    {
        printf("Open gpio-keys success.\n");
    }
    repeat_param[0]=500;//ms 重复按键第一次间隔
    repeat_param[1]=66;//ms 重复按键后续间隔
    ret = ioctl(fd,EVIOCSREP,(int *)repeat_param);//设置重复按键参数
    if(ret != 0)
        {
            printf("set repeat_param fail!\n");
        }
    else
        {
            printf("set repeat_param ok.\n");
        }
    while(1)
    {
        ret = read(fd,&buf,sizeof(struct input_event));
        if(ret <= 0)
            {
                printf("read fail!\n");
                return -1;
            }

        code = buf.code;
```

```c
            key_state = buf.value;
            switch(code)
            {
                case KEY_DOWN:
                    code = '1';
                    break;
                case KEY_ENTER:
                    code = '2';
                    break;
                case KEY_HOME:
                    code = '3';
                    break;
                case KEY_POWER:
                    code = '4';
                    break;
                default:
                    code = 0;
                    break;
            }
            if(code! = 0)
            {
                printf("Key_%c state = %d.\n",code,key_state);
            }
        }
    close(fd);
    printf("Key test finished.\n");
    return 0;
}
```

上述按键驱动涉及到 Linux 内核的 platform 设备驱动模型相关知识,读者可自行参考相关内容。

4.2.4 定时器控制的蜂鸣器驱动

1. 蜂鸣器驱动设计原理

蜂鸣器发声原理如本书 1.3.1 小节所述。蜂鸣器与 S3C2410 的连接如图 1-16 所示,S3C2410 的 B 组端口 0 号引脚接至蜂鸣器电路的三极管基极,通过控制 GPB0 的高低电平来控制三极管的通断,进而来控制蜂鸣器发声。根据蜂鸣器的发声原理,当给予蜂鸣器电平通断的频率发声变化时,蜂鸣器会发出不同声调的声音。而 GPB0 号引脚正好是 S3C2410 内部定时器 0 的输出引脚,S3C2410 内部定时器具有 PWM(脉宽调制)输出的功能,由此我们可以控制 S3C2410 内部定时器 0 的 PWM

输出频率,来控制 GPB0 引脚上高低电平的变化频率,进而使蜂鸣器发出不同声调的声音,本实例中蜂鸣器驱动即完成了上述功能。

2. S3C2410 定时器工作原理

S3C2410 提供了 5 个 16 位的定时器 Timer(Timer0~Timer4),其中 Timer0~Timer3 支持 Pulse Width Modulation—PWM(脉宽调制)。Timer4 是一个内部定时器,没有输出引脚。

图 4-14 是定时器的工作原理图。

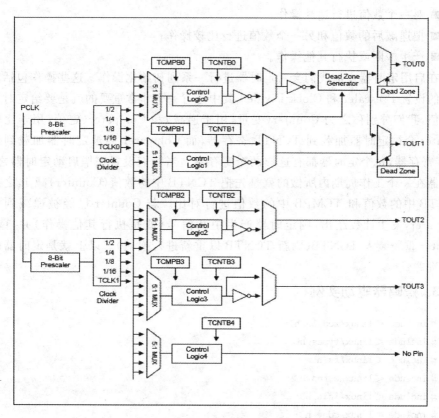

图 4-14 S3C2410 内部定时器工作原理示意图

如图 4-14 所示,PCLK 是定时器的信号源,我们通过设置每个定时器相应的 Prescaler 和 Clock Divider 把 PCLK 转换成输入时钟信号传送给各个定时器的逻辑控制单元。事实上每个定时器都有一个称为输入时钟频率的参数,这个频率就是通过 PCLK、Prescaler 和 Clock Divider 确定下来的,每个定时器的逻辑控制单元就是以这个频率在工作。下面给出输入时钟频率的公式:

Timer input clock Frequency = PCLK / {prescaler value + 1} / {clock divider}

{prescaler value} = 0~255

{ clock divider } = 2, 4, 8, 16

并不是每一个 Timer 都有对应的 Prescaler 和 Clock Divider,从上面的原理图我们可以看到 Timer0、Timer1 共用一对 Prescaler 和 Clock Divider、Timer2、Timer3、Timer4 共用另一对 Prescaler 和 Clock Divider,S3C2410 的整个时钟系统模块只存在两对 Prescaler 和 Clock Divider。

定时器的工作就是在单位时间内对一个给定的数值进行递减和比较的操作。定时器在一个工作周期内的具体工作内容主要有 3 个,分别是:

- 对一个数值进行递减操作;
- 把递减后的数值和另一个数值进行比较操作;
- 产生中断或执行其他操作。

在启用定时器之前我们会对定时器进行一系列初始化操作。这些操作包括上面提到的设置 Prescaler 和 Clock Divider,其中还有一个非常重要的就是要给定时器两个数值,我们分别称之为 Counter(变量,用于递减)和 Comparer(定值,用于比较)。Counter 会被定时器加载到 TCNTB 寄存器,而 Comparer 会被定时器加载到 TCMPB 寄存器,每个定时器都有这样两个寄存器。当我们设置完毕启动定时器之后,定时器在一个工作周期内所做的就是先把 TCNTB 中的数值(Counter)减 1,之后把 TCNTB 中的数值和 TCMPB 中的数值进行对比。若 Counter 已经被递减到等于 Comparer,发生计数超出,则定时器产生中断信号(或是执行其他操作)并自动把 Counter 重新装入 TCNTB(刷新 TCNTB 以重新进行递减)。以上就是定时器的工作原理。

3. 蜂鸣器驱动实例

```
# include <linux/module.h>
# include <linux/types.h>
# include <linux/fs.h>
# include <linux/errno.h>
# include <linux/init.h>
# include <linux/cdev.h>
# include <asm/io.h>
# include <asm/system.h>
# include <asm/uaccess.h>
# include <linux/device.h>    //for  udev
# include <asm-arm/arch-s3c2410/hardware.h>
# include <asm-arm/plat-s3c/regs-timer.h>
# include <linux/ioport.h>
# include <asm/arch-s3c2410/regs-gpio.h>
# include <asm/mach/time.h>
# include <asm/hardware/clock.h>
```

```c
#include <linux/kernel.h>
#include <linux/delay.h>
#include <asm/irq.h>
#include <linux/interrupt.h>
#include <asm/hardware.h>
#include <asm/arch-s3c2410/regs-irq.h>
#include <linux/ioctl.h>
#define GPIO_IOCTL_MAGIC 'G'
#define PWM_IOCTL_SET_FREQ _IOW(GPIO_IOCTL_MAGIC, 0, unsigned int)
#define PWM_IOCTL_STOP _IOW(GPIO_IOCTL_MAGIC, 1, unsigned int)
#define VIRTUALMEM_MAJOR 0    /*预设的主设备号*/
static int Virtualmem_major = VIRTUALMEM_MAJOR;
/* Virtualmem 设备结构体 */
struct Virtualmem_dev
{
    struct cdev cdev; /* cdev 结构体 */
};
struct Virtualmem_dev * Virtualmem_devp; /* 设备结构体指针 */
/* 频率范围: pclk/50/16/65 536 ~ pclk/50/16
 * 如果 pclk = 50 MHz, 则频率变化从 1 Hz 到 62 500 Hz。
 * 人类听觉范围: 20 Hz~20 000 Hz
 */
static void PWM_Set_Freq( unsigned long freq )
{
    unsigned long tcon;
    unsigned long tcnt;
    unsigned long tcfg1;
    unsigned long tcfg0;
    struct clk * clk_p;
    unsigned long pclk;
    //set GPB0 as tout0, pwm output
    s3c2410_gpio_cfgpin(S3C2410_GPB0, S3C2410_GPB0_TOUT0);
    tcon = __raw_readl(S3C2410_TCON);
    tcfg1 = __raw_readl(S3C2410_TCFG1);
    tcfg0 = __raw_readl(S3C2410_TCFG0);
    //prescaler = 50
    tcfg0 &= ~S3C2410_TCFG_PRESCALER0_MASK;
    tcfg0 |= (256 - 1);
    //mux = 1/16
    tcfg1 &= ~S3C2410_TCFG1_MUX0_MASK;
    tcfg1 |= S3C2410_TCFG1_MUX0_DIV16;
    __raw_writel(tcfg1, S3C2410_TCFG1);
```

```c
    __raw_writel(tcfg0, S3C2410_TCFG0);
    clk_p = clk_get(NULL, "pclk");
    pclk  = clk_get_rate(clk_p);
    tcnt  = (pclk/50/16)/freq;//根据要设置的频率值计算定时器应赋的初值
    __raw_writel(tcnt, S3C2410_TCNTB(0));
    __raw_writel(tcnt/2, S3C2410_TCMPB(0));
    tcon &= ~0x1f;
    tcon |= 0xb; //禁止死区,使能自动重装载,更新寄存器,开启定时器
    __raw_writel(tcon, S3C2410_TCON);
    tcon &= ~2;     //清除手动更新位
    __raw_writel(tcon, S3C2410_TCON);
}
void PWM_Stop( void )
{
    s3c2410_gpio_cfgpin(S3C2410_GPB0, S3C2410_GPB0_OUTP);
    s3c2410_gpio_setpin(S3C2410_GPB0, 0);
}
/*文件打开函数*/
int Virtualmem_open(struct inode * inode, struct file * filp)
{
    /*将设备结构体指针赋值给文件私有数据指针*/
    filp->private_data = Virtualmem_devp;
    return 0;
}
/*文件释放函数*/
int Virtualmem_release(struct inode * inode, struct file * filp)
{
    return 0;
}
/*读函数*/
static ssize_t Virtualmem_read(struct file * filp, char __user * buf, size_t size,
                    loff_t * ppos)
{
    int ret = 0;
    struct Virtualmem_dev * dev = filp->private_data;   /*获得设备结构体指针*/
    return ret;
}
/*写函数*/
static ssize_t Virtualmem_write(struct file * filp, const char __user * buf,
                    size_t size, loff_t * ppos)
{
    int ret = 0;
```

```c
    struct Virtualmem_dev * dev = filp->private_data;    /* 获得设备结构体指针 */
    return ret;
}
static int gpio_ioctl(struct inode * inode, struct file * filp, unsigned int cmd, unsigned long arg)
{ /* ioctl 函数接口:主要接口的实现。对 5 个 GPIO 设备进行控制(发亮或发声) */
    unsigned int swt = (unsigned int)arg;
    switch (cmd)
    {
    case PWM_IOCTL_SET_FREQ:
        if (arg == 0)
            return - EINVAL;
        PWM_Set_Freq(arg);
        break;
    case PWM_IOCTL_STOP:
        PWM_Stop();
        break;
    }
    return 0;
}
/* 文件操作结构体 */
static const struct file_operations Virtualmem_fops =
{
    .owner = THIS_MODULE,
    .read = Virtualmem_read,
    .write = Virtualmem_write,
    .open = Virtualmem_open,
    .release = Virtualmem_release,
    .ioctl = gpio_ioctl, /* 实现主要控制功能 */
};
struct class * my_class;
/* 初始化并注册 cdev */
static void Virtualmem_setup_cdev(struct Virtualmem_dev * dev, int index)
{
    int err, devno = MKDEV(Virtualmem_major, index);
    cdev_init(&dev->cdev, &Virtualmem_fops);
    dev->cdev.owner = THIS_MODULE;
    dev->cdev.ops = &Virtualmem_fops;
    err = cdev_add(&dev->cdev, devno, 1);
    if (err)
        printk(KERN_ALERT "Error % d adding Virtualmem % d", err, index);
```

```c
    my_class = class_create(THIS_MODULE, "buzzer");
    if (IS_ERR(my_class))
    {
        printk("Err: failed in creating class.\n");
        return ;
    }
    class_device_create(my_class,NULL,devno,NULL,"buzzer");
}
/*设备驱动模块加载函数*/
int Virtualmem_init(void)
{
    int result;
    dev_t devno = MKDEV(Virtualmem_major, 0);
    /* 申请设备号 */
    if (Virtualmem_major)
        result = register_chrdev_region(devno, 1, "buzzer");
    else   /* 动态申请设备号 */
    {
        result = alloc_chrdev_region(&devno, 0, 1, "buzzer");
        Virtualmem_major = MAJOR(devno);
    }
    if (result < 0)
        return result;
    /* 动态申请设备结构体的内存 */
    Virtualmem_devp = kmalloc(sizeof(struct Virtualmem_dev), GFP_Kernel);
    if (! Virtualmem_devp)    /*申请失败*/
    {
        result = - ENOMEM;
        goto fail;
    }
    memset(Virtualmem_devp, 0, sizeof(struct Virtualmem_dev));
    Virtualmem_setup_cdev(Virtualmem_devp, 0);
    return 0;
    fail: unregister_chrdev_region(devno, 1);
    return result;
}
/*模块卸载函数*/
void Virtualmem_exit(void)
{
    cdev_del(&Virtualmem_devp->cdev);      /*注销 cdev*/
    kfree(Virtualmem_devp);            /*释放设备结构体内存*/
    class_device_destroy(my_class, MKDEV(Virtualmem_major, 0));
```

```c
        class_destroy(my_class);
        unregister_chrdev_region(MKDEV(Virtualmem_major, 0), 1);    /*释放设备号*/
}
MODULE_AUTHOR("AK-47");
MODULE_LICENSE("Dual BSD/GPL");
module_init(Virtualmem_init);
module_exit(Virtualmem_exit);
```

4. 测试代码

```c
#include <stdio.h>
#include <sys/types.h>
#include <sys/stat.h>
#include <sys/ioctl.h>
#include <fcntl.h>
#include <unistd.h>
#include <linux/ioctl.h>
#define GPIO_IOCTL_MAGIC 'G'
#define PWM_IOCTL_SET_FREQ _IOW(GPIO_IOCTL_MAGIC, 0, unsigned int)
#define PWM_IOCTL_STOP _IOW(GPIO_IOCTL_MAGIC, 1, unsigned int)
#define DEVICE_FILENAME "/dev/buzzer"
int main()
{
    int dev;
    dev = open(DEVICE_FILENAME, O_RDWR|O_NDELAY);
    if(dev<0)
        printf("can't open the beep!");
    if(dev >= 0)
    {
        sleep(1);
        printf("turn on the beep! \n");
        ioctl(dev, PWM_IOCTL_SET_FREQ,2000);
        sleep(5);
        printf("turn off the beep! \n");
        ioctl(dev, PWM_IOCTL_STOP);
    }
    close(dev);
    return 0;
}
```

4.2.5 四位串行控制的数码管驱动

1. 蜂鸣器驱动设计原理

本应用实例的硬件连接原理图如图 1-46 所示。4 个共阴极数码管级联,由芯片74HC164来驱动,每一个74HC164对应一个数码管,74HC164的输入端与前一级74HC164输出端QH相连。数据由S3C2410的A组端口GPA12引脚送至第一级74HC164的AB端,移位脉冲由S3C2410的A组端口GPA15送至4个74HC164的CLK端。在CLK引脚接收到脉冲作用下,串行数据自AB端逐位由QA至QH发送。由于上下级74HC164首尾级联,上级芯片接收到数据会依次传至下级芯片,32个脉冲后,完整的需要送显数据即出现在四位数码管上。

在进行驱动编写过程中,在驱动程序的init()加载函数中实现对S3C2410的A组端口12、15号引脚的初始化工作,将两个引脚初始化为输出功能;在驱动程序的write()写数据函数中,根据74HC164的时序,控制S3C2410的A组端口12、15号引脚的高低电平的变化,实现74HC164的数据输入功能。

2. 数码管驱动实例

```
#include <linux/module.h>
#include <linux/init.h>
#include <linux/kernel.h>
#include <linux/fs.h>
#include <linux/sched.h>
#include <linux/major.h>
#include <linux/types.h>
#include <linux/cdev.h>
#include <asm/io.h>
#include <asm/system.h>
#include <linux/miscdevice.h>
#include <asm/hardware.h>
#include <asm/arch/regs-gpio.h>
#include <asm/uaccess.h>
#include <linux/vmalloc.h>
#define SERIAL_LED_MAJOR    0//主设备号
#define    GPG2_out    (1 << (2*2))
#define    GPG6_out    (1 << (6*2))
#define DEVICE_NAME    "led8" //确定设备名
#define VERSION        "NeuESE-led-V1.00"
static u8 Buffer[4];
struct led_dev
{
    struct cdev cdev;
    int led;
};
struct led_dev * led_device;
```

```c
int serial_led_major =   SERIAL_LED_MAJOR;
//显示 logo 信息
void showversion(void)
{
    printk("*********************************\n");
    printk("\t %s \t\n", VERSION);
    printk("*********************************\n\n");

}
//微处理器输入输出口初始化
void GPio_init(void)
{
    unsigned long GPGCON;
    GPGCON =   (unsigned long)ioremap(0x56000060,4);
    (*(volatile unsigned long*)GPGCON)|= GPG2_out|GPG6_out;
    (*(volatile unsigned long*)GPGCON)&= ~(1 << (5));
    (*(volatile unsigned long*)GPGCON)&= ~(1 << (13));
}
//实现串行数据传输的位输出
void write_bit(int data)
{
    unsigned long GPGDAT;
    GPGDAT =   (unsigned long)ioremap(0x56000064,4);
    (*(volatile unsigned long*)GPGDAT)&= ~(1 << (6));
    if ((data & 0x80) == 0x80)
    {
        (*(volatile unsigned long*)GPGDAT)|= (1 << 2);
    } else
    {
        (*(volatile unsigned long*)GPGDAT)&= ~(1 << 2);
    }
    (*(volatile unsigned long*)GPGDAT)|= (1 << (6));//   cp high
}
//实现串行数据传输的字节输出
void write_byte(unsigned char * data)
{
    int i,j;
    for (j = 0;j<4;j++)
    {
        for (i = 0;i<8;i++)
        {
            write_bit(data[j] << i);
```

```c
        }
    }
}
//实现设备写功能
ssize_t SERIAL_LED_write (struct file * filp ,const char __user * buf, size_t count,
loff_t * ppos)
{
    copy_from_user(Buffer, buf, count);
    printk("data = %x,%x,%x,%x\n",Buffer[0],Buffer[1],Buffer[2],Buffer[3]);
    write_byte(Buffer);
    return count;
}
//打开设备对应函数
int SERIAL_LED_open (struct inode * inode ,struct file * filp)
{
    struct led_dev * dev;
    dev = container_of(inode->i_cdev, struct led_dev, cdev);
    filp->private_data = dev;
    return 0;
}
// -------------------------------------------------
struct file_operations SERIAL_LED_fops = {
    .owner      =       THIS_MODULE,
    .open       =       SERIAL_LED_open,
    .write      =       SERIAL_LED_write,
};
//卸载驱动对应函数
static void __exit SERIAL_LED_exit(void)
{
    if (led_device)
    {
        cdev_del(&led_device->cdev);
        kfree(led_device);
    }
    unregister_chrdev_region(MKDEV(serial_led_major,0),1);
}
//加载设备对应函数
static int __init HW_SERIAL_LED_init(void)
{
    int ret;
    dev_t dev_no = MKDEV(serial_led_major,0);
    if (serial_led_major)
```

```c
        ret = register_chrdev_region(dev_no,1,DEVICE_NAME);
    else
        ret = alloc_chrdev_region(&dev_no,0,1,DEVICE_NAME);
    if ( ret < 0 )
    {
        printk(KERN_ALERT" init_module failed with %d\n [ -- Kernel -- ]", ret);
        return ret;
    } else
    {
        printk(KERN_ALERT" serial_led_driver register success!!! [ -- Kernel -- ]\n");
    }
    led_device = kmalloc(sizeof(struct led_dev), GFP_Kernel);
    if (! led_device)
    {
        ret = - ENOMEM;
        goto fail;
    }
    memset(led_device, 0, sizeof(struct led_dev));
    showversion();
    cdev_init(&led_device->cdev,&SERIAL_LED_fops);
    led_device->cdev.owner = THIS_MODULE;
    led_device->cdev.ops = &SERIAL_LED_fops;
    ret = cdev_add(&led_device->cdev,dev_no,1);
    if (ret)
    {
        printk(KERN_NOTICE "Error %d adding DEMO\n", ret);
        goto fail;
    }
    GPio_init();
    return 0;
    fail:
    SERIAL_LED_exit();
    return ret;
}
MODULE_DESCRIPTION("serial_led driver module");
MODULE_AUTHOR("zgs");
MODULE_LICENSE("Dual BSD/GPL");
module_init(HW_SERIAL_LED_init);
module_exit(SERIAL_LED_exit);
```

2. 驱动程序测试

```c
#include <stdio.h>
#include <string.h>
#include <stdlib.h>
#include <fcntl.h>
#include <unistd.h>
#define DEVICE_NAME    "/dev/led8"
unsigned char  buf[10] = { 0x3f,0x06,0x5b,0x4f,0x66,0x6d,0x7d,0x07,0x7f,0x6f};
void Load_DispData(unsigned char * Dsp_buf)
{
    unsigned char * p;
    p = Dsp_buf;
    * p = buf[2];
    p++;
    * p = buf[3];
    p++;
    * p = buf[6]|0x80;
    p++;
    * p = buf[5];
}
int main(void)
{
    int fd;
    int ret;
    unsigned char p[5];
    printf("\nstart serial_led driver test\n\n");
    fd = open(DEVICE_NAME, O_RDWR);
    printf("fd = %d\n",fd);
    if (fd == -1)
    {
        printf("open device %s error\n",DEVICE_NAME);
    }
    else
    {
        Load_DispData(p);
        ret = write(fd,p,4);
    }
    ret = close(fd);
    printf ("ret = %d\n",ret);
    printf ("close serial_led driver test\n");
    return 0;
```

}

4.2.6 模数转换器驱动

1. A/D 转换器(ADC)

随着数字技术,特别是计算机技术的飞速发展与普及,在现代控制、通信及检测领域中,对信号的处理广泛采用了数字计算机技术。由于系统的实际处理对象往往都是一些模拟量(如温度、压力、位移、图像等),要使计算机或数字仪表能识别和处理这些信号,必须首先将这些模拟信号转换成数字信号,这就必须用到 A/D 转换器。

模拟信号进行 A/D 转换的时候,从启动转换到转换结束输出数字量,需要一定的转换时间。在这个转换时间内,模拟信号要基本保持不变,否则转换精度没有保证,特别当输入信号频率较高时,会造成很大的转换误差。要防止这种误差的产生,必须在 A/D 转换开始时将输入信号的电平保持住,而在 A/D 转换结束后,又能跟踪输入信号的变化。因此,一般的 A/D 转换过程是通过取样、保持、量化和编码这 4 个步骤完成的。一般取样和保持主要由采样保持器来完成,而量化编码就由 A/D 转换器完成。

2. S3C2410X 处理器的 A/D 转换器

处理器内部集成了采用近似比较算法(计数式)的 8 路 10 位 ADC,集成零比较器,内部产生比较时钟信号,支持软件使能休眠模式,以减少电源损耗。其主要特性如下。

- 精度:10bit;
- 微分线性误差:±1.5 LSB;
- 积分线性误差:±2.0 LSB;
- 最大转换速率:500 kSPS;
- 输入电压:0~3.3V;
- 片上采样保持电路;
- 正常模式;
- 单独 X,Y 坐标转换模式;
- 自动 X,Y 坐标顺序转换模式;
- 等待中断模式。

3. S3C2410X 处理器 A/D 转换器的使用

处理器集成的 ADC 只使用到两个寄存器控制其工作,即 ADC 控制寄存器(ADCCON)和 ADC 数据寄存器(ADCDAT)。控制寄存器功能描述如表 4-5 所列。

表 4-5 ADC 控制寄存器(ADCCON)

寄存器名称	地　址	读写功能	功能描述	复位值
ADCCON	0x58000000	读/写	模数转换器控制寄存器	0x3FC4

ADCCON 寄存器	位	功能描述	初始值
ECFLG	[15]	转换结束标志位(只读) 0＝模数转换正在进行中 1＝模数转换已经结束	0
PRSCEN	[14]	AD 转换预分频使能位 0＝禁止 1＝使能	0
PRSVCL	[13:6]	AD 转换预分频设置位 数据值：1~255 注：当设置的值为 N 时，分频因子为 N+1	0xFF
SEL_MUX	[5:3]	模拟通道输入选择 000＝通道 0 001＝通道 1 010＝通道 2 011＝通道 3 100＝通道 4 101＝通道 5 110＝通道 6 111＝通道 7	
STDBM	[2]	待机模式选择位 0＝正常工作模式 1＝待机模式	1
READ_START	[1]	AD 转换开始读控制位 0＝禁止读开始 1＝使能读开始	0
ENABLE	[0]	AD 转换开始控制位 如果 READ_START 位使能,此位值无效 0＝无效 1＝AD 转换开始,当开始后此位被清空	0

数据寄存器 1 功能描述如表 4-6 所列。

表 4-6 ADC 数据寄存器 1(ADCDAT0,ADCDAT1)

寄存器名称	地 址	读写功能	功能描述	复位值
ADCDAT0	0x5800000C	读	ADC 转换数据寄存器	
ADCDAT0 寄存器	位	功能描述		初始状态
UPDOWN	[15]	ADCDAT0[15]:等待中断模式, Stylus 电平选择 0:低电平 1:高电平		
AUTO_PST	[14]	ADCDAT0[14]:自动按照先后 顺序转换 X,Y 坐标 0:正常 ADC 顺序 1:按照先后顺序转换		
XY_PST	[13:12]	ADCDAT0[13:12]:自定义 X,Y 位置 00:无操作模式 01:测量 X 位置 10:测量 Y 位置 11:等待中断模式		
Reserved	[11:10]	ADCDAT0[11:10]:保留		
XPDATA	[9:0]	ADCDAT0[9:0]:X 坐标转换数据值		

数据寄存器 2 功能描述如表 4-7 所列。

表 4-7 ADC 数据寄存器 2(ADCDAT0,ADCDAT1)

寄存器名称	地 址	读写功能	功能描述	复位值
ADCDAT1	0x58000010	读	ADC 转换数据寄存器	
ADCDAT1 寄存器	位	功能描述		初始状态
UPDOWN	[15]	ADCDAT1[15]:等待中断模式, Stylus 电平选择 0:低电平 1:高电平		
AUTO_PST	[14]	ADCDAT1[14]:自动按照先后 顺序转换 X,Y 坐标 0:正常 ADC 顺序 1:按照先后顺序转换		

续表 4-7

寄存器名称	地址	读写功能	功能描述	复位值
XY_PST	[13:12]	ADCDAT1[13:12]：自定义 X,Y 位置 00：无操作模式 01：测量 X 位置 10：测量 Y 位置 11：等待中断模式		
Reserved	[11:10]	ADCDAT1[11:10]：保留		
YPDATA	[9:0]	ADCDAT1[9:0]：Y 坐标转换数据值		

4. S3C2410 模数转换器外部硬件连接

本实例中，外部硬件连接如图 4-15 所示，10 kΩ 的滑动变阻器一端连接 3.3 V 电压，一端接地，中间抽头连接到 S3C2410 处理器模数转换器通道 0。

5. 驱动实例

本驱动分两部分讲解。第一部分完成基本的初始化功能，包括端口的申请、映射以及主次设备的申请等，这里要注意的是将 ADC 模数转换器作为一个 misc device（杂项设备）来进行管理。

杂项设备是在嵌入式 Linux 系统中用得比较多的一种设备驱动。因为这些字符设备不符合预先确定的字符设备范畴，所以这些

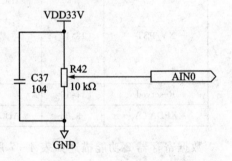

图 4-15 ADC 模数转换器连接示意图

设备采用主编号 10，一起归于 misc device。在 Linux 内核的 include/linux 目录下有 Miscdevice.h 文件，要把自己定义的 misc device 从设备定义在这里，主设备号已经确定为 10，此设备号在驱动程序中注册后由系统自动分配。

第一部分程序如下：

```
# include <linux/errno.h>
# include <linux/Kernel.h>
# include <linux/module.h>
# include <linux/init.h>
# include <linux/input.h>
# include <linux/serio.h>
# include <linux/clk.h>
# include <linux/miscdevice.h>
# include <asm/io.h>
# include <asm/irq.h>
```

```c
#include <asm/uaccess.h>
/*定义了一个用来保存经过虚拟映射后的内存地址*/
static void __iomem * adc_base;
/*保存从平台时钟队列中获取 ADC 的时钟*/
static struct clk * adc_clk;
/*申明并初始化一个信号量 ADC_LOCK,对 ADC 资源进行互斥访问,因为模数转换器也要用在触摸屏上面*/
DECLARE_MUTEX(ADC_LOCK);
static int __init adc_init(void)
{
    int ret;
    /*从平台时钟队列中获取 ADC 的时钟,因为 ADC 的转换频率跟时钟有关。系统的一些
    时钟定义在 arch/arm/plat-s3c24xx/s3c2410-clock.c 中*/
    adc_clk = clk_get(NULL, "adc");
    if (! adc_clk)
    {
        /*错误处理*/
        printk(KERN_ERR "failed to find adc clock source\n");
        return - ENOENT;
    }
    /*时钟获取并使能后才可以使用,clk_enable 定义在 arch/arm/plat-s3c/clock.c 中*/
    clk_enable(adc_clk);
    /*将 ADC 的 IO 端口占用的这段 IO 空间映射到内存的虚拟地址,ioremap 定义在 io.h 中。
    注意:IO 空间要映射后才能使用,以后对虚拟地址的操作就是对 IO 空间的操作。
    S3C2410_PA_ADC 是 ADC 控制器的基地址,定义在 mach-s3c2410/include/mach/map.h
    中,0x20 是虚拟地址长度大小*/
    adc_base = ioremap(S3C2410_PA_ADC, 0x20);
    if (adc_base == NULL)
    {
        /*错误处理*/
        printk(KERN_ERR "Failed to remap register block\n");
        ret = - EINVAL;
        goto err_noclk;
    }
    /*把看 ADC 注册成为 misc 设备,misc_register 定义在 miscdevice.h 中,adc_miscdev
    结构体定义及内部接口函数在第二部分中讲,MISC_DYNAMIC_MINOR 是次设备号,定义在 miscdevice.h 中*/
    ret = misc_register(&adc_miscdev);
    if (ret)
    {
        /*错误处理*/
        printk(KERN_ERR "cannot register miscdev on minor = %d (%d)\n", MISC_DYNAMIC
```

```
    _MINOR, ret);
            goto err_nomap;
        }
        printk(DEVICE_NAME " initialized! \n");
        return 0;
//以下是上面错误处理的跳转点
    err_noclk:
        clk_disable(adc_clk);
        clk_put(adc_clk);
    err_nomap:
        iounmap(adc_base);
        return ret;
    }
    static void __exit adc_exit(void)
    {
        free_irq(IRQ_ADC, 1);       /*释放中断*/
        iounmap(adc_base);          /*释放虚拟地址映射空间*/
        if (adc_clk)                /*屏蔽和销毁时钟*/
        {
            clk_disable(adc_clk);
            clk_put(adc_clk);
            adc_clk = NULL;
        }
        misc_deregister(&adc_miscdev);/*注销misc设备*/
    }
/*导出信号量ADC_LOCK在触摸屏驱动中使用,因为触摸屏驱动和ADC驱动公用相关的寄存
器,为了不产生资源竞态,就用信号量来保证资源的互斥访问*/
    EXPORT_SYMBOL(ADC_LOCK);
    module_init(adc_init);
    module_exit(adc_exit);
    MODULE_LICENSE("GPL");
    MODULE_AUTHOR("Huang Gang");
    MODULE_DESCRIPTION("My2440 ADC Driver");
```

第二部分程序如下,完成数据读写功能。

```
    #include <plat/regs-adc.h>
    /*设备名称*/
    #define DEVICE_NAME    "my2410_adc"
    /*定义并初始化一个等待队列adc_waitq,对ADC资源进行阻塞访问*/
    static DECLARE_WAIT_QUEUE_HEAD(adc_waitq);
    /*用于标识A/D转换后的数据是否可以读取,0表示不可读取*/
    static volatile int ev_adc = 0;
```

```c
/*用于保存读取的AD转换后的值,该值在ADC中断中读取*/
static int adc_data;
/*misc设备结构体实现*/
static struct miscdevice adc_miscdev =
{
    .minor    = MISC_DYNAMIC_MINOR, /*次设备号,定义在miscdevice.h中,为255*/
    .name     = DEVICE_NAME,        /*设备名称*/
    .fops     = &adc_fops,          /*对ADC设备文件操作*/
};
/*字符设备的相关操作实现*/
static struct file_operations adc_fops =
{
    .owner    = THIS_MODULE,
    .open     = adc_open,
    .read     = adc_read,
    .release  = adc_release,
};
/*ADC设备驱动的打开接口函数*/
static int adc_open(struct inode * inode, struct file * file)
{
    int ret;
    /*申请ADC中断服务,这里使用的是共享中断:IRQF_SHARED,为什么要使用共享中断,
因为在触摸屏驱动中也使用了这个中断号。中断服务程序为:adc_irq在下面实现,IRQ_ADC是
ADC的中断号*/
    ret = request_irq(IRQ_ADC, adc_irq, IRQF_SHARED, DEVICE_NAME, 1);
    if (ret)
    {
        /*错误处理*/
        printk(KERN_ERR "IRQ % d error  % d\n", IRQ_ADC, ret);
        return - EINVAL;
    }
    return 0;
}
/*ADC中断服务程序,该服务程序主要是从ADC数据寄存器中读取A/D转换后的值*/
static irqreturn_t adc_irq(int irq, void * dev_id)
{
    /*保证了应用程序读取一次这里就读取A/D转换的值一次,避免应用程序读取一次后
发生多次中断多次读取A/D转换值*/
    if(! ev_adc)
    {
/*读取A/D转换后的值保存到全局变量adc_data中,S3C2410_ADCDAT0定义在regs - adc.
h中,这里为什么要与上一个0x3ff,很简单,因为A/D转换后的数据是保存在ADCDAT0的第0~9
```

位，所以与上 0x3ff(即:1111111111)后就得到第 0~9 位的数据,多余的位都为 0 */
            adc_data = readl(adc_base + S3C2410_ADCDAT0) & 0x3ff;
            /*将可读标识为 1,并唤醒等待队列*/
            ev_adc = 1;
            wake_up_interruptible(&adc_waitq);
        }
        return IRQ_HANDLED;
    }
    /*ADC 设备驱动的读接口函数*/
    static ssize_t adc_read(struct file * filp, char * buffer, size_t count, loff_t * ppos)
    {
        /*试着获取信号量(即:加锁)*/
        if (down_trylock(&ADC_LOCK))
        {
            return -EBUSY;
        }
        if(! ev_adc)/*表示还没有 A/D 转换后的数据,不可读取*/
        {
            if(filp->f_flags & O_NONBLOCK)
            {
                /*应用程序若采用非阻塞方式读取则返回错误*/
                return -EAGAIN;
            }
            else/*以阻塞方式进行读取*/
            {
                /*设置 ADC 控制寄存器,开启 A/D 转换*/
                start_adc();
                /*使等待队列进入睡眠*/
                wait_event_interruptible(adc_waitq, ev_adc);
            }
        }
        /*能到这里就表示已有 A/D 转换后的数据,则标识清 0,给下一次读做判断用*/
        ev_adc = 0;
        /*将读取到的 A/D 转换后的值发往到上层应用程序*/
        copy_to_user(buffer, (char *)&adc_data, sizeof(adc_data));
        /*释放获取的信号量(即:解锁)*/
        up(&ADC_LOCK);
        return sizeof(adc_data);
    }
    /*设置 ADC 控制寄存器,开启 A/D 转换*/
    static void start_adc(void)

```c
{
    unsigned int tmp;
    tmp = (1 << 14) | (255 << 6) | (0 << 3);/* 0 1 00000011 000 0 0 0 */
    writel(tmp, adc_base + S3C2410_ADCCON); /* ADC 预分频器使能、模拟输入通道设为
AIN0 */
    tmp = readl(adc_base + S3C2410_ADCCON);
    tmp = tmp | (1 << 0); /* 0 1 00000011 000 0 0 1 */
    writel(tmp, adc_base + S3C2410_ADCCON); /* A/D 转换开始 */
}
/* ADC 设备驱动的关闭接口函数 */
static int adc_release(struct inode * inode, struct file * filp)
{
    return 0;
}
```

将上述两部分代码合为一起,便得到 S3C2410 内部模数转换器的驱动程序。从程序中可以看出,ADC 模数转换器程序仍是字符设备驱动程序,只不过纳入了杂项设备来进行管理。

4.2.7 电阻式触摸屏驱动

本驱动分两部分讲解。触摸屏工作原理见 1.3.9 小节,由触摸屏工作原理可知,触摸屏驱动主要完成 S3C2410 内部模数转换器对触摸点电压值转换值的读取,因此触摸屏驱动和模数转换器驱动原理基本相同。需要注意的是,S3C2410 内部 8 通道模数转换器实质为一个 8 路模拟转化器,完成对外部引脚至内部核心模数转换器单元的切换,能够进行模数转换的执行机构只有一个。因此,如果同时使用 S3C2410 的模数转换器作为通用的数据采集和触摸屏数据采集的话,要解决两者的并发问题。Linux 内核提供了处理并发问题的多种机制,在本书模数转换器和触摸屏驱动程序中采用了信号量来完成两者的并发访问。

第一部分驱动程序中完成了模数转换器的时钟申请、中断申请、及相关寄存器的设置,在本设备驱动程序中将触摸屏驱动纳入 Linux 的输入子系统进行管理。主要目的是为后续 Qt 应用程序调用方便。

```c
# include <linux/module.h>
# include <linux/kernel.h>
# include <linux/clk.h>
# include <linux/init.h>
# include <linux/input.h>
# include <linux/serio.h>
# include <plat/regs-adc.h>
# include <asm/irq.h>
```

```c
#include <asm/io.h>
/*用于保存从平台时钟列表中获取的ADC时钟*/
static struct clk * adc_clk;
/*定义了一个用来保存经过虚拟映射后的内存地址*/
static void __iomem * adc_base;
/*定义一个输入设备来表示我们的触摸屏设备*/
static struct input_dev * ts_dev;
/*设备名称*/
#define DEVICE_NAME      "my2410_TouchScreen"
/*定义一个WAIT4INT宏,该宏将对ADC触摸屏控制寄存器进行操作
S3C2410_ADCTSC_YM_SEN这些宏都定义在regs-adc.h中*/
#define WAIT4INT(x)    (((x) << 8) | S3C2410_ADCTSC_YM_SEN | S3C2410_ADCTSC_YP_SEN | \
                        S3C2410_ADCTSC_XP_SEN | S3C2410_ADCTSC_XY_PST(3))

static int __init ts_init(void)
{
    int ret;
    /*从平台时钟队列中获取ADC的时钟,因为ADC的转换频率跟时钟有关。系统的一些
时钟定义在arch/arm/plat-s3c24xx/s3c2410-clock.c中*/
    adc_clk = clk_get(NULL, "adc");
    if (! adc_clk) {
        /*错误处理*/
        printk(KERN_ERR "falied to find adc clock source\n");
        return -ENOENT;
    }
    /*时钟获取后要使能后才可以使用,clk_enable定义在arch/arm/plat-s3c/clock.c中*/
    clk_enable(adc_clk);
    /*将ADC的IO端口占用的这段IO空间映射到内存的虚拟地址,ioremap定义在io.h
中。注意:IO空间要映射后才能使用,以后对虚拟地址的操作就是对IO空间的操作,S3C2410_PA_
ADC是ADC控制器的基地址,定义在mach-s3c2410/include/mach/map.h中,0x20是虚拟地址长
度大小*/
    adc_base = ioremap(S3C2410_PA_ADC, 0x20);
    if (adc_base == NULL) {
        /*错误处理*/
        printk(KERN_ERR "failed to remap register block\n");
        ret = -EINVAL;
        goto err_noclk;
    }
    /*初始化ADC控制寄存器和ADC触摸屏控制寄存器*/
    adc_initialize();
    /*申请ADC中断,A/D转换完成后触发。这里使用共享中断IRQF_SHARED是因为该中断
号在ADC驱动中也使用了。最后一个参数1是随便给的一个值,因为如果不给值设为NULL的话,
中断申请就会不成功*/
```

```c
    ret = request_irq(IRQ_ADC, adc_irq, IRQF_SHARED | IRQF_SAMPLE_RANDOM, DEVICE_NAME, 1);
    if (ret) {
        printk(KERN_ERR "IRQ % d error % d\n", IRQ_ADC, ret);
        ret = - EINVAL;
        goto err_nomap;
    }
    /* 申请触摸屏中断,对触摸屏按下或提笔时触发 */
    ret = request_irq(IRQ_TC, tc_irq, IRQF_SAMPLE_RANDOM, DEVICE_NAME, 1);
    if (ret) {
        printk(KERN_ERR "IRQ % d error % d\n", IRQ_TC, ret);
        ret = - EINVAL;
        goto err_noirq;
    }
    /* 给输入设备申请空间,input_allocate_device 定义在 input.h 中 */
    ts_dev = input_allocate_device();
    /* 下面初始化输入设备,即给输入设备结构体 input_dev 的成员设置值。evbit 字段用
于描述支持的事件,这里支持同步事件、按键事件、绝对坐标事件,BIT 宏实际就是对 1 进行位操
作,定义在 linux/bitops.h 中 */
    ts_dev->evbit[0] = BIT(EV_SYN) | BIT(EV_KEY) | BIT(EV_ABS);
    /* keybit 字段用于描述按键的类型,在 input.h 中定义了很多,这里用 BTN_TOUCH 类型
来表示触摸屏的点击 */
    ts_dev->keybit[BITS_TO_LONGS(BTN_TOUCH)] = BIT(BTN_TOUCH);
    /* 对于触摸屏来说,使用的是绝对坐标系统。这里设置该坐标系统中 X 和 Y 坐标的最
小值和最大值(0~1 023 范围)ABS_X 和 ABS_Y 就表示 X 坐标和 Y 坐标,ABS_PRESSURE 就表示触摸
屏是按下还是抬起状态 */
    input_set_abs_params(ts_dev, ABS_X, 0, 0x3FF, 0, 0);
    input_set_abs_params(ts_dev, ABS_Y, 0, 0x3FF, 0, 0);
    input_set_abs_params(ts_dev, ABS_PRESSURE, 0, 1, 0, 0);
    /* 以下是设置触摸屏输入设备的身份信息。这些信息可以在驱动挂载后在/proc/bus/
input/devices 中查看到 */
    ts_dev->name         = DEVICE_NAME;      /* 设备名称 */
    ts_dev->id.bustype   = BUS_RS232;        /* 总线类型 */
    ts_dev->id.vendor    = 0xDEAD;           /* 经销商 ID 号 */
    ts_dev->id.product   = 0xBEEF;           /* 产品 ID 号 */
    ts_dev->id.version   = 0x0101;           /* 版本 ID 号 */
    /* 好了,一些都准备就绪,现在就把 ts_dev 触摸屏设备注册到输入子系统中 */
    input_register_device(ts_dev);
    return 0;
    /* 下面是错误跳转处理 */
err_noclk:
    clk_disable(adc_clk);
```

```c
        clk_put(adc_clk);
    err_nomap:
        iounmap(adc_base);
    err_noirq:
        free_irq(IRQ_ADC, 1);
        return ret;
}
/*初始化 ADC 控制寄存器和 ADC 触摸屏控制寄存器*/
static void adc_initialize(void)
{
    /*计算结果为(二进制):111111111000000,再根据数据手册得知此处是将 A/D 转换预定标器值设为 255,A/D 转换预定标器使能有效*/
    writel(S3C2410_ADCCON_PRSCEN | S3C2410_ADCCON_PRSCVL(0xFF), adc_base + S3C2410_ADCCON);
    /*对 ADC 开始延时寄存器进行设置,延时值为 0xffff*/
    writel(0xffff, adc_base + S3C2410_ADCDLY);
    /*WAIT4INT 宏计算结果为(二进制):11010011,再根据数据手册得知此处是将 ADC 触摸屏控制寄存器设置成等待中断模式*/
    writel(WAIT4INT(0), adc_base + S3C2410_ADCTSC);
}
static void __exit ts_exit(void)
{
    /*屏蔽和释放中断*/
    disable_irq(IRQ_ADC);
    disable_irq(IRQ_TC);
    free_irq(IRQ_ADC, 1);
    free_irq(IRQ_TC, 1);
    /*释放虚拟地址映射空间*/
    iounmap(adc_base);
    /*屏蔽和销毁时钟*/
    if (adc_clk) {
        clk_disable(adc_clk);
        clk_put(adc_clk);
        adc_clk = NULL;
    }
    /*将触摸屏设备从输入子系统中注销*/
    input_unregister_device(ts_dev);
}
module_init(ts_init);
module_exit(ts_exit);
MODULE_LICENSE("GPL");
MODULE_AUTHOR("AK-47");
```

```c
MODULE_DESCRIPTION("Neusoft Touch Screen Driver");
```

在第二部分驱动程序中,首先完成信号量的申请,然后当用户按下触摸屏时读取模数转换器的数据。触摸屏的点击与机械式按键的原理类似,也存在抖动的问题,所以启用了内核定时器进行消抖。消抖成功后,将数据汇报给 Linux 内核输入子系统。

```c
/*定义一个外部的信号量 ADC_LOCK,因为 ADC_LOCK 在 ADC 驱动程序中已声明能保证 ADC 资
源在 ADC 驱动和触摸屏驱动中进行互斥访问*/
extern struct semaphore ADC_LOCK;
/*作为一个标签,只有对触摸屏操作后才对 X 和 Y 坐标进行转换*/
static int OwnADC = 0;
/*用于记录转换后的 X 坐标值和 Y 坐标值*/
static long xp;
static long yp;
/*用于计数对触摸屏压下或抬起时模拟输入转换的次数*/
static int count;
/*定义一个 AUTOPST 宏,将 ADC 触摸屏控制寄存器设置成自动转换模式*/
#define AUTOPST     (S3C2410_ADCTSC_YM_SEN | S3C2410_ADCTSC_YP_SEN | S3C2410_ADCTSC_XP_SEN | \
                    S3C2410_ADCTSC_AUTO_PST | S3C2410_ADCTSC_XY_PST(0))
/*触摸屏中断服务程序,对触摸屏按下或提笔时触发执行*/
static irqreturn_t tc_irq(int irq, void * dev_id)
{
    /*用于记录这一次 A/D 转换后的值*/
    unsigned long data0;
    unsigned long data1;
    /*用于记录触摸屏操作状态是按下还是抬起*/
    int updown;
    /*ADC 资源可以获取,即上锁*/
    if (down_trylock(&ADC_LOCK) == 0)
    {
        /*标识对触摸屏进行了操作*/
        OwnADC = 1;
        /*读取这一次 A/D 转换后的值,注意这次主要读的是状态*/
        data0 = readl(adc_base + S3C2410_ADCDAT0);
        data1 = readl(adc_base + S3C2410_ADCDAT1);
        /*记录这一次对触摸屏是压下还是抬起,该状态保存在数据寄存器的第 15 位*/
        updown = (! (data0 & S3C2410_ADCDAT0_UPDOWN)) && (! (data1 & S3C2410_ADCDAT0_UPDOWN));
        /*判断触摸屏的操作状态*/
        if (updown)
        {
```

```c
            /*如果是按下状态,则调用 touch_timer_fire 函数来启动 ADC 转换*/
            touch_timer_fire(0);
        } else
        {
            /*如果是抬起状态,就结束了这一次的操作,释放 ADC 占有的资源*/
            OwnADC = 0;
            up(&ADC_LOCK);
        }
    }
    return IRQ_HANDLED;
}
static void touch_timer_fire(unsigned long data)
{
    /*用于记录这一次 A/D 转换后的值*/
    unsigned long data0;
    unsigned long data1;
    /*用于记录触摸屏操作状态是按下还是抬起*/
    int updown;
    /*读取这一次 A/D 转换后的值,注意这次主要读的是状态*/
    data0 = readl(adc_base + S3C2410_ADCDAT0);
    data1 = readl(adc_base + S3C2410_ADCDAT1);
    /*记录这一次对触摸屏是压下还是抬起,该状态保存在数据寄存器的第 15 位*/
    updown = (!(data0 & S3C2410_ADCDAT0_UPDOWN)) && (!(data1 & S3C2410_ADCDAT0_UP-
DOWN));
    /*判断触摸屏的操作状态*/
    if (updown)
    {
        /*如果状态是按下,并且 ADC 已经完成转换了则报告事件和数据*/
        if (count != 0)
        {
            long tmp;
            tmp = xp;
            xp = yp;
            yp = tmp;
            xp >>= 2;
            yp >>= 2;
#ifdef CONFIG_TOUCHSCREEN_MY2440_DEBUG
            /*触摸屏调试信息,编译内核时选上此项后,点击触摸屏会在终端上打印出坐
标信息*/
            struct timeval tv;
            do_gettimeofday(&tv);
            printk(KERN_DEBUG "T: %06d, X: %03ld, Y: %03ld\n", (int)tv.tv_usec,
```

```
xp, yp);
        #endif
                    /*报告 X、Y 的绝对坐标值*/
                    input_report_abs(ts_dev, ABS_X, xp);
                    input_report_abs(ts_dev, ABS_Y, yp);
                    /*报告触摸屏的状态,1 表明触摸屏被按下*/
                    input_report_abs(ts_dev, ABS_PRESSURE, 1);
                    /*报告按键事件,键值为 1(代表触摸屏对应的按键被按下)*/
                    input_report_key(ts_dev, BTN_TOUCH, 1);
                    /*等待接收方收到数据后回复确认,用于同步*/
                    input_sync(ts_dev);
                }
                /*如果状态是按下,并且 ADC 还没有开始转换就启动 ADC 进行转换*/
                xp = 0;
                yp = 0;
                count = 0;
                /*设置触摸屏的模式为自动转换模式*/
                writel(S3C2410_ADCTSC_PULL_UP_DISABLE | AUTOPST, adc_base + S3C2410_ADCTSC);
                /*启动 ADC 转换*/
                writel(readl(adc_base + S3C2410_ADCCON) | S3C2410_ADCCON_ENABLE_START, adc_base + S3C2410_ADCCON);
            } else
            {
                /*否则是抬起状态*/
                count = 0;
                /*报告按键事件,键值为 0(代表触摸屏对应的按键被释放)*/
                input_report_key(ts_dev, BTN_TOUCH, 0);
                /*报告触摸屏的状态,0 表明触摸屏没被按下*/
                input_report_abs(ts_dev, ABS_PRESSURE, 0);
                /*等待接收方收到数据后回复确认,用于同步*/
                input_sync(ts_dev);
                /*将触摸屏重新设置为等待中断状态*/
                writel(WAIT4INT(0), adc_base + S3C2410_ADCTSC);
                /*如果触摸屏抬起,就意味着这一次的操作结束,所以就释放 ADC 资源的占有*/
                if (OwnADC)
                {
                    OwnADC = 0;
                    up(&ADC_LOCK);
                }
            }
        }
```

```c
/*定义并初始化了一个定时器 touch_timer,定时器服务程序为 touch_timer_fire*/
static struct timer_list touch_timer = TIMER_INITIALIZER(touch_timer_fire, 0, 0);
/*ADC 中断服务程序,A/D 转换完成后触发执行*/
static irqreturn_t adc_irq(int irq, void * dev_id)
{
    /*用于记录这一次 A/D 转换后的值*/
    unsigned long data0;
    unsigned long data1;
    if (OwnADC)
    {
        /*读取这一次 A/D 转换后的值,注意这次主要读的是坐标*/
        data0 = readl(adc_base + S3C2410_ADCDAT0);
        data1 = readl(adc_base + S3C2410_ADCDAT1);
        /*记录这一次通过 A/D 转换后的 X 坐标值和 Y 坐标值,根据数据手册可知,X 和 Y 坐标转换数值
        分别保存在数据寄存器 0 和 1 的第 0~9 位,所以这里与上 S3C2410_ADCDAT0_XPDA-TA_MASK 就是取 0~9 位的值*/
        xp + = data0 & S3C2410_ADCDAT0_XPDATA_MASK;
        yp + = data1 & S3C2410_ADCDAT1_YPDATA_MASK;
        /*计数这一次 A/D 转换的次数*/
        count ++ ;
        if (count < (1 << 2))
        {
            /*如果转换的次数小于 4,则重新启动 ADC 转换*/
            writel(S3C2410_ADCTSC_PULL_UP_DISABLE | AUTOPST, adc_base + S3C2410_ADCTSC);
            writel(readl(adc_base + S3C2410_ADCCON) | S3C2410_ADCCON_ENABLE_START, adc_base + S3C2410_ADCCON);
        } else
        {
            /*否则,启动 1 个时间滴答的定时器,这时就会去执行定时器服务程序上报事件和数据*/
            mod_timer(&touch_timer, jiffies + 1);
            writel(WAIT4INT(1), adc_base + S3C2410_ADCTSC);
        }
    }
    return IRQ_HANDLED;
}
```

触摸屏驱动程序整体处理过程如下:

(1) 如果触摸屏感觉到触摸,则触发触摸屏中断即进入 tc_irq,获取 ADC_LOCK 后判断触摸屏状态为按下,则调用 touch_timer_fire 启动 ADC 转换。

(2) 当 ADC 转换启动后,触发 ADC 中断即进入 adc_irq。如果这一次转换的次数小于 4,则重新启动 ADC 进行转换;如果 4 次完毕后,则启动 1 个时间滴答的定时器,停止 ADC 转换,也就是说在这个时间滴答内,ADC 转换是停止的;为了防止屏幕抖动,在 1 个时间滴答到来之前停止 ADC 的转换。

(3) 如果 1 个时间滴答到来则进入定时器服务程序 touch_timer_fire,判断触摸屏仍然处于按下状态则上报事件和转换的数据,并重启 ADC 转换,重复第(2)步。

(4) 如果触摸抬起,则上报释放事件,并将触摸屏重新设置为等待中断状态。

本章小结

Linux 驱动程序的编写首先要了解内核提供的各种函数。本章首先介绍了信号量、等待队列等机制的接口函数的使用,中断是有效地提高系统效率的方法,接下来的内容对此进行了阐述。驱动程序的最终目标是实现对硬件的访问,本章首先在4.1节控制发光二极管 LED 和内核定时器部分基本介绍了硬件的访问方法,然后在 4.2节进行了相关的扩展,对按键、数码管、模数转换器、触摸屏做了具体介绍。从对按键驱动的讲解可以看出,利用 Linux 系统提供的驱动程序框架来编写设备驱动程序,简洁、高效,代表了以后的发展趋势。

思考与练习

1. 调试驱动程序的命令有哪几个,如何使用?
2. 控制 S3C2410 寄存器端口的方法有哪几种?
3. 创建设备节点的方法有哪几种?
4. 内核中 Hz 的含义是什么?
5. 输入子系统下如何编写驱动程序?

第 5 章

Qt 及数据库应用

引言：

Qt 作为图形用户界面的强大编程工具，能给用户提供精美的人界交互方式，已经得到越来越广泛的应用，并且当前多数高端嵌入式设备生产商都选择 Qt 作为开发工具。SQLite 作为一个轻量级的数据库系统，具有轻便、简洁、体积小等特点，非常适合于嵌入式产品应用。本章将以实例的方式详细介绍基于 ARM9 的实验平台，如何使用 Qt 及嵌入式数据库 SQLite 进行用户应用程序设计。

本章要求：

掌握触摸屏校准库，Qt 库文件及 SQLite 的移植过程，能够熟练使用 Qt 进行图形化程序设计。

本章目标：

- 了解 tslib 触摸屏库的作用。
- 掌握相关库的移植过程。
- 掌握链接数据库后进行 Qt 图形化程序的开发过程。

内容介绍：

首先移植相关库，然后练习在控制台方式下使用 SQLite 的方法，最后在目标机上面综合使用 Qt 和 SQLite 进行基本的图形化程序设计练习。本实验平台采用分辨率为 320×240 的 LCD 屏，实例中主窗口的宽均设为 320，高均设为 240。

5.1 Qt4 及触摸库移植

本节要求：

掌握触摸屏库 tslib 的移植方法，掌握 Qt4 库的移植方法。

本节目标：

- 能够在目标板上面移植成功 tslib1.4 和 Qt4 库文件。

5.1.1 Tslib1.4 的移植

在采用触摸屏的移动终端中,触摸屏性能的调试是个重要问题。因为电磁噪声的缘故,触摸屏容易存在点击不准确、有抖动等问题。Tslib 是一个开源的程序,能够为触摸屏驱动获得的采样提供诸如滤波、去抖、校准等功能,通常作为触摸屏驱动的适配层,为上层的应用提供了一个统一的接口。通过这样一个函数库,可以将编程者从繁琐的数据处理中解脱出来,而重点去关注于上层应用程序的实现。

下面介绍 Tslib 触摸屏函数库的移植过程。

(1) 把 tslib1.4 压缩包放到/work 目录下。

(2) 解压下载的 tslib1.4 压缩包。

(3) 进入生成的目录,cd tslib/。

(4) 执行. /autogen.sh。

(5) 执行. /configure -- prefix=/usr/local/tslib/-- host=arm - linux ac_cv_func_malloc_0_nonnull=yes。

(6) make。

(7) make install 则 tslib 已经安装到 /usr/local/tslib。

(8) 修改/usr/local/tslib/etc/ts.conf,把第二行的 # 号去掉,ts.conf 文件中的各个设置选项之前不能有空格,否则会出现 Segmentation fault 错误,将/usr/local/下的 tslib 复制到/work/rootfile/rootfs/usr 目录下。

(9) 修改 rootfs 的/etc/profile 文件,添加如下的内容:

```
export TSLIB_ROOT = /usr/tslib
export TSLIB_TSDEVICE = /dev/event0
export LD_LIBRARY_PATH = $ TSLIB_ROOT/lib: $ LD_LIBRARY_PATH
export TSLIB_FBDEVICE = /dev/fb0
export TSLIB_PLUGINDIR = $ TSLIB_ROOT/lib/ts
export TSLIB_CONSOLEDEVICE = none
export TSLIB_CONFFILE = $ TSLIB_ROOT/etc/ts.conf
export POINTERCAL_FILE = /etc/pointercal
export TSLIB_CALIBFILE = /etc/pointercal
export QWS_MOUSE_PROTO = 'TSLIB:/dev/event0'
```

接下来启动目标板。然后在 PuTTY 终端中运行 usr/tslib/bin 目录下面的 ts_calibrate 触摸屏校准程序,这时候屏幕上面依次出现 5 个叉,点击后消失,在 etc 下面生成了/etc/pointercal 文件,这个是我们后面 Qt 应用程序运行时需要的触摸屏校准文件。

5.1.2 Qt4.6.3 的移植

在目标机上面运行 Qt 应用程序,需要相关的 Qt 库的支持,本小节移植目标机

第 5 章　Qt 及数据库应用

ARM 平台需要的库文件。需要的文件为 qt-everywhere-opensource-src-4.6.2.tar.gz。

(1) 在/work 下面建立 Qt4 文件夹。

(2) 将 qt-everywhere-opensource-src-4.6.2.tar.gz 放在 Qt4 下解压。

(3) 进入 qt-everywhere-opensource-src-4.6.2 文件夹。

(4) 执行./configure -prefix /usr/local/QtEmbedded-4.6.2-arm-opensource -confirm-license -release -shared -embedded arm -xplatform qws/linux-arm-g++ -depths 16,18,24 -fast -optimized -qmake -no-pch -qt-sql-sqlite -qt-libjpeg -qt-zlib -qt-libpng -qt-freetype -little-endian -host-little-endian -no-qt3support -no-libtiff -no-libmng -no-opengl -no-mmx -no-sse -no-sse2 -no-3dnow -no-openssl -no-webkit -no-qvfb -no-phonon -no-nis -no-opengl -no-cups -no-glib -no-xcursor -no-xfixes -no-xrandr -no-xrender -no-separate-debug-info -nomake examples -nomake tools -nomake docs -qt-mouse-tslib -I/usr/local/tslib/include -L/usr/local/tslib/lib -D__ARM_ARCH_5TEJ__。

(5) gmake。

可能出现两种错误。

第一种错误：

/home/lijian/QT/source/qt-everywhere-opensource-src-4.6.2/src/gui/text/qfontengine_ft.cpp: In member function'bool QFontEngineFT::init(QFontEngine::FaceId, bool, QFontEngineFT::GlyphFormat)':

/home/lijian/QT/source/qt-everywhere-opensource-src-4.6.2/src/gui/text/qfontengine_ft.cpp:696: warning: converting to'int' from'qreal'

{standard input}: Assembler messages:

{standard input}:778: Error: register or shift expression expected -- 'orr r3,r2,lsl#16'

{standard input}:789: Error: register or shift expression expected -- 'orr r2,r3,lsl#16'

{standard input}:7748: Error: register or shift expression expected -- 'orr r3,r0,lsl#16'

{standard input}:7761: Error: register or shift expression expected -- 'orr r1,r0,lsl#16'

make[1]: *** [.obj/release-shared-emb-arm/qfontengine_ft.o] 错误 1

make[1]: Leaving directory'/home/lijian/QT/build/3.4.1gcc/qt-embedded-4.6.2/src/gui' make：＊＊＊［sub－gui－make_default－ordered］错误 2

解决办法：

修改 src/3rdparty/freetype/include/freetype/config/ftconfig.h 文件的第 330 行：

"orr %0, %2, lsl #16\n\t" /＊ %0 |= %2 << 16 ＊/

修改为：

"orr %0, %0, %2, lsl #16\n\t" /＊ %0 |= %2 << 16 ＊/

第二种错误：

这个错误发生在最后编译 example 和 demo 的过程中，如果在 configure 的时候取消了 example，则可以跳过。

/home/.usr_local/arm/3.4.1/bin/../lib/gcc/arm-linux/3.4.1/../../../../arm-linux/bin/ld：warning：libts-0.0.so.0, needed by /home/lijian/QT/build/3.4.1gcc/qt-embedded-4.6.2/lib/libQtGui.so, not found (try using -rpath or -rpath-link)

/home/lijian/QT/build/3.4.1gcc/qt-embedded-4.6.2/lib/libQtGui.so：undefined reference to'ts_close'

/home/lijian/QT/build/3.4.1gcc/qt-embedded-4.6.2/lib/libQtGui.so：undefined reference to'ts_config'

/home/lijian/QT/build/3.4.1gcc/qt-embedded-4.6.2/lib/libQtGui.so：undefined reference to'ts_read'

/home/lijian/QT/build/3.4.1gcc/qt-embedded-4.6.2/lib/libQtGui.so：undefined reference to'ts_read_raw'

/home/lijian/QT/build/3.4.1gcc/qt-embedded-4.6.2/lib/libQtGui.so：undefined reference to'ts_open'

/home/lijian/QT/build/3.4.1gcc/qt-embedded-4.6.2/lib/libQtGui.so：undefined reference to'ts_fd'

collect2：ld returned 1 exit status

make[3]：＊＊＊［animatedtiles］错误 1

make[3]：Leaving directory'/home/lijian/QT/build/3.4.1gcc/qt-embedded-4.6.2/examples/animation/animatedtiles'

make[2]：＊＊＊［sub-animatedtiles-make_default］错误 2

make[2]：Leaving directory'/home/lijian/QT/build/3.4.1gcc/QT-embedded-4.6.2/examples/animation'

make[1]：＊＊＊［sub-animation-make_default］错误 2

make[1]：Leaving directory'

/home/lijian/QT/build/3.4.1gcc/QT-embedded-4.6.2/examples'
make：*** [sub-examples-make_default-ordered] 错误 2
解决办法：
修改 mkspecs/qws/linux-arm-g++/qmake.conf
QMAKE_LINK = arm-linux-g++ -lts
QMAKE_LINK_SHLIB = arm-linux-g++ -lts
(6) gmake install。
(7) 在/work/rootfile/rootfs/etc/profile 里面添加：

```
export QTDIR = /usr/
export LD_LIBRARY_PATH = $QTDIR/lib：$LD_LIBRARY_PATH
export PATH = $QTDIR/qt_bin：$QTDIR/bin：$PATH
export QWS_MOUSE_PROTO = 'TSLIB:/dev/event0'
export QWS_SIZE = 320x240
export QWS_MOUSE_PROTO = Tslib:/dev/event0
export QT_QWS_FONTDIR = /usr/lib/fonts
export QWS_DISPLAY = "LinuxFb:mmWidth100:mmHeight130:0"
```

(8) 在 PC 机根目录下建立 gedit arm-qt.sh 文件,此文件为以后编译 Qt 程序时,配置所需要的环境变量使用,在其中添加：

```
QTEDIR = /usr/local/QtEmbedded-4.6.2-arm
PATH = /usr/local/QtEmbedded-4.6.2-arm/bin：$PATH
LD_LIBRARY_PATH = /usr/local/QtEmbedded-4.6.2-arm/lib：$LD_LIBRARY_PATH
CPLUS_INCLUDE_PATH = /usr/local/arm/3.4.5/include/c++ : $CPLUS_INCLUDE_PATH
```

(9) 把/usr/local/QtEmbedded-4.6.2-arm/lib 中除了 pkgconfig 文件外的所有文件复制到/work/rootfile/rootfs/usr/lib 中。

(10) 下面就可以测试一下看看是否移植成功,把/usr/local/QtEmbedded-4.6.2-arm/demos/mainwindow 中 mainwindow 文件复制到开发板,cp mainwindow /work/rootfile/rootfs/。

(11) 启动开发板。

执行./mainwindow-qws,会出现缺少相应的库文件,找到相应的文件复制到开发板中就可以了。

[root@localhost ~]cd /usr/local/QtEmbedded-4.6.2-arm/demos/embedded/digiflip
[root@localhost digiflip]# cp /usr/local/arm/3.4.1/arm-linux/lib/libstdc++.so.6 /work/rootfile/rootfs/rootfs/lib
[root@localhost digiflip]# cp /usr/local/arm/3.4.1/arm-linux/lib/libgcc_s.so.1 /work/rootfile/rootfs/rootfs/lib
[root@localhost digiflip]# cp /usr/local/arm/3.4.1/arm-linux/lib/librt.so.1 /work/rootfile/rootfs/rootfs/lib

执行./mainwindow-qws。

(12) 如何运行自己编译的程序？
- 首先在根目录下面执行 source arm-qt.sh 配置好交叉编译 Qt 程序需要的环境。
- 然后进入到自己创建的工程所在的目录下。
- 执行 qmake -project 生成 xxx.pro 工程文件。
- 执行 qmake 生成 makefile 文件。
- 最后 make。
- 执行 xxx-qws 即可。

当出现如下错误时，只要相应地将缺少的库复制到 lib 目录下即可。
[root@QianRu07502 /]# ./books-qws
./books: relocation error：/usr/lib/libQtGui.so.4：symbol __floatsisf, version GCC_3.0 not defined in file libgcc_s.so.1 with link time reference
[root@QianRu07502 /]# ./mainwindow-qws
./mainwindow: relocation error：/usr/lib/libQtGui.so.4：symbol __floatsisf, version GCC_3.0 not defined in file libgcc_s.so.1 with link time reference

5.2 SQLite 移植及使用

本节要求：
掌握 SQLite 的移植方法，熟悉控制台方式下使用 SQLite 的方法。

本节目标：
- 能够移植成功 SQLite 库文件，掌握控制台方式下范例程序。

5.2.1 SQLite 的移植

SQLite，是一款轻型的数据库，是遵守 ACID 的关联式数据库管理系统。它的设计目标是嵌入式的，而且目前已经在很多嵌入式产品中使用了它。它占用资源非常低，在嵌入式设备中，可能只需要几百 KB 的内存就够了。它能够支持 Windows/Linux/Unix 等主流的操作系统，同时能够跟很多程序语言相结合，比如 Tcl、C#、PHP、Java 等，还有 ODBC 接口，同样比起 Mysql 等著名的数据库管理系统来讲，它的处理速度很快。SQLite 第一个 Alpha 版本诞生于 2000 年 5 月。本书使用的是 SQLite-3.6.10 版本。

第 1 部分：PC 机版本 SQLite 编译安装。
(1) 从网站 http://www.SQLite.org/得到源代码 SQLite-3.6.10.tar.gz。
(2) 解压 sqlite-3.6.10.tar.gz 到 /work/sql 目录下，如果无 sql 目录，使用 mkdir 命令创建。

第5章 Qt及数据库应用

```
tar zxvf sqlite-3.6.10.tar.gz -C /work/sql
cd /work/sql
mkdir sqlite-ix86-linux
cd /work/sql/sqlite-ix86-linux/
../sqlite-3.6.10/configure --prefix=/work/sql/sqlite-ix86-linux/
```

（3）编译并安装，然后生成帮助文档。

make && make install

库文件已经生成在 /work/sql/sqlite-ix86-linux/lib 目录下，可执行文件 sqlite3 已经生成在 /work/sql/sqlite-ix86-linux/bin 目录下。

（4）下面创建一个新的数据库文件名叫"test.db"（当然你可以使用不同的名字）来测试数据库。直接输入/work/sql/sqlite-ix86-linux/bin/sqlite3 test.db，如果出现下面字样表明编译安装已经成功了。

SQLite version 3.6.10
Enter ".help" for instructions
sqlite>

第2部分：目标板 ARM 平台 SQLite 编译安装。

（1）交叉编译 sqlite.3.6.10.tar.gz 库文件。

tar zxvf sqlite-3.6.10.tar.gz -C /work/sql（这一步前面已经有了，为了完整性，这里还是写出来）

```
mkdir /work/sql/sqlite-arm-linux
cd /work/sql/sqlite-arm-linux/
../sqlite-3.6.10/configure --disable-tcl --prefix=/work/sql/sqlite-arm-linux/--host=arm-linux
```

（2）编译并安装。

make && make install

如果不出意外，将不会出现错误，库文件已经生成在 /home/sqlite-ix86-linux/lib 目录下了。

5.2.2 控制台方式应用范例

本节通过一个控制台方式操纵下的数据范例来演示 SQLite 的使用过程，在本实例中，分别实现了数据建立、增加记录、删除记录、修改记录、查看记录的功能。

```c
#include <stdio.h>
#include <sqlite3.h>
//建立数据库函数
int create()
{
    sqlite3 *db;
```

```c
    char *zErr;
    int rc;
    char *sql,sqlw[200];
    rc = sqlite3_open("test.db", &db);
    if (rc)
    {
        fprintf(stderr, "Can't open database: %s\n", sqlite3_errmsg(db));
        sqlite3_close(db);
        exit(1);
    }
    getchar();
    printf("\nPlease input the create table SQL:");
    fgets(sqlw,200,stdin);
    sql = sqlw;
//    sql = "create table episodes(id int, name text)";
    rc = sqlite3_exec(db, sql, NULL, NULL, &zErr);
    if (rc != SQLITE_OK)
    {
        if (zErr != NULL)
        {
            fprintf(stderr, "SQL error: %s\n", zErr);
            sqlite3_free(zErr);
        }
    }
    sqlite3_close(db);
    return 0;
}
//插入记录函数
int insert()
{
    sqlite3 *db;
    char *zErr;
    int rc;
    char *sql;
    rc = sqlite3_open("test.db", &db);
    if (rc)
    {
        fprintf(stderr, "Can't open database: %s\n", sqlite3_errmsg(db));
        sqlite3_close(db);
        exit(1);
    }
    sql = "insert into episodes values(1001,'zhangsan')";
```

```c
        rc = sqlite3_exec(db, sql, NULL, NULL, &zErr);
        if (rc != SQLITE_OK)
        {
            if (zErr != NULL)
            {
                fprintf(stderr, "SQL error: %s\n", zErr);
                sqlite3_free(zErr);
            }
        }
        sql = "insert into episodes values(1002,'lisi')";
        rc = sqlite3_exec(db, sql, NULL, NULL, &zErr);
        if (rc != SQLITE_OK)
        {
            if (zErr != NULL)
            {
                fprintf(stderr, "SQL error: %s\n", zErr);
                sqlite3_free(zErr);
            }
        }
        sql = "insert into episodes values(1003,'wanger')";
        rc = sqlite3_exec(db, sql, NULL, NULL, &zErr);
        if (rc != SQLITE_OK)
        {
            if (zErr != NULL)
            {
                fprintf(stderr, "SQL error: %s\n", zErr);
                sqlite3_free(zErr);
            }
        }
        sqlite3_close(db);
        return 0;
}
//从数据库记录中查找相关记录的函数
int select()
{
    sqlite3 * db;
    char * zErr;
    int rc;
    char * sql,sqlw[200];
    char * * azResult;
    int i,nrow = 0,ncolumn = 0;
    rc = sqlite3_open("test.db", &db);
```

```c
    if (rc)
    {
        fprintf(stderr, "Can't open database: %s\n", sqlite3_errmsg(db));
        sqlite3_close(db);
        exit(1);
    }
    getchar();
    printf("\nPlease input the select SQL:");
    fgets(sqlw,200,stdin);
    sql = sqlw;
    sqlite3_get_table(db,sql,&azResult,&nrow,&ncolumn,&zErr);
    for (i = 0;i<(nrow + 1) * ncolumn;i ++ )
        printf("azResult[ %d] = %s\n",i,azResult[i]);
    sqlite3_free_table(azResult);
    sqlite3_close(db);
    return 0;
}
//修改数据库记录的函数
int update()
{
    sqlite3 * db;
    char * zErr;
    int rc;
    char * sql;
    rc = sqlite3_open("test.db", &db);
    if (rc)
    {
        fprintf(stderr, "Can't open database: %s\n", sqlite3_errmsg(db));
        sqlite3_close(db);
        exit(1);
    }
    sql = "update episodes set name = 'AAA' where name = 'wanger'";
    rc = sqlite3_exec(db, sql, NULL, NULL, &zErr);
    if (rc != SQLITE_OK)
    {
        if (zErr != NULL)
        {
            fprintf(stderr, "SQL error: %s\n", zErr);
            sqlite3_free(zErr);
        }
    }
    sqlite3_close(db);
```

```c
        return 0;
    }
    //删除数据库记录的函数
    int deleteData()
    {
        sqlite3 * db;
        char * zErr;
        int rc;
        char * sql;
        rc = sqlite3_open("test.db", &db);
        if (rc)
        {
            fprintf(stderr, "Can't open database: % s\n", sqlite3_errmsg(db));
            sqlite3_close(db);
            exit(1);
        }
        sql = "delete from episodes where id = 1001";
        rc = sqlite3_exec(db, sql, NULL, NULL, &zErr);
        if (rc ! = SQLITE_OK)
        {
            if (zErr ! = NULL)
            {
                fprintf(stderr, "SQL error: % s\n", zErr);
                sqlite3_free(zErr);
            }
        }
        sqlite3_close(db);
        return 0;
    }
    //主函数,在此实现了对上述增删改查 4 个函数的调用
    main()
    {
        int choice;
        char c;
        while (1)
        {
            A: printf("\t\t1. create a database and table\n");
            printf("\t\t2. insert data to table\n");
            printf("\t\t3. search from table\n");
            printf("\t\t4. update a table\n");
            printf("\t\t5. delete data from table\n");
            printf("\nplease input your choice:");
```

```
        scanf("%d",&choice);
        switch (choice)
        {
        case 1:
            create();break;
        case 2:
            insert();break;
        case 3:
            select();break;
        case 4:
            update();break;
        case 5:
            deleteData();break;
        default:
            goto A;
        }
        getchar();
        printf("\ndo you want to continue? (Y or N)");
        c = getchar();
        if (c == 'N' || c == 'n')  break;
    }
    return 0;
}
```

在编译上述范例的过程中,会提示缺少相关的库文件等。下面给出一个完整的 makefile 文件,其中囊括了编译过程中各种编译参数及库文件路径指定等要求,帮助读者来完成上述范例的编译过程。

```
PROGS   = main
CC      = gcc
CFLAGS  = -g -O2 -static
LIBS    = -lsqlite3 -lpthread
LIBDIR  = /work/sql/sqlite-x86-linux/lib
INCDIR  = /work/sql/sqlite-x86-linux/include/
all:    ${PROGS}
main:   main.o
        $(CC) $(LDFLAGS) -o main main.o -L$(LIBDIR) -I$(INCDIR) $(LIBS)
clean:
        rm -f ${PROGS}
        rm -f *.o *~ *.so *.a
```

5.3 Qt4 实例

本节要求：

掌握 Qt4 开发图形化应用程序方法，掌握 SQLite 数据库在 Qt4 下面的使用方法。

本节目标：

■ 初步熟悉 Qt 下使用数据库并且调用驱动程序控制设备的方法。

5.3.1 动态控制 LED

（1）首先建立一个 Qt Gui 工程文件，如图 5-1 所示；将功能命名为 demo2，如图 5-2 所示；功能积累为 Qdialog，如图 5-3 所示；创建后项目代码及界面如图 5-4 及图 5-5 所示。

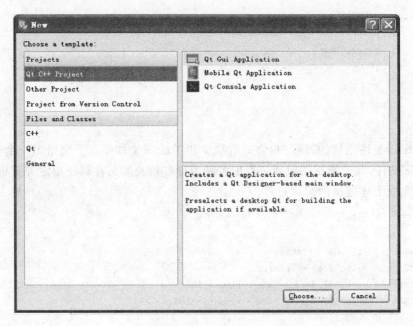

图 5-1 新建 Qt 工程

（2）修改对话框大小为宽 320、高 240，如图 5-6 所示。

（3）首先在对话框上放置 4 个 pushbutton，名称分别为 led1on、led2lon、led3on、led4on，按钮上面的文本内容分别为 LED1-ON、LED2-ON、LED3-ON、LED4-ON，如图 5-7、图 5-8、图 5-9 所示。

第 5 章　Qt 及数据库应用

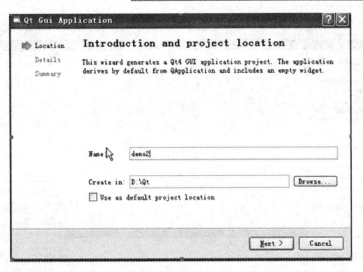

图 5-2　工程命名

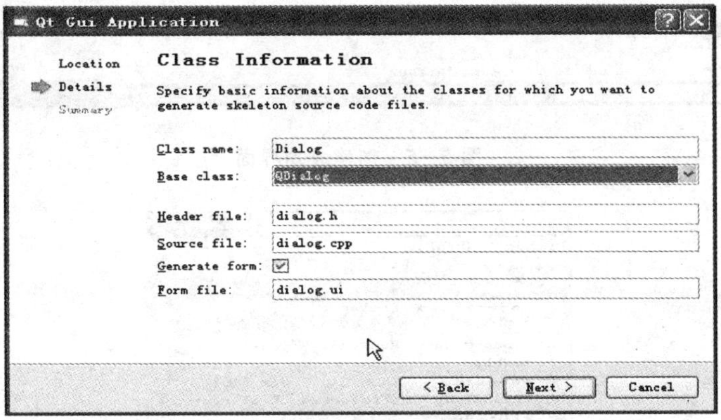

图 5-3　选择工程基于对话框来设计

图 5-4　工程框架

第5章 Qt 及数据库应用

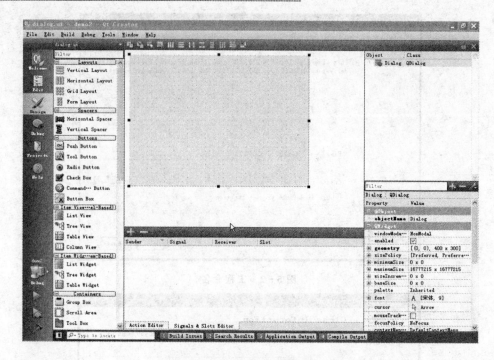

图 5-5 创建成功界面

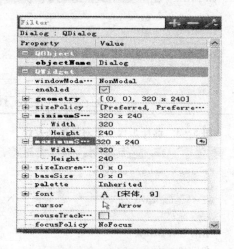

图 5-6 对话框设置窗口

第5章 Qt及数据库应用

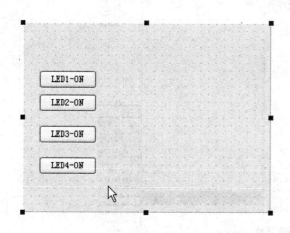

图 5-7 放置点亮 LED4 个按钮

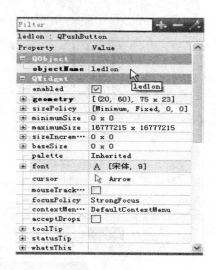

图 5-8 按钮命名

图 5-9 按钮提示文本设置

（4）选中刚才添加的控制 4 个 LED 亮的 button，让它们使用垂直布局管理器进行管理，如图 5-10 所示。

（5）同理再建立 4 个 pushbutton，名称分别为 ledxoff(x 为 1、2、3、4)，按钮上文本对 LEDX-OFF(X 为 1、2、3、4)，并且也对垂直布局管理器进行管理。

（6）然后选中刚才控制两组 pushbutton 的两个垂直布局管理器，让两者被水平布局管理器进行管理，如图 5-11 所示。

（7）编译运行，如图 5-12 所示。

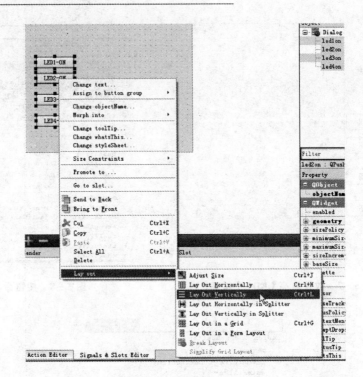

图 5-10　按钮布局

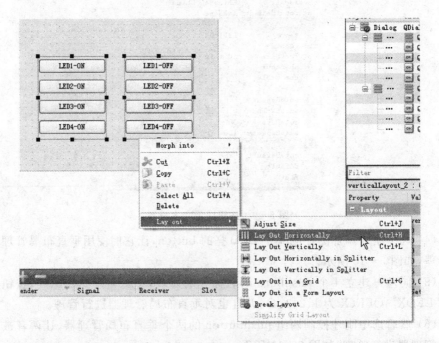

图 5-11　所有按钮整体布局

第5章 Qt及数据库应用

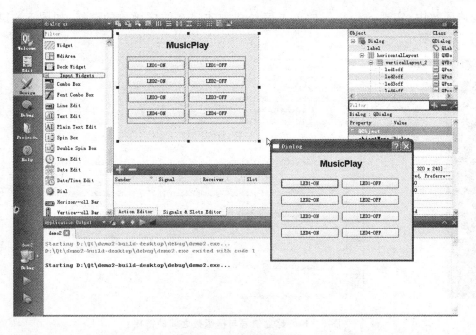

图 5-12 编译运行界面

(8) 在 dialog.H 头文件中添加 8 个刚才添加的按钮的响应槽函数,如图 5-13 所示。

图 5-13 添加按钮相应槽函数

(9) 在 dialog.c 文件中,添加头文件中 8 个槽函数的具体实现,并且在 dialog 的构造函数中,实现8个按钮的单击信号和刚才建立的槽函数的链接,如图5-14、图5-15所示。

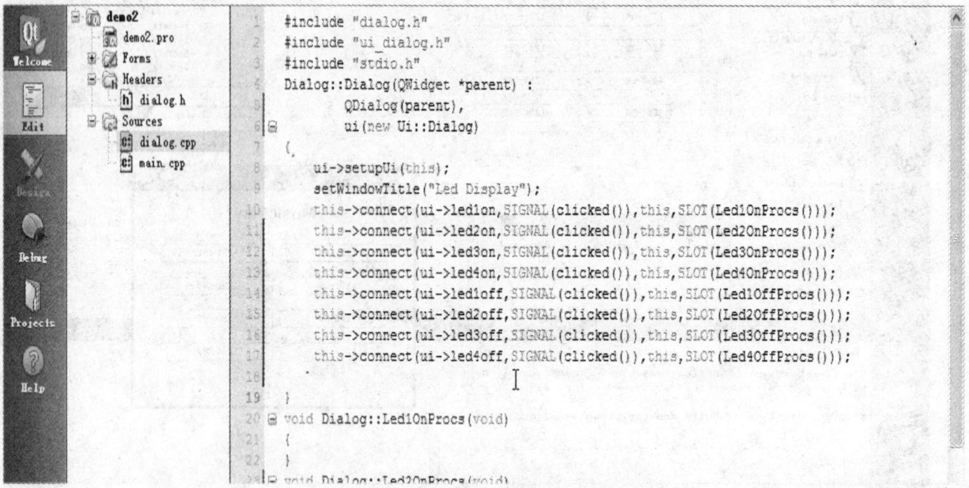

```
#include "dialog.h"
#include "ui_dialog.h"
#include "stdio.h"
Dialog::Dialog(QWidget *parent) :
        QDialog(parent),
        ui(new Ui::Dialog)
{
    ui->setupUi(this);
    setWindowTitle("Led Display");
    this->connect(ui->led1on,SIGNAL(clicked()),this,SLOT(Led1OnProcs()));
    this->connect(ui->led2on,SIGNAL(clicked()),this,SLOT(Led2OnProcs()));
    this->connect(ui->led3on,SIGNAL(clicked()),this,SLOT(Led3OnProcs()));
    this->connect(ui->led4on,SIGNAL(clicked()),this,SLOT(Led4OnProcs()));
    this->connect(ui->led1off,SIGNAL(clicked()),this,SLOT(Led1OffProcs()));
    this->connect(ui->led2off,SIGNAL(clicked()),this,SLOT(Led2OffProcs()));
    this->connect(ui->led3off,SIGNAL(clicked()),this,SLOT(Led3OffProcs()));
    this->connect(ui->led4off,SIGNAL(clicked()),this,SLOT(Led4OffProcs()));
}
void Dialog::Led1OnProcs(void)
{
}
void Dialog::Led2OnProcs(void)
```

图5-14 建立信号与槽函数之间的链接

图5-15 槽函数具体实现

(10) 至此,PC机Windows平台下的前台界面开发工作完成。
(11) 准备好Linux下目标板能够控制LED的驱动代码和测试程序。

(12) 将 Windows 下文件夹复制至虚拟机中，删除 xxx.pro 文件、Makefile 文件，只留下 main.cpp、dialog.cpp、dialog.h、ui_dialog.h 文件。

(13) 将如下代码键入到 dialog.cpp 中：

```cpp
#include "dialog.h"
#include "ui_dialog.h"
#include <stdio.h>
#include <sys/types.h>
#include <sys/stat.h>
#include <sys/ioctl.h>
#include <fcntl.h>
#include <unistd.h>
#include "gpio_ctl.h"
#define DEVICE_FILENAME "/dev/ioctldev"
int dev;

Dialog::Dialog(QWidget *parent) :
        QDialog(parent),
        ui(new Ui::Dialog)
{
    ui->setupUi(this);
    setWindowTitle("Led Display");
    this->connect(ui->led1on,SIGNAL(clicked()),this,SLOT(Led1OnProcs()));
    this->connect(ui->led2on,SIGNAL(clicked()),this,SLOT(Led2OnProcs()));
    this->connect(ui->led3on,SIGNAL(clicked()),this,SLOT(Led3OnProcs()));
    this->connect(ui->led4on,SIGNAL(clicked()),this,SLOT(Led4OnProcs()));
    this->connect(ui->led1off,SIGNAL(clicked()),this,SLOT(Led1OffProcs()));
    this->connect(ui->led2off,SIGNAL(clicked()),this,SLOT(Led2OffProcs()));
    this->connect(ui->led3off,SIGNAL(clicked()),this,SLOT(Led3OffProcs()));
    this->connect(ui->led4off,SIGNAL(clicked()),this,SLOT(Led4OffProcs()));
dev = ::open(DEVICE_FILENAME, O_RDWR|O_NDELAY);
}
void Dialog::Led1OnProcs(void)
{
    ::ioctl(dev, LED_D09_SWT,LED_SWT_ON);
}
void Dialog::Led2OnProcs(void)
{
    ::ioctl(dev, LED_D10_SWT,LED_SWT_ON);
}
void Dialog::Led3OnProcs(void)
{
```

```
        ::ioctl(dev, LED_D11_SWT,LED_SWT_ON);
}
void Dialog::Led4OnProcs(void)
{
        ::ioctl(dev, LED_D12_SWT,LED_SWT_ON);
}
void Dialog::Led1OffProcs(void)
{
        ::ioctl(dev, LED_D09_SWT,LED_SWT_OFF);
}
void Dialog::Led2OffProcs(void)
{
        ::ioctl(dev, LED_D10_SWT,LED_SWT_OFF);
}
void Dialog::Led3OffProcs(void)
{
        ::ioctl(dev, LED_D11_SWT,LED_SWT_OFF);
}
void Dialog::Led4OffProcs(void)
{
        ::ioctl(dev, LED_D12_SWT,LED_SWT_OFF);
}
Dialog::~Dialog()
{
    ::close(dev);
        delete ui;
}
```

应注意的是,需要头文件 gpio_ctl.h,将其复制到 dialog.cpp 所在目录。

(14) 执行 source arm-qt.sh,配置好交叉编译刚才实例的 Qt 环境。

(15) 执行 qmake-project 生成 XXX.pro 工程文件。

执行 qmake 生成 makefile 文件,此处可以观察 makefile 内容,看是否为交叉编译配置。

执行 make,编译生成最后可执行文件。

复制至根文件系统目录下,执行 xxx-qws 观察结果。

(16) 上述过程中提到的 arm-qt.sh 文件是一个脚本文件,通过 source 命令来执行,主要完成编译 Qt4 应用程序时各种环境变量的指定。具体内容如下:

```
QTEDIR = /usr/local/QtEmbedded-4.6.2-arm
PATH = /usr/local/QtEmbedded-4.6.2-arm/bin: $ PATH
LD_LIBRARY_PATH = /usr/local/QtEmbedded-4.6.2-arm/lib: $ LD_LIBRARY_PATH
```

CPLUS_INCLUDE_PATH = /usr/local/arm/3.4.1/include/c ++ : $ CPLUS_INCLUDE_PATH

5.3.2 简易计算器

(1) 首先按照如下步骤建立一个 Qt 工程文件。具体设置和上例相同,如图 5 - 16、图 5 - 17、图 5 - 18、图 5 - 19、图 5 - 20 所示。

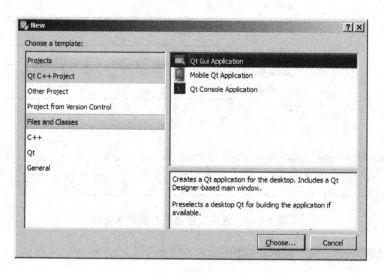

图 5 - 16 新建 Qt 工程

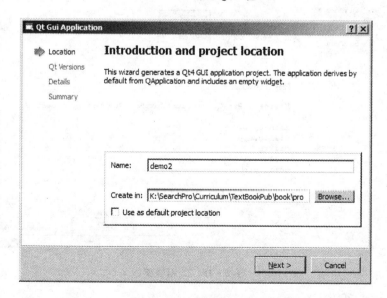

图 5 - 17 工程命名

(2) 本实例使用代码生成界面,首先在 dialog.h 中添加以下头文件:

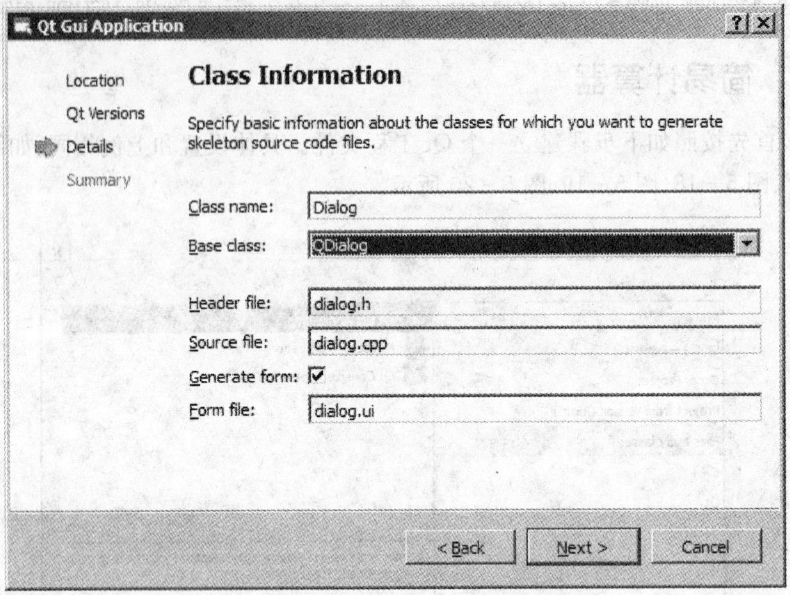

第 5 章　Qt 及数据库应用

图 5-18　选择工程基于对话框来设计

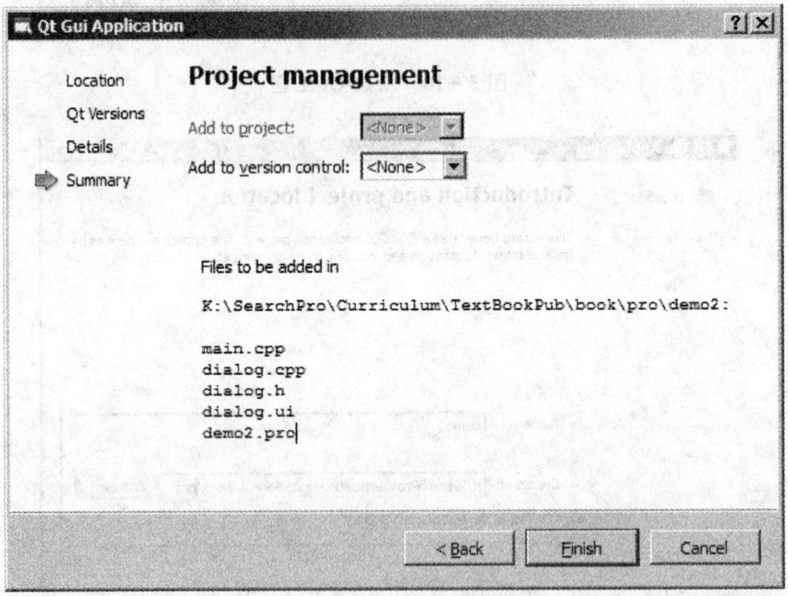

图 5-19　工程框架

```
#include <QtGui>
```

在头文件 dialog.h 类声明中添加以下代码：

```
private slots ：
```

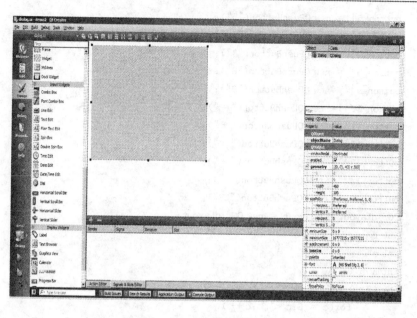

图 5-20 调整对话框大小

```
        void setValue();
        void calculate();
        void setOperat();
        void clear();
private:
        QPushButton * button[20];
        QLineEdit * edit;
        double first,second;
        int operat;
```

(3) 在 dialog.cpp 文件构造函数中添加下面代码:

```
setFixedSize(320,240);
setWindowTitle("calculator");
first = 0;
second = 0;
operat = -1;
edit = new QLineEdit("0");
edit ->setReadOnly(true);
button[0] = new QPushButton("0");
button[1] = new QPushButton("1");
button[2] = new QPushButton("2");
button[3] = new QPushButton("3");
button[4] = new QPushButton("4");
```

```cpp
button[5] = new QPushButton("5");
button[6] = new QPushButton("6");
button[7] = new QPushButton("7");
button[8] = new QPushButton("8");
button[9] = new QPushButton("9");
button[10] = new QPushButton(" = ");
button[11] = new QPushButton(" + ");
button[12] = new QPushButton(" - ");
button[13] = new QPushButton(" * ");
button[14] = new QPushButton("/");
button[15] = new QPushButton("CE");
QGridLayout * gLayout = new QGridLayout;
int r ;
int c ;
int n = 0 ;
for (r = 0;r<3;r ++ )
        for(c = 0;c < 3 ;c ++ )
            {
                    gLayout ->addWidget(button[n + 1],r,c);
                    connect(button[n + 1],SIGNAL(clicked()),this,SLOT(setValue()));
                    n ++ ;
            }
gLayout ->addWidget(button[0],3,0);
connect(button[0],SIGNAL(clicked()),this,SLOT(setValue()));
gLayout ->addWidget(button[10],3,1);
connect(button[10],SIGNAL(clicked()),this,SLOT(calculate()));
gLayout ->addWidget(button[11],3,2);
connect(button[11],SIGNAL(clicked()),this,SLOT(setOperat()));
gLayout ->addWidget(button[12],0,3);
connect(button[12],SIGNAL(clicked()),this,SLOT(setOperat()));
gLayout ->addWidget(button[13],1,3);
connect(button[13],SIGNAL(clicked()),this,SLOT(setOperat()));
gLayout ->addWidget(button[14],2,3);
connect(button[14],SIGNAL(clicked()),this,SLOT(setOperat()));
gLayout ->addWidget(button[15],3,3);
connect(button[15],SIGNAL(clicked()),this,SLOT(clear()));
QVBoxLayout * vLayout = new QVBoxLayout;
vLayout ->addWidget(edit);
vLayout ->addLayout(gLayout);
setLayout(vLayout);
```

上述代码用于完成窗口设置,大小为宽 320 高 240 以对应 LCD 分辨率 320×240,设置窗体名称、所用到计算器上按钮、显示等控件的添加,并用布局控件进行布局。

在 dialog.cpp 中添加以下函数代码,以完成计算器相关计算显示功能:

```cpp
void Dialog::setValue()
{
        if (operat == 4)
        {
                clear();
        }
        QString str = edit->text();
        str += ((QPushButton *)sender())->text();
        if(operat<0)
        {
                first = str.toDouble();
                edit->setText(QString::number(first));
        }
        else
        {
                second = str.toDouble();
                edit->setText(QString::number(second));
        }
}
void Dialog::setOperat()
{
        QString str = ((QPushButton *)sender())->text();
        edit->setText(0);
        if(str == "+")
        {
                operat = 0;
        }
        else if (str == "-")
        {
                operat = 1;
        }
        else if (str == "*")
        {
                operat = 2;
        }
        else
```

```
            operat = 3;
    }
    void Dialog::calculate()
    {
            double all;
            switch (operat)
            {
                    case 0: all = first + second; edit -> setText(QString::number(all)); break;
                    case 1: all = first - second; edit -> setText(QString::number(all)); break;
                    case 2: all = first * second; edit -> setText(QString::number(all)); break;
                    case 3: all = first * 1.0/second; edit -> setText(QString::number(all)); break;
            }
            operat = 4;
            first = all;
    }
    void Dialog::clear()
    {
            first = 0;
            second = 0;
            operat = -1;
            edit ->setText("0");
    }
```

(4) 编译运行,测试程序运行如图 5-21 所示。

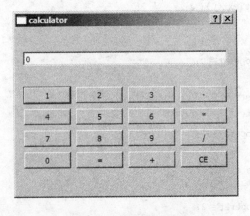

图 5-21　程序运行界面

(5) 至此,PC 机 Windows 平台下的前台界面开发工作完成。

(6) 准备好 Linux 下目标板进行测试程序。

(7) 将 Windows 下文件夹复制至虚拟机中,删除 xxx.pro 文件、makefile 文件,只留下 main.cpp、dialog.cpp、dialog.h、ui_dialog.h 文件。

(8) 执行 source arm-qt.sh(见 5.3.1 小节),配置好交叉编译刚才实例的 Qt 环境。

(9) 执行 qmake - project 生成 XXX.pro 工程文件。

执行 qmake 生成 Makefile 文件,此处可以观察 makefile 内容,看是否为交叉编译配置。

执行 make,编译生成最后可执行文件。

复制至根文件系统目录下,执行 xxx-qws 观察结果。

5.3.3 五子棋

(1) 首先按照如下步骤建立一个 Qt 工程文件。具体方法和上两例相同,如图 5-22、图 5-23、图 5-24、图 5-25、图 5-26 所示。

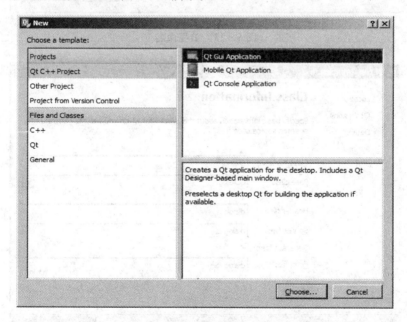

图 5-22 新建 Qt 工程

(2) 修改对话框大小为宽 320、高 240,改 windowTitle 属性为 gobang,如图 5-27 所示。

(3) 在窗体上添加启动五子棋的按钮 Play 和用于显示计时的标签 Label,将 Play 按钮的默认 objectName 改为 Play,大小为宽 75、高 23,X 位置为 240,Y 位置为 20,如图 5-28

所示。

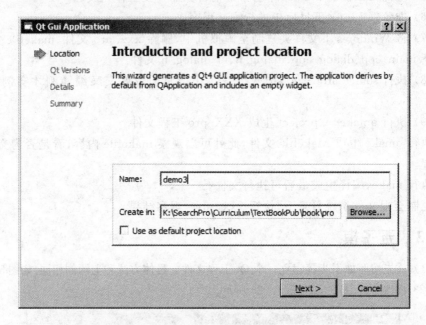

图 5-23　工程命名

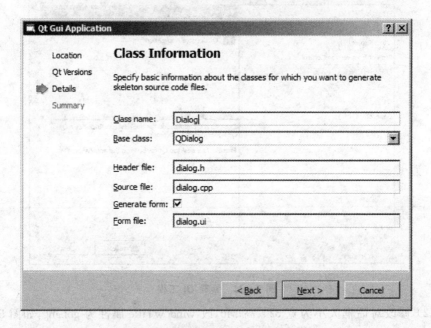

图 5-24　选择工程基于对话框来设计

(4) 在 dialog.h 头文件中添加以下代码：

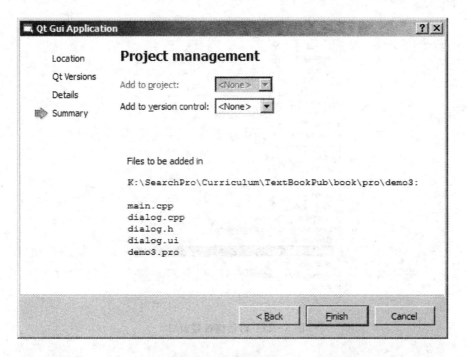

图 5-25 工程框架

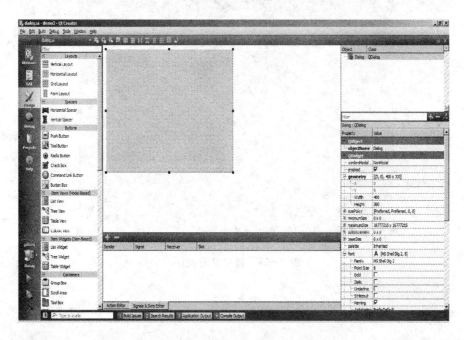

图 5-26 调整对话框大小

首先在头文件中添加用到的头文件：

第5章 Qt 及数据库应用

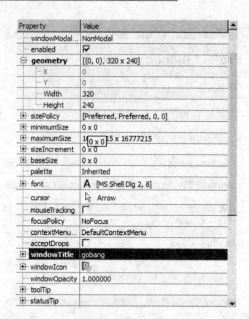

图 5-27 对话框设置窗口

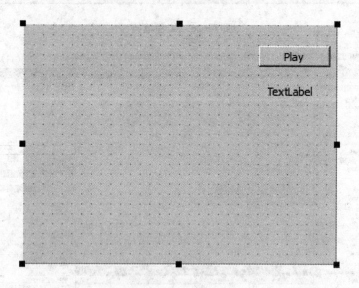

图 5-28 程序界面设计

```
#include <QtGui>
```

分别添加以下代码:

```
private:
    int player;
    void Lines();
```

```
    void setupChess();
    void setupDia();
    int againstPlayer();
    void checkWin(int i,int j);
    QLineF HLine[10];
    QLineF VLine[10];
    QRectF dia[10][10];
    QPointF chess[10][10];
    int coord[10][10];
    QTimer *timer;
    int hh,mm,ss;
```

上面代码用于声明程序,实现五子棋画棋盘、记录棋子位置、游戏者、判决、计时等功能的中间变量。

```
public slots:
    void replay();
    void showWon(int player);
    void showDeuce();
signals:
    void playerWon(int);
    void deuce();
protected:
    void mousePressEvent(QMouseEvent *event);
    void paintEvent(QPaintEvent *event);
```

上面代码用于程序启动初始化,显示判决结果胜负(showwon)、平手(show-Deuce)、产生相关信号以及处理鼠标点击(或触摸屏点击)处理函数声明。

```
private slots:
    void on_play_clicked();
    void xytimerUpDate();
```

上面代码用于按钮点击人机交互及计时器处理。

(5) 在 dialog.cpp 中添加以下代码。

构造函数中添加以下代码,以完成相关初始化及信号的连接:

```
ui->label->setText("00:00:00");
setFixedSize(320,240);
replay();
player = 0;
connect(this,SIGNAL(playerWon(int)),this,SLOT(showWon(int)));
connect(this,SIGNAL(deuce()),this,SLOT(showDeuce()));
timer = new QTimer(this);
```

```
connect(timer,SIGNAL(timeout()),this,SLOT(xytimerUpDate()));
```

添加以下函数的实现到 dialog.cpp 中:

```cpp
void Dialog::mousePressEvent(QMouseEvent * event)
{
    for (int i = 0;i<10;i++) {
        for (int j = 0;j<10;j++) {
            if (player != 0 && coord[i][j] == 0 && dia[i][j].contains(event->pos()))
            {
                coord[i][j] = player;
                checkWin(i,j);
                player = againstPlayer();
                update();
            }
        }
    }
}
```

上面函数用于处理鼠标(触摸屏)点击事件。点游戏开始(player 不等于 0)后,鼠标(触摸屏)点击事件发生在每个 dia 定义的矩形区域且当前对应的位置(由 i,j 决定)为空时,置为当前持子者棋子。然后进行胜负判决,交换持子权,刷新屏显。

```cpp
void Dialog::paintEvent(QPaintEvent * event)
{
    Lines();
    setupChess();
    setupDia();
    QPainter painter(this);
    for (int i = 0;i<10;i++) {
        painter.drawLine(VLine[i]);
        painter.drawLine(HLine[i]);
    }
    painter.setBrush(QBrush(Qt::black,Qt::SolidPattern));
    int Width = (size().width() - 80)/11;
    int Height = size().height()/11;
    for (int i = 0;i<10;i++) {
        for (int j = 0;j<10;j++) {
            if (coord[i][j] == 1) {
                painter.setBrush(QBrush(Qt::black,Qt::SolidPattern));
                painter.drawEllipse(chess[i][j],Width*0.4,Height*0.4);
            }
            if (coord[i][j] == 2) {
```

```
                painter.setBrush(QBrush(Qt::white,Qt::SolidPattern));
                painter.drawEllipse(chess[i][j],Width * 0.4,Height * 0.4);
            }
        }
    }
}
```

上面函数用于重绘棋盘及根据 coord 数组中信息重绘，所有黑子当对应为 1，所有白子当对应为 2。

```
void Dialog::Lines()
{
    int Width = (size().width() - 80)/11;
    int Height = size().height()/11;
    for (int i = 0;i<10;i++) {
        VLine[i].setP1(QPoint((i+1) * Width,Width));
        VLine[i].setP2(QPoint((i+1) * Width,10 * Height));
    }
    for (int i = 0;i<10;i++) {
        HLine[i].setP1(QPoint(Width,(i+1) * Width));
        HLine[i].setP2(QPoint(10 * Width,(i+1) * Height));
    }
}
void Dialog::setupChess()
{
    for (int i = 0;i<10;i++) {
        for (int j = 0;j<10;j++) {
            chess[i][j].setX(VLine[i].p1().x());
            chess[i][j].setY(HLine[j].p1().y());
        }
    }
}
```

上面函数用于根据窗体大小设定所画棋盘的直线参数及棋子参数。

```
void Dialog::replay()
{
    for (int i = 0;i<10;i++) {
        for (int j = 0;j<10;j++) {
            coord[i][j] = 0;
        }
    }
    player = 1;
    update();
```

}

上面函数用于重新游戏初始化。

```
void Dialog::showWon(int playernum)
{
        this ->timer ->stop();
        player = 0;
        QMessageBox msgbox;
        if (playernum == 1)
                msgbox.setText(tr("BlackWin! \nCongratulations!"));
        if (playernum == 2)
                msgbox.setText(tr("WhiteWin! \nCongratulations!"));
        msgbox.exec();
}
void Dialog::showDeuce()
{
        this ->timer ->stop();
        player = 0;
        QMessageBox msgbox;
        msgbox.setText(tr("Deuce"));
        msgbox.exec();
}
int Dialog::againstPlayer()
{
        if (player == 1)
                return 2;
        if (player == 2)
                return 1;
        if (player == 0)
                return 0;
        else
                return -1;
}
```

上面函数用于判决结果胜负(showwon)、平手(showDeuce)、交换持子者信息标志。

```
void Dialog::checkWin(int i,int j)
{
        int count = 0;
        int c = i;
        int d = j;
```

```
if (c>5)
        c = 5;
else if (c < 4)
        c = 4;
for (int a = c - 4;a< = (c + 4) && count ! = 5;a ++ ) {
        if (coord[a][j] == player)
                count ++ ;//if center C has continuum chess
        else
                count = 0;//clear for spiccato
}
if (count > = 5) {
        emit playerWon(player);
        return;
}
count = 0;
if (d>5)
        d = 5;
else if (d < 4)
        d = 4;
for (int a = d - 4;a< = (d + 4) && count ! = 5;a ++ ) {
        if (coord[i][a] == player)
                count ++ ;
        else
                count = 0;
}
if (count > = 5){
        emit playerWon(player);
        return;
}
c = i;
d = j;
if (c>5 || d>5)
        while (c>5 || d>5) {
                c -- ;
                d -- ;
        }
if (c<4 || d<4)
        while (c<4 || d<4) {
                c ++ ;
                d ++ ;
        }
count = 0;
```

```
for (int a = c - 4,b = d - 4;a<= (c + 4) && count ! = 5 && b<= (d + 4);) {
        if (coord[a][b] == player)
                count ++ ;
        else
                count = 0;
        a ++ ;
        b ++ ;
}
if (count >= 5)
        emit playerWon(player);
count = 0;
if (i>5 || j<4)
        while (i>5 || j<4) {
                i -- ;
                j ++ ;
        }
if (i<4 || j>5)
        while (i<4 || j>5) {
                i ++ ;
                j -- ;
        }
for (int a = i - 4,b = j + 4;count! = 5 && a <= i + 4 && b >= j - 4;) {
        if (coord[a][b] == player)
                count ++ ;
        else
                count = 0;
        a ++ ;
        b -- ;
}
if (count >= 5) {
        emit playerWon(player);
        return;
}
bool full = true;
for (int i = 0;i<10;i ++ ) {
        for (int j = 0;j<10;j ++ ) {
                if (coord[i][j]! = 0)
                        full = false;
        }
}
if (full)
        emit deuce();
```

上面函数是五子棋判决的关键函数,通过横、纵两个方向的斜方向,共 4 个方面的棋子是否五子连珠,判断胜负。

```cpp
void Dialog::setupDia()
{
    int Width = (size().width() - 80)/11;
    int Height = size().height()/11;
    for (int i = 0;i<10;i ++ ) {
    for (int j = 0;j<10;j ++ ) {
        dia[i][j].setSize(QSize(Width * 0.8,Height * 0.8));
        dia[i][j].moveCenter(chess[i][j]);
            }
        }
}
```

上面函数用于初始放棋子中心信息,使鼠标(触摸屏)点击棋盘交点周围时,可以自动吸附至交点处。

```cpp
void Dialog::on_play_clicked()
{
    this ->replay();
    ui ->play ->setText("Replay");
    hh = 0;
    mm = 0;
    ss = 0;
    ui ->label ->setText("00:00:00");
    this ->timer ->start(1000);
}
void Dialog::xytimerUpDate()
{
    ss ++ ;
    if(ss == 60)
    {
        ss = 0;
        mm ++ ;
        if(mm == 60)
        {
            mm = 0;
            hh ++ ;
            if(hh == 24)
                hh = 0;
```

```
        }
    }
    QString shh,smm,sss;
    if(hh<10)
        shh = "0" + QString::number(hh).trimmed();
    else
        shh = QString::number(hh).trimmed();
    if(mm<10)
        smm = "0" + QString::number(mm).trimmed();
    else
        QString::number(mm).trimmed();
    if(ss<10)
        sss = "0" + QString::number(ss).trimmed();
    else
        sss = QString::number(ss).trimmed();
    ui->label->setText(shh + ":" + shh + ":" + sss);
}
```

上面代码函数用于计时器的初始化,以及定时器关联处理函数实现计时功能。

(6) 编译运行,程序运行如图 5-29、图 5-30 所示。

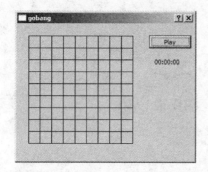
图 5-29　程序启动界面

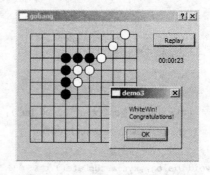
图 5-30　程序运行过程中界面

(7) 至此,PC 机 Windows 平台下的前台界面开发工作完成。

(8) 准备好 Linux 下目标板进行测试程序。

(9) 将 Windows 下文件夹复制至虚拟机中,删除 xxx.pro 文件、makefile 文件、只留下 main.cpp、dialog.cpp、dialog.h、ui_dialog.h 文件。

(10) 执行 source arm-qt.sh(见 5.3.1 小节),配置好交叉编译刚才实例的 Qt 环境。

(11) 执行 qmake - project 生成 XXX.pro 工程文件。

执行 qmake 生成 Makefile 文件,此处可以观察 makefile 内容,看是否为交叉编译配置。

执行 make,编译生成最后可执行文件。

复制至根文件系统目录下,执行 xxx-qws 观察结果。

5.3.4 电话薄

(1) 首先按照如下步骤建立一个 Qt 工程文件。方法与前几例相同,如图 5-31、图 5-32、图 5-33、图 5-34、图 5-35 所示。

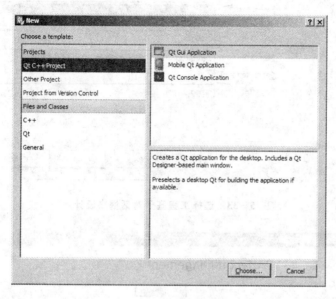

图 5-31　新建 Qt 工程

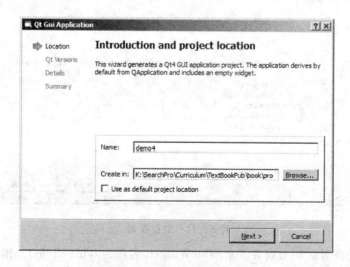

图 5-32　工程命名

(2) 修改对话框大小为宽 320、高 240,如图 5-36 所示。

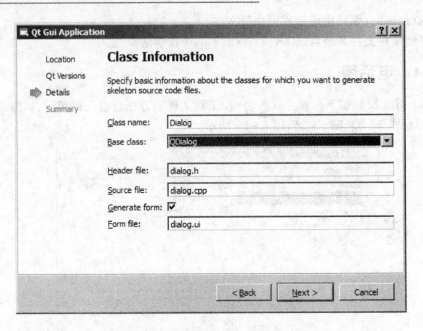

图 5-33 选择工程基于对话框来设计

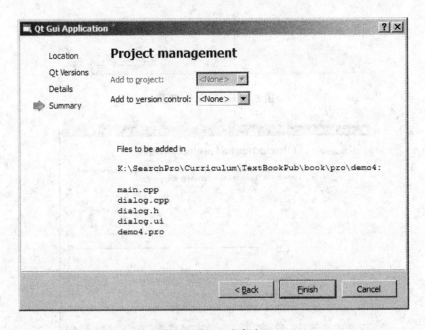

图 5-34 工程框架

(3) 首先在对话框上放置 1 个 tableWidget,名称为 tableWidget。用于显示电话簿的相关数据。设置大小为宽 311、高 171,如图 5-37 所示。

(4) 根据显示效果,设置 tableWidget 相关属性,horizontalHeaderVisible 属性

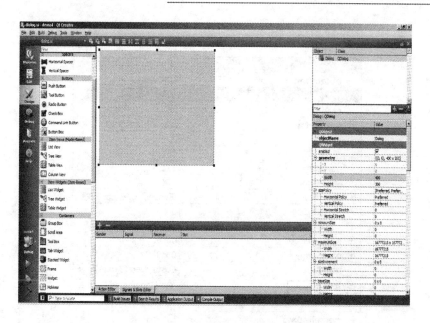

图 5-35 创建成功对话框

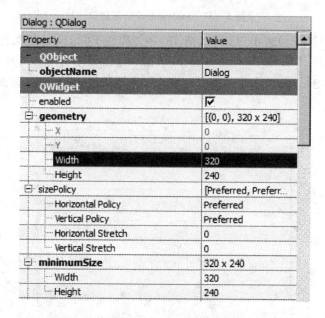

图 5-36 对话框设置窗口

为 false,verticalHeaderVisible 属性也为 false。

(5) 添加相应 Label 控件用于显示程序名、电话薄记录的序号(NO.)、姓名(Name)、性别(Sex)、年龄(Age)、电话(Tel)。设置程序名 Label 大小为宽 81、高 16,字体属性 PointSize 为 8;设置序号(NO.)Label 大小为宽 21、高 16,字体属性 Poin-

图 5-37 tablewidget 设置窗口

tSize 为 8;姓名(Name)大小为宽 31、高 16,字体属性 PointSize 为 8;性别(Sex)大小为宽 21、高 16,字体属性 PointSize 为 8;年龄(Age)大小为宽 21、高 16,字体属性 PointSize 为 8;电话(Tel)大小为宽 21、高 16,字体属性 PointSize 为 8;相关布局如图 5-38 所示。

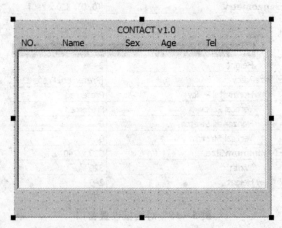

图 5-38 电话薄外观设计

(6) 添加的相应的 Push Button 控件,完成使用电话薄的相关功能。添加刷新(Refresh)、添加(Add)、添加完成(Done)、删除(Delete)、修改(Modify)、查询输入用文本框(SearchLE)、查询按钮(Go)。设置刷新(Refresh)大小为宽 45、高 23,添加(Add)大小为宽 41、高 23,添加完成(Done)大小为宽 41、高 23,删除(Delete)大小为宽 41、高 23,修改(Modify)大小为宽 41、高 23,查询输入用文本框、查询按钮(Go)大小为宽 31、高 23。注意除于对代码可读性考虑,应该把每个按钮的默认 objectName 属性名更改成括号中对应的英文名字,完成后如布局如图 5-39 所示。

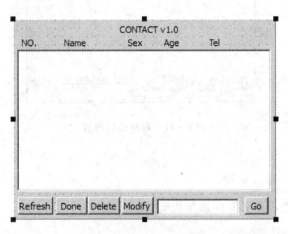

图 5-39 各个功能按钮添加

本实例中打算实现添加按钮(Add)与添加完成按钮(Done)的动态显示,即点击 Add 按钮后,Add 按钮消失,同时添加完成按钮(Done)在同位置出现。因此需要将两按钮的 X、Y 坐标改成相同的,如图 5-40 所示。

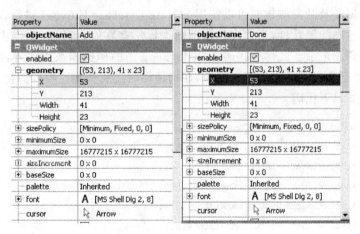

图 5-40 槽函数具体实现

(7) 编译运行,界面如图 5-41 所示。

(8) 点击按钮会发现没有任何响应,是因为我们没有添加任何信号的连接及槽函数。在添加任何槽函数前首先要在 pro 文件中添加支持 SQLite 嵌入式数据库模

图 5-41 程序运行界面

块的代码：

```
QT       + = sql
```

在程序头文件 dialog.h 中添加代码：

```
#include "QtSql"
```

在电话薄程序中需要使用提示对话框功能，在文件 dialog.cpp 中添加代码：

```
#include "QMessageBox"
```

程序中使用 SQLite 数据库 contact.db 来存储序号、姓名、性别、年龄、电话等信息。设计数据库及开发测试时可以使用 SQLite Database Browser 进行设计调试，而程序完成后考虑的健壮性，当程序扫描到数据库不存在时，可以自动生成建立表，并自动创建一条新记录。此部分代码在 dialog.cpp 中的构造函数中实现，同时考虑程序运行时，增删改查等操作的逻辑互锁，在构造函时还实现相应控件的初始化。在构造函数中添加以下代码：

```
ui->tableWidget->setColumnCount(5);
    ui->tableWidget->setColumnWidth(0,30);
    ui->tableWidget->setColumnWidth(1,86);
    ui->tableWidget->setColumnWidth(2,58);
    ui->tableWidget->setColumnWidth(3,30);
    ui->tableWidget->setColumnWidth(4,86);
    ui->pushButton_5->setDisabled(true);
    ui->pushButton_5->hide();
    db = QSqlDatabase::addDatabase("QSQLITE");
    db.setDatabaseName("contact.db");
    if(db.open())
```

```cpp
        qDebug() << ("contact.db Is OPEN! \n");
    else
        qDebug() << ("contact.db OPEN fasle! \n");
    ui->tableWidget->clear();
    QSqlQuery query;
    query.exec("CREATE TABLE IF NOT EXISTS  contact (a_number INTEGER PRIMARY KEY AUTOINCREMENT,"
               "b_name TEXT NULL,c_sex TEXT NULL,d_age TEXT NULL,e_tel TEXT NULL)");
    int t;
    query.exec("select count(a_number) as iCount from contact");
    if(query.next())
        t = query.value(0).toInt();
    if(t == 0)
    {
        query.exec(" INSERT INTO contact (b_name,c_sex,d_age,e_tel) VALUES ( '', 'male', '', '')");
        t++;
    }
    ui->tableWidget->setRowCount(t);
    query.prepare("select * from contact");
    query.exec();
    int i = 0;
    while(query.next())
    {
        for(int j = 0;j<5;j++)
        {QString p = query.value(j).toString().trimmed();
            if(j == 2)
            {
                QComboBox * comboBox1 = new QComboBox();
                comboBox1->addItem(tr("male"));
                comboBox1->addItem(tr("female"));
                if(p == "male")
                    comboBox1->setCurrentIndex(0);
                else
                    comboBox1->setCurrentIndex(1);
                ui->tableWidget->setCellWidget(i,j,comboBox1);
            }
            else
                ui->tableWidget->setItem(i,j,new QTableWidgetItem(p));
            if(j == 0)
```

第5章 Qt及数据库应用

```
                    ui->tableWidget->item(i,j)->setFlags(Qt::NoItemFlags);
        }
        i++;
    }
    ui->tableWidget->setFocus();
```

编译运行,运行结果如图 5 – 42 所示。

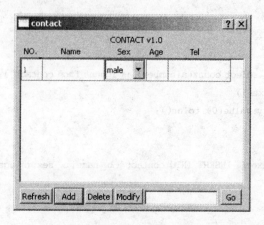

图 5 – 42 添加相关内容后的运行界面

（9）在 Design 模式中,右键点击按钮 Refresh,选择 Go to slot 选项,加入以下代码以实现对数据库信息的读取,进行电话薄刷新。注意此实例中对于性别（Sex）显示,采用了 ComboBox 控制,方便显示和记录的添加,同时进行了相应按钮逻辑使用的状态互锁。

```
ui->tableWidget->clear();
QSqlQuery query;
query.prepare("select * from contact");
query.exec();
int i = 0;
while(query.next())
{
    for(int j = 0;j<5;j++)
    {QString p = query.value(j).toString();
        if(j == 2)
        {
            QComboBox * comboBox1 = new QComboBox();
            comboBox1->addItem(tr("male"));
            comboBox1->addItem(tr("female"));
            if(p == "male")
                comboBox1->setCurrentIndex(0);
```

```
            else
                comboBox1->setCurrentIndex(1);
            ui->tableWidget->setCellWidget(i,j,comboBox1);
        }
        else
            ui->tableWidget->setItem(i,j,new QTableWidgetItem(p));
        if(j == 0)
            ui->tableWidget->item(i,j)->setFlags(Qt::NoItemFlags);
    }
    i++;
}
ui->tableWidget->setRowCount(i);
ui->tableWidget->setColumnWidth(0,30);
ui->tableWidget->setColumnWidth(1,86);
ui->tableWidget->setColumnWidth(3,30);
ui->tableWidget->setColumnWidth(4,86);
ui->tableWidget->setColumnWidth(3,30);
ui->tableWidget->setColumnWidth(4,86);
    ui->Add->setEnabled(true);
    ui->Delete->setDisabled(false);
    ui->Modify->setDisabled(false);
    ui->tableWidget->setFocus();
```

在Design模式中,右键点击按钮Add,选择Go to slot选项,加入以下代码以实现对电话薄新记录的默认样式添加,以方便修改后添加新记录至数据库,同时进行了相应按钮逻辑使用的状态互锁。

```
        ui->Add->setDisabled(true);
        ui->Delete->setDisabled(true);
        ui->Modify->setDisabled(true);
        int bnum = ui->tableWidget->item(ui->tableWidget->rowCount()-1,0)->text().toInt();
        ui->tableWidget->setRowCount(ui->tableWidget->rowCount()+1);
        ui->tableWidget->setItem(ui->tableWidget->rowCount()-1,0,
                        new QTableWidgetItem(QString::number(bnum+1)));
        ui->tableWidget->item(ui->tableWidget->rowCount()-1,0)->setFlags(Qt::NoItemFlags);
        ui->tableWidget->setItem(ui->tableWidget->rowCount()-1,1,new QTableWidgetItem(""));
        QComboBox *comboBox1 = new QComboBox();
        comboBox1->addItem(tr("male"));
```

第 5 章　Qt 及数据库应用

```
            comboBox1->addItem(tr("female"));
            ui->tableWidget->setCellWidget(ui->tableWidget->rowCount()-1,2,comboBox1);
            ui->tableWidget->setItem(ui->tableWidget->rowCount()-1,3,new QTableWidget-
Item(""));
            ui->tableWidget->setItem(ui->tableWidget->rowCount()-1,4,new QTableWidget-
Item(""));
            ui->tableWidget->scrollToBottom();
            ui->Refresh->setDisabled(true);
            ui->Add->setDisabled(true);
            ui->Add->hide();
            ui->Delete->setDisabled(true);
            ui->Modify->setDisabled(true);
            ui->Go->setDisabled(true);
            ui->SearchLE->setDisabled(true);
            ui->Done->setDisabled(false);
            ui->Done->show();
```

在 Design 模式中,右键点击按钮 Done,选择 Go to slot 选项,加入以下代码以完成点击 Add 后对电话薄新记录的添加,同时进行了相应按钮逻辑使用的状态互锁。

```
            int c = ui->tableWidget->rowCount()-1;
            QString name = ui->tableWidget->item(c,1)->text();
            QWidget * widget = ui->tableWidget->cellWidget(c,2);
            QComboBox * combox = (QComboBox *)widget;
            QString sex = combox->currentText().trimmed();
            QString age = ui->tableWidget->item(c,3)->text();
            QString tel = ui->tableWidget->item(c,4)->text();
            QSqlQuery query;
            query.prepare("INSERT INTO contact (b_name,c_sex,d_age,e_tel) VALUES ( ?, ?,
?, ?)");
            query.bindValue(0,name);
            query.bindValue(1,sex);
            query.bindValue(2,age);
            query.bindValue(3,tel);
            bool  bSuccess = query.exec();
            if(bSuccess) {
                        qDebug() << " +++ INSERT is done! +++ ";
                    }
            ui->Done->setDisabled(true);
            ui->Done->hide();
            ui->Refresh->setDisabled(false);
```

```
ui->Add->setDisabled(false);
ui->Add->show();
ui->Delete->setDisabled(false);
ui->Modify->setDisabled(false);
ui->SearchLE->setDisabled(false);
ui->Go->setDisabled(false);
```

在 Design 模式中，右键点击按钮 Delete，选择 Go to slot 选项，加入以下代码以完成选定的记录进行删除，并考虑程序的健壮性进行未选情况处理以及最后一条记录保护性拒绝删除功能，同时在删除后进行电话薄刷新。

```
int c = ui->tableWidget->currentRow();
if(c<0||c>ui->tableWidget->rowCount())
{
    QMessageBox::warning(this, tr("Error"),
                        tr("You chose none!")
                        ,
                        QMessageBox::Ok,
                        QMessageBox::Ok);
    return;
}
if(c == 0)
{
    QMessageBox::warning(this, tr("Error"),
                        tr("You can't delete the last record!")
                        ,
                        QMessageBox::Ok,
                        QMessageBox::Ok);
    return;
}
int ret = QMessageBox::warning(this, tr("Notice"),
                        tr("Are you sure to delete it?")
                        ,
                        QMessageBox::Ok | QMessageBox::Cancel,
                        QMessageBox::Ok);
if(ret == QMessageBox::Cancel)
    return;
QString z = ui->tableWidget->item(c,0)->text();
qDebug() << z;
QSqlQuery query;
query.prepare("delete from contact where a_number = ?");
query.bindValue(0,z);
```

```
bool bSuccess = query.exec();
if(bSuccess){
    qDebug() << " +++ delete is done! +++ ";}
this->on_Refresh_clicked();
```

在 Design 模式中,右键点击按钮 Modify,选择 Go to slot 选项,加入以下代码以实现对电话薄记录的更改,同时考虑程序的健壮性,处理未选择的情况。

```
int c = ui->tableWidget->currentRow();
if(c<0||c>ui->tableWidget->rowCount())
{
    QMessageBox::warning(this, tr("Error"),
                         tr("You chose none!")
                         ,
                         QMessageBox::Ok,
                         QMessageBox::Ok);
    return;
}
QString z = ui->tableWidget->item(c,0)->text();
QString name = ui->tableWidget->item(c,1)->text();
QWidget * widget = ui->tableWidget->cellWidget(c,2);
QComboBox * combox = (QComboBox *)widget;
QString sex = combox->currentText().trimmed();
QString age = ui->tableWidget->item(c,3)->text();
QString tel = ui->tableWidget->item(c,4)->text();
QSqlQuery query;
query.prepare("UPDATE contact SET b_name = ?,c_sex = ?,d_age = ?,e_tel = ? WHERE a_number = ?");
query.bindValue(4,z);
query.bindValue(0,name);
query.bindValue(1,sex);
query.bindValue(2,age);
query.bindValue(3,tel);
bool  bSuccess = query.exec();
if(bSuccess) {
        qDebug() << " ++ + update is done! ++ +";}
```

在 Design 模式中,右键点击按钮 Go,选择 Go to slot 选项,加入以下代码以实现对电话薄记录模糊查找。数据库中任何一条记录的某项包含关键字都可以检索出来。同时为了保护数据在进行查询后,所有记录变为只读方式,tableWidget 自动滚到顶部,点击 Refresh 按钮后改变状态,Refresh 状态改变功能在 Refresh 槽函数中实现。

```
QString sWord = ui ->lineEdit ->text();
QString sQuery = "SELECT * FROM contact WHERE b_name  like '%" + sWord + "%' OR c_sex like '%" +
                  sWord + "%' OR d_age like '%" + sWord + "%' OR e_tel like '%" + sWord + "%'";
QSqlQuery query;
query.exec(sQuery);
ui ->tableWidget ->clear();
int i = 0;
while(query.next())
{
    for(int j = 0;j<6;j ++ )
     {QString p = query.value(j).toString();
     ui ->tableWidget ->setItem(i,j,new QTableWidgetItem(p));
    }
    i ++ ;
}
ui ->tableWidget ->setEditTriggers(QAbstractItemView::NoEditTriggers);
ui ->Add ->setDisabled(true);
ui ->Delete ->setDisabled(true);
ui ->Modify ->setDisabled(true);
ui ->tableWidget ->scrollToTop();
```

编译运行,添加电话薄联系人信息,并进行各项功能测试,测试情况如图 5 - 43 所示。

图 5 - 43　程序正常运行界面

(10) 至此,PC 机 Windows 平台下的前台界面开发工作完成。

(11)将 Windows 下文件夹复制至虚拟机中,删除 xxx.pro 文件、Makefile 文件,只留下 main.cpp、dialog.cpp、dialog.h、ui_dialog.h 文件。

（12）执行 source arm-qt.sh，配置好交叉编译刚才实例的 Qt 环境。

执行 qmake-project 生成 XXX.pro 工程文件。

执行 qmake 生成 makefile 文件，此处可以观察 makefile 内容，看是否为交叉编译配置。

执行 make，编译生成最后可执行文件。

复制至根文件系统目录下，执行 xxx-qws 观察结果。

项目小结

本章首先介绍 Qt4、触摸库的移植以及嵌入式数据库 SQLite 的移植，然后采用 4 个实例介绍了嵌入式程序实现的基本方式，前 3 个实例主要是 Qt 程序开发应用，第 4 个实例是 Qt 与 SQLite 的综合应用。介绍了 Qt 结合本书硬件系统进行相关设计开发的详细过程。

思考与练习

1. Tslib1.4 文件的作用是什么？
2. 触摸屏校准的命令是什么？
3. SQLite 数据库系统的特点是什么？
4. 在 Qt 中如何使用 SQLite 数据库？
5. 在 Qt4 中如何使用系统调用？

第6章

综合项目

引言：

本章主要介绍两个项目，基于 S3C2410 平台或 S3C2440 平台皆可。主要面向工业控制领域的应用，介绍从底层硬件设计到上层软件开发的全过程，目的是带领读者熟悉嵌入式开发平台的产品开发流程。

本章要求：

熟悉嵌入式产品设计思路，能够根据项目需求合理选择硬件设备，开发相应驱动程序，并根据用户需求编写相应软件。

本章目标：

- 进一步熟悉硬件平台设计方法。
- 进一步熟悉设备驱动程序编写过程。
- 熟练掌握数据库，Qt 的使用。

内容介绍：

简要介绍"化工液位控制系统"、"工厂流水线清点系统"两个项目的软硬件设计，详细的实现代码请自行下载。

6.1 化工液位控制系统

6.1.1 项目背景

液位是许多工业生产中的重要参数之一，在化工生产领域，对液位的测量和控制效果直接影响到产品的质量。液位控制系统是指由被控制控对象、检测变送单元（检测元件及变送器）、控制器和执行器（控制阀）所组成的单闭环负反馈控制系统，也称为单回路控制系统。控制的任务是控制液位等于给定值所要求的高度。本项目使用发光二极管作为执行器；使用滑动变阻器作为控制对象，即滑动变阻器电压反映液位高度；由 S3C2410 作为检测变送单元；控制器由 S3C2410 担任，设计一个模拟液位控制系统。

第 6 章 综合项目

6.1.2 项目简介

本项目为模拟的液位控制系统,使用触摸屏接收用户的数据、指令的输入;使用蜂鸣器作为报警机构;使用滑动变阻器作为液位数据采集输入;使用发光二级管作为执行机构;使用 LCD 液晶显示器作为人机交互界面;将数据的设置及液位数据的采集同时在数码管和液晶显示器 LCD 上面显示。首先通过控制台方式测试上述硬件驱动程序成功后,编制基于 Qt4 的图像化控制程序。用户通过调节滑动变阻器,观察到数码管和 LCD 显示的液位变化,同时发光二极管随调节有序变化,当液位高于一定值时,蜂鸣器发出警示音。用户命令与数据的输入通过触摸屏来完成。

6.1.3 硬件设计

硬件设计部分见第 1 章 1.3 节相关内容。

6.1.4 软件设计

本系统由 4 个窗口组成,分别是主窗口、参数设置子窗口、进程控制子窗口及系统信息子窗口。主窗口可以实现到其余 3 个子窗口的跳转,或者由子窗口返回。

主窗口如图 6-1 所示,窗口名称及属性设置如图 6-2 所示。主窗口之上放置 3 个按钮,当单击 3 个按钮时,分别跳转至图 6-3、图 6-4、图 6-5 所示窗口。

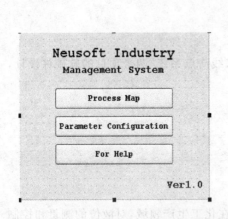

图 6-1 主窗口示意图

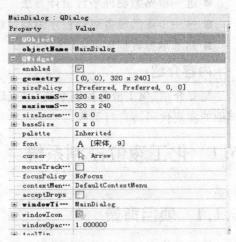

图 6-2 主窗口属性

图 6-3 所示为进程控制窗口,单击 Menu 按钮跳回主窗口。单击 on 按钮实现左侧水槽至右侧水槽注水过程,右侧水槽液位随用户旋转硬件平台上的滑动变阻器而发生液面变化,单击 off 按钮则停止上述控制过程,单击 next 按钮则进入参数设置界面。进程控制窗口属性如图 6-5 所示,在进程控制窗口中,右侧液位巧妙地使用了进度条控件来进行模拟,如图 6-4 所示。

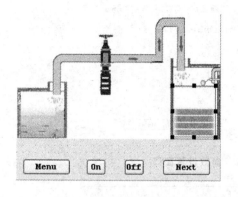

图6-3 进程控制窗口示意图　　　　图6-4 液位注入容器

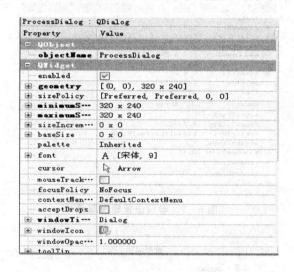

图6-5 进程控制窗口属性

图6-6所示为参数设置窗口,分别设置被注入容器液位的上限和下限。输入数据为十进制数据,上限满值为100,对应滑动变阻器电压3.3 V;下限最小值为0,对应滑动变阻器电压0 V。其中Menu、Save及Next按钮分别实现返回主菜单,保存参数及跳转到下一窗口功能。参数设置窗口的属性如图6-7所示。

图6-8为帮助窗口,主要实现软件的信息显示功能,令放置的Menu与Prev按钮实现主窗口及上一级窗口的跳转。帮助窗口的属性设置如图6-9所示。

本系统涉及多窗体、多线程编程技巧,较为复杂。本节仅介绍关键处理技术,限于篇幅,详细完整代码见本书配套光盘。

1. 设计关键点之一

本系统工程组织情况如图6-10所示,上文中所述窗体对应源代码文件为maindialog.cpp、aboutdialog.cpp、paramsetdialog.cpp和processdialog.cpp。在上述4个

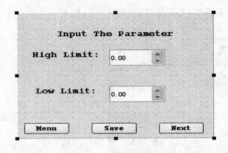

图 6-6 参数设置窗口

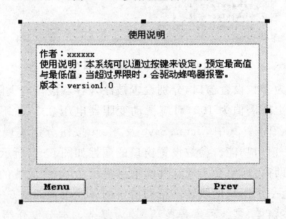

图 6-7 参数设置窗口属性

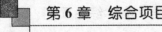

图 6-8 帮助窗口

文件中分别实现按钮的相应槽函数及参数设置、参数保存、进程控制等功能。

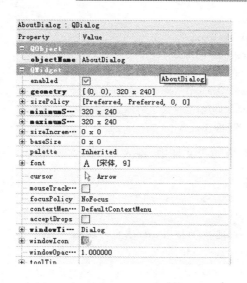

图 6-9 帮助窗口属性

如何实现多窗体之间的跳转？如何方便地实现本窗体对其他窗体的控件的使用？本系统采用了 C 语言中常用的 extern 函数来实现，具体方法如下：

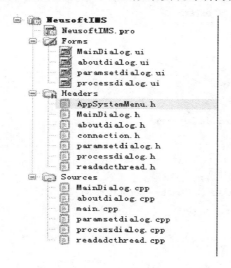

图 6-10 工程组织窗口

（1）新建头文件 AppSystemMenu.h，放置各个窗体指针，代码如下：

```
#ifndef APPSYSTEMMENU_H
#define APPSYSTEMMENU_H
#include "aboutdialog.h"
#include "paramsetdialog.h"
#include "processdialog.h"
```

```
#include "MainDialog.h"
MainDialog * appMainDialog;
ProcessDialog * appProcessdialog;
ParamSetDialog * appParamSetDialog;
AboutDialog * appAboutDialog;
ContactDlg * appContactDlg;
#endif // APPSYSTEMMENU_H
```

(2) 在 4 个窗体对应的头文件中,键入如下对本窗体的声明,代码如下:

```
#ifndef MAINDIALOG_H
#define MAINDIALOG_H
#include <QDialog>
/*将下面注释掉,不好理解,直接用 extern 也可以*/
#ifdef __cplusplus
  #ifndef EXTERN_C
    #define EXTERN_C extern "C"
  #endif
#else
  #ifndef EXTERN_C
    #define EXTERN_C extern
  #endif
#endif
namespace Ui {
    class MainDialog;
}
class MainDialog : public QDialog
{
    Q_OBJECT
public:
    explicit MainDialog(QWidget * parent = 0);
    ~MainDialog();
private:
    Ui::MainDialog * ui;
public slots:
    void mainWinProcBtnFunc();
    void mainWinParamBtnFunc();
    void mainWinAboutBtnFunc();
    void mainWinContactBtnFunc();
};
EXTERN_C MainDialog * appMainDialog;
//extern MainDialog * appMainDialog;
#endif // MAINDIALOG_H
```

(3) 在主程序文件中,实现各个窗体,代码如下:

```cpp
#include <QtGui/QApplication>
#include "AppSystemMenu.h"  //自定义包含各个ui的实例头文件
#include "QFont"
int main(int argc, char *argv[])
{
    QApplication a(argc, argv);
    appMainDialog = new MainDialog();
    appProcessdialog = new ProcessDialog();
    appParamSetDialog = new ParamSetDialog();
    appAboutDialog = new AboutDialog();
    appMainDialog->show();
    appMainDialog->setFocus();
    return a.exec();
}
```

(4) 在其他窗体中,需调用其他窗体控件或对其他窗体进行操作时,即包含对应窗体头文件或 AppSystemMenu.h 即可,代码如下:

```cpp
#include "ui_processdialog.h"
#include "processdialog.h"
#include "MainDialog.h"
#include "paramsetdialog.h"
#define WATERINIT_X 245
#define WATERINIT_Y 103
#define WATERINIT_WIDTH 68
#define WATERINIT_HEIGHT 75
void ProcessDialog::procWinMenuFunc()
{
    appMainDialog->show();
    this->hide();
}
void ProcessDialog::procWinNextFunc()
{
    appParamSetDialog->show();
    this->hide();
}
```

2. 设计关键点之二

由于在进程控制窗体中,注入容器液面液位需通过监视 S3C2410 模数转换器数值变化确定,因此本系统采用了 Qt4 所提供的多线程编程技术,开辟1个线程监视

第6章 综合项目

S3C2410模数转换器数值变化。当出现变动时,即发射信号给进程控制窗口的液位注入控件,实现实时的动态变化。

关于模数转换器示例代码如下:

```
AD_thread = new AD_Thread(&a,this);//创建读模数转换器线程
connect( AD _ thread, SIGNAL ( SetContainer ( int )), ui -> progressBar, SLOT ( setValue
(int)));//连接模数转换器信号与液位注入容器槽函数
connect(AD_thread,SIGNAL(DisplayLED8(int)),this,SLOT(DisplayLED8(int))); //连接模
数转换器信号与数码管显示槽函数
void AD_Thread::run()//读模数转换器线程
{
    printf("AD ON! \n");
    stopped = false;
    while(! stopped){
        this->sleep(1);
        adc_read(&adcret,&ad);
        emit this->DisplayLED8(ad);
        if((ad< = ad_MIN)&&(ad>0))
        {
            printf("Under the Warring Value MIN: %d\n",ad_MIN);
            set_buzzer_freq(&pwmret,pwm_Frequency);
            page1->LED_RUN_start();
        }
        else if(ad> = ad_MAX)
        {
            printf("Over the Warring Value MAX: %d\n",ad_MAX);
            page1->LED_RUN_start();
            set_buzzer_freq(&pwmret,pwm_Frequency);
        }
        else
        {
            stop_buzzer(&pwmret);
            page1->LED_RUN_stop();
            led_ctl(&ledret,0,0);
            led_ctl(&ledret,0,1);
            led_ctl(&ledret,0,2);
            led_ctl(&ledret,0,3);
        }
        Page1_UI->lcdNumber_AD_Value->display(ad);
        * status = ad/100;
        emit SetContainer(* status);//发射信号,该信号对应槽函数接收到相应数值后
```

发生变化
```
        }
        stop_buzzer(&pwmret);
        stopped = false;
        printf("AD OFF! \n");
}
```

6.2 工厂生产流水线计数系统

6.2.1 项目背景

在工业生产领域，经常需要对产品进行过包计数检测，如食品行业包装袋计数器、水泥厂水泥袋计包器、化肥厂化肥袋计包器等。传统的生产线计数器常采用单片机来完成，针对不同应用方向独立生产各自的计数设备，通用性较差；另外使用单片机制作时，人机交互能力较差，实现远程数据传输、本地数据存储、数据库管理功能较弱。本项目采用 S3C2410 硬件平台配合红外技术来完成硬件设计，采用嵌入式 Linux 平台移植 SQLite 数据与 Qt4 来完成人机交互界面及后台数据处理。这种方式，系统交互性强，功能扩展方便，综合了多种计数器的技术特点，拓宽了计数器的适用范围。

6.2.2 项目简介

本项目使用 S3C2410 平台开发，操作系统为嵌入式 Linux，数据库为 SQLite，内核版本号为 2.6.24，使用了网络协议栈等内容，稍作修改可以很方便地移植到其他 ARM9、ARM11、Cortex 平台上面。

硬件设计方面，通过红外光电传感器采集信号的状态，数据传至 S3C2410 控制平台后对数据进行分析，计算出货物运行的速度、单位时间传送数量以及计算整批货物传送所需的时间。同时将 S3C2410 控制平台作为一个子节点和多个控制平台组成控制网络，与中心主机通过 Internet 或者 WiFi 进行连接。由主控制室工作人员进行集中控制监测。

6.2.3 硬件设计

本计数系统探测货物所用传感器为标准红外蔽障传感器，如图 6-11 所示，内含漫反射光电开关 E18-D80NK，可以检测前方 0~80 cm 距离的障碍物。该传感器在啤酒瓶有无标牌检测、产品计数、禁区安防、断层检测方面有很多应用。该传感器为三线输出，分别为红、绿、黄信号线，红色接电源 VCC，绿色接地 GND，黄色为信号输出，探头背侧有调节旋钮可以调节传感器灵敏度。根据是否有障碍物遮挡，黄色信号线输出高低不同的电平。在硬件设计方面，将黄色引脚接至 S3C2410 的 EINT19 号中断所对应引脚。

图 6-11 系统所用探测器

每个传感器与 S3C2410 平台构成独立的控制节点,多个控制节点通过 WiFi 或者 Internet 与中心监控终端连接,组成控制网络。系统组成如图 6-12 所示。

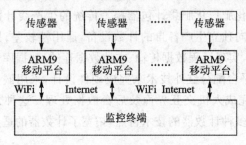

图 6-12 计数系统整体结构

6.2.4 软件设计

本计数系统软件平台分为 11 个功能模块,各个模块说明如下,各个界面的功能分解如图 6-13 所示。

1. 系统框架

主要实现系统的初始化,并提供功能框架,功能包含系统主界面和菜单系统初始化(开机画面、以太网初始化)、桌面信息显示、窗口切换、关机等。

2. 数据采集

采集 3 路 A/D 数据,实时显示(每秒更新)。

3. 用户注册

包括用户名校正、身份证校正、注册锁定、密码确认、输入提示。注册需要按提示输入用户名、密码、姓名、身份证号、电话号、同时系统带身份证号校验功能。

4. 密码修改

包括用户判断、密码确认、输入提示。修改密码需要按照提示输入原用户名和密码,输入两次新密码,如果密码正确,则密码修改成功。

5. 用户登录

包括用户判断和更换主题。输入用户后,判断该用户是否存在后决定其操作,保证系统的安全性。用户登录主题可根据喜好更改。

6. 操作界面

包括当前时间和用户信息。显示当前时间、系统用户信息,并且能注销用户。

7. 产品创建

包括产品名校正和需生产产品数。

8. 完工产品

包括产品查找、排序、删除、查看。模糊查找产品,按产品数量多少排序,删除不需要产品信息,查看产品信息。

9. 监控

包括开机、关机、产品个数、生产速度、完成时间。显示产品个数、生产速度、完成时间信息。

10. 接收端

包括开机、关机、产品信息、用户信息。

11. 更换背景

用户可根据自己的喜好更换背景。

12. 触摸屏校正

由于支持全触屏操作,可以进行触摸屏校准工作。

本计数系统分为 6 个用户界面,各个界面介绍如下:

1、如图 6-14 所示,计数系统主界面(1)控制台子页面布置 2 个按钮,工作台按钮能够启动计数系统,控制台按钮启动中心监测程序。

2、如图 6-15 所示,计数系统主界面(2)系统子页面布置 5 个按钮:重启按钮能够重新启动计数系统,关机按钮能够关闭计数系统,关闭按钮能够关闭本程序,重新校准按钮能够校准触摸屏,更换背景按钮能够统一更换软件背景。

3、如图 6-16 所示,在计数系统主界面单击工作台按钮后进入登录系统,登录系统完成用户注册、登录等功能,在此界面还可以更改系统软件主题和样式,主要用到 Qt4 所提供的样式表内容。

4、如图 6-17 所示,在用户信息修改界面完成对用户信息的修改,修改后的内容存入 SQLite 所管理的数据库系统。

5、如图 6-18 所示,在用户注册界面完成用户信息的录入,将录入的内容存入 SQLite 所管理的数据库系统。

6、如图 6-19 所示,用户输入正确的用户名和密码后即登入至计数界面,在计

第6章 综合项目

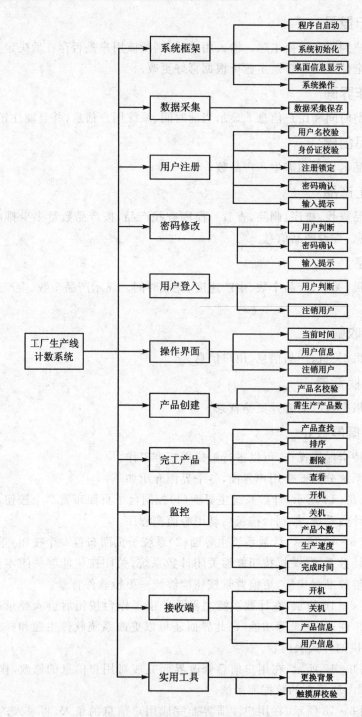

图 6-13 软件模块示意图

数界面对产品的各项信息进行实时的显示。

图 6-14 计数系统主界面(1)

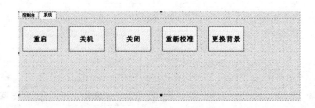

图 6-15 计数系统主界面(2)

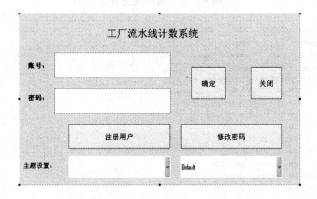

图 6-16 登录界面

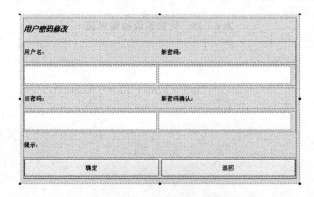

图 6-17 用户信息修改界面

更详细的代码设计参见本书配套电子资料中《工厂生产流水线计数系统》内容。

第6章 综合项目

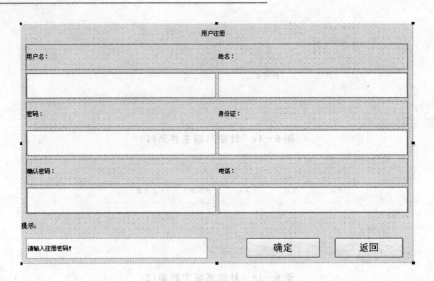

图 6-18 用户注册界面

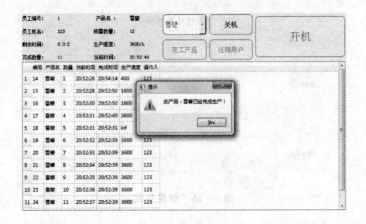

图 6-19 计数系统检测界面

附 录

原理图

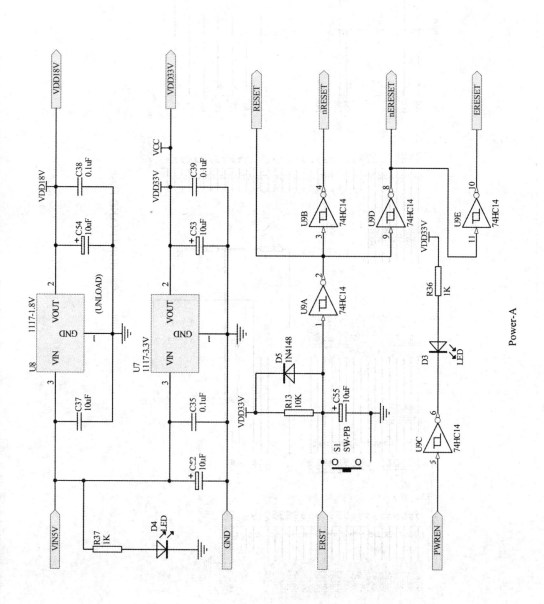

Power-A

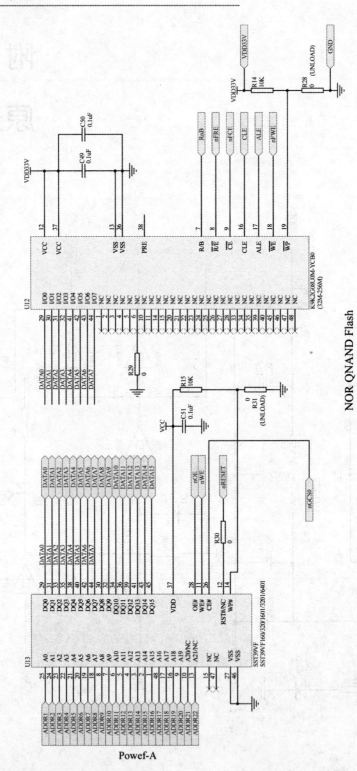

附 录 原理图

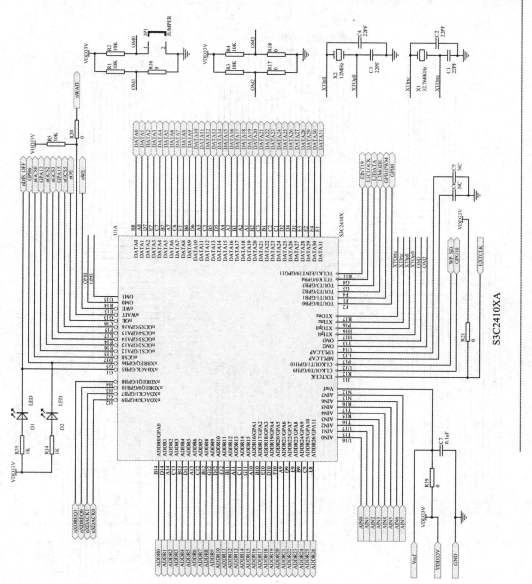

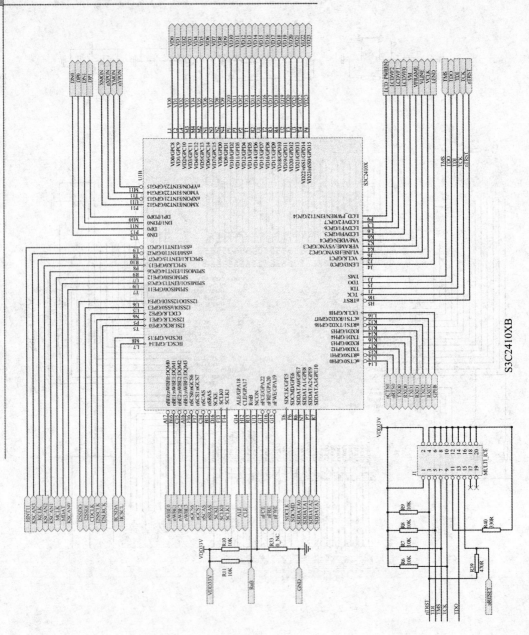

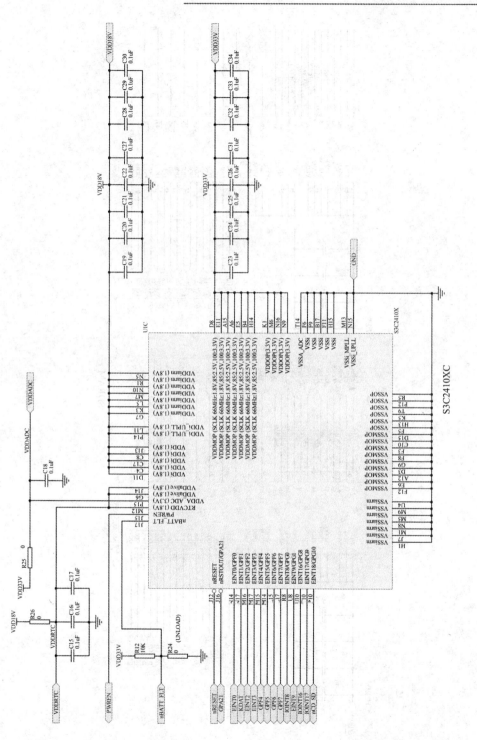

附 录 原理图

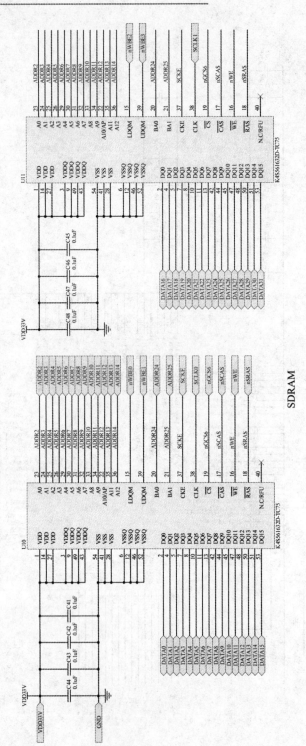

SDRAM

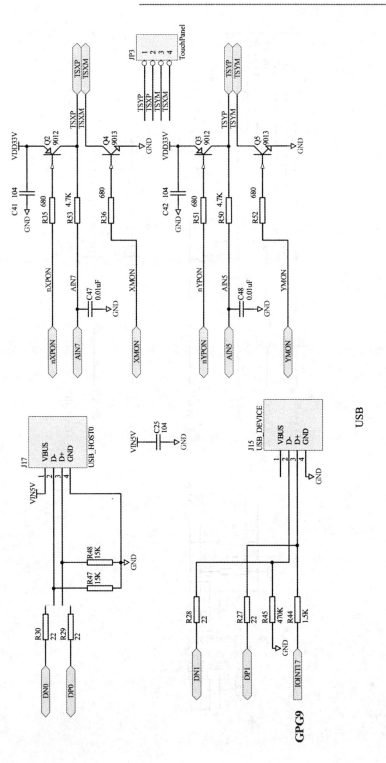

附 录 原理图

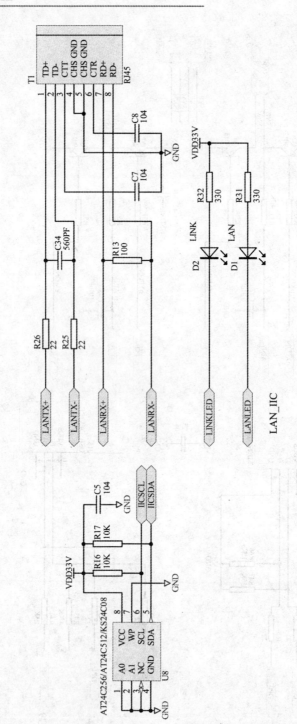

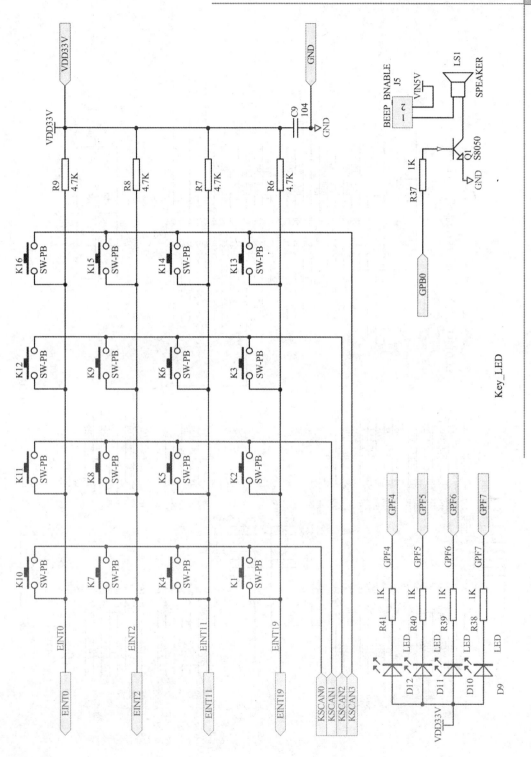

Key_LED

附 录 原理图

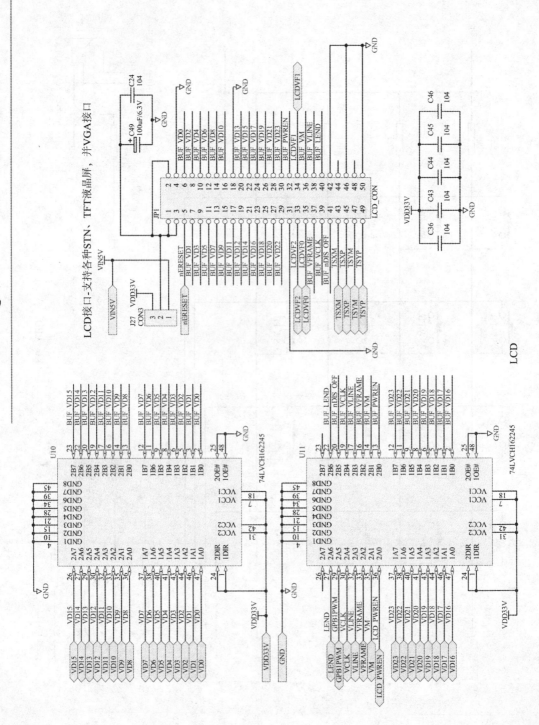

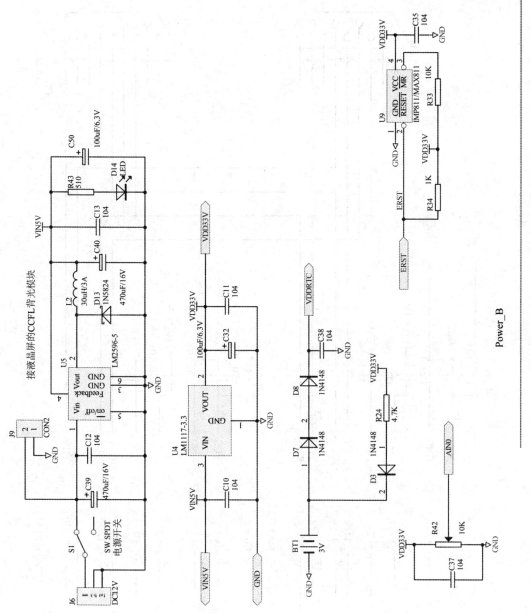

Power_B

附 录 原理图

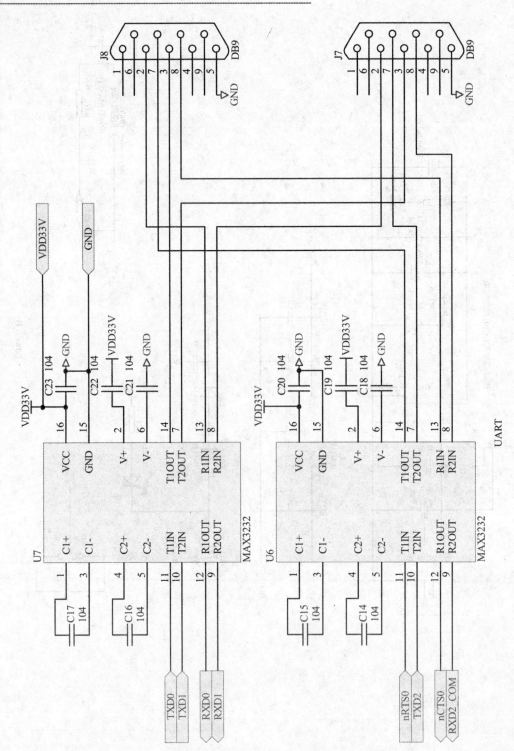

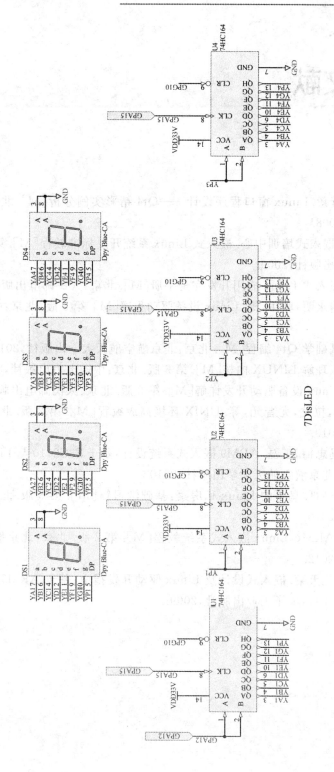

参考文献

[1] 成洁,卢紫毅.Linux窗口程序设计——Qt4精彩实例分析[M].北京:清华大学出版社,2008.

[2] 华清远见嵌入式培训中心.嵌入式Linux系统开发标准教程[M].第2版.北京:人民邮电出版社,2009.

[3] 韦东山.嵌入式Linux应用开发完全手册[M].北京:人民邮电出版社,2008.

[4] 科波特,魏永明,耿岳,等.Linux设备驱动程序[M].第3版.北京:中国电力出版社,2010.

[5] 吴迪.零基础学Qt4编程[M].北京:北京航空航天大学出版社,2010.

[6] 博韦.深入理解LINUX内核[M].第3版.北京:中国电力出版社,2008.

[7] 宋宝华.Linux设备驱动开发详解[M].第2版.北京:人民邮电出版社,2010.

[8] 史蒂文斯,拉戈,尤晋元,等.UNIX环境高级编程[M].第2版.北京:人民邮电出版社,2010.

[9] 徐英慧,马忠梅,王磊.ARM9嵌入式系统设计:基于S3C2410与Linux[M].第2版.北京:北京航空航天大学出版社,2010.

[10] 王世江,鸟哥.鸟哥的Linux私房菜:基础学习篇[M].第3版.北京:人民邮电出版社,2010.

[11] 马忠梅.ARM&Linux嵌入式系统教程[M].第2版.北京:北京航空航天大学出版社,2012.

[12] 孙天泽,袁天菊.嵌入式设计及Linux驱动开发指南:基于ARM9处理器[M].第3版.北京:电子工业出版社,2009.

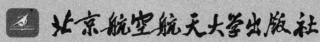

● 博客藏经阁丛书

ARM Cortex-A8硬件设计DIY 程昌南 69.00元 2012.10
汽车电子硬件设计 朱玉龙 49.00元 2011.10
C语言深度解剖——解开程序员面试笔试的秘密（第2版） 陈正冲 29.00元 2012.07
嵌入式系统可靠性设计技术及案例解析 武晔卿 36.00元 2012.07
深入浅出嵌入式底层软件开发 杨铸 79.00元 2011.06
深入浅出玩转FPGA（第2版） 吴厚航 49.00元 2013.07
Windows CE大排档 莫雨 49.00元 2011.04
创意电子设计与制作 刘宁 49.00元 2010.06

● 嵌入式系统译丛

嵌入式软件概论 沈建华 译 42.00元 2007.10
嵌入式Internet: TCP/IP基础、实现及应用（含光盘） 潘琢金 译 75.00元 2008.10
嵌入式实时系统的DSP软件开发技术 郑红 译 69.00元 2011.01
ARM Cortex-M3权威指南 宋岩 译 49.00元 2009.04
链接器和加载器 李勇 译 32.00元 2009.09

● 全国大学生电子设计竞赛"十二五"规划教材

全国大学生电子设计竞赛ARM嵌入式系统应用设计与实践 黄智伟 39.00元 2011.01
全国大学生电子设计竞赛常用电路模块制作 黄智伟 42.00元 2011.01
全国大学生电子设计竞赛电路设计（第2版） 黄智伟 49.50元 2011.01
全国大学生电子设计竞赛技能训练（第2版） 黄智伟 48.00元 2011.01
全国大学生电子设计竞赛系统设计（第2版） 黄智伟 49.00元 2011.01
全国大学生电子设计竞赛制作实训（第2版） 黄智伟 49.00元 2011.01

以上图书可在各地书店选购，或直接向北航出版社书店邮购（另加3元挂号费）
地　　址：北京市海淀区学院路37号北航出版社书店5分箱邮购部收（邮编：100191）
邮购电话：010-82316936　　邮购Email：bhcbssd@126.com
投稿电话：010-82317035　　传　真：010-82317022　　投稿Email：emsbook@gmail.com

北京航空航天大学出版社

● 嵌入式系统综合类

嵌入式协议栈uC/TCP-IP
——基于STM32微控制器
邝坚 118.00元 2013.01

嵌入式实时操作系统
uC/OS-III
邵贝贝 79.00元 2012.11

嵌入式实时操作系统uC/OS-III应用
开发——基于STM32微控制器
何小庆 29.00元 2012.12

构建嵌入式Linux核心
软件系统实战
杨铸 49.00元 2013.04

ARM嵌入式应用程序架构设计实例精讲——基于LPC1700
赵俊 54.00元 2013.07

ARM Cortex-M4自学笔记——
基于Kinetis K60
杨东轩 64.00元 2013.04

● DSP类

手把手教你学DSP
——基于TMS320C55x(含光盘)
陈泰岳 46.00元 2011.08

深入浅出数字信号处理
江志红 42.00元 2012.01

DSP嵌入式项目开发三位
一体实战精讲(含光盘)
刘波文 49.00元 2012.05

TMS320X281xDSP原理及C程序
开发(第2版)(含光盘)
苏奎峰 59.00元 2011.09

手把手教你学DSP——
基于TMS320X281x
顾卫钢 49.00元 2011.04

嵌入式DSP应用系统设计
及实例剖析(含光盘)
郑红 49.00元 2012.01

● 单片机应用类

单片机项目教程
——C语言版
周坚 25.00元 2013.03

轻松成为设计高手——51
单片机设计实战
信盈达 29.00元 2013.01

单片机原理及接口技术
(第4版)

AVR单片机嵌入式系统
原理与应用实践
(第2版)

51单片机原理及应用——基于
Keil C与Proteus(第2版)
陈海宴 49.00元 2013.03

单片机的C语言应用程
序设计(第5版)
马忠梅 39.00元 2013.01

单片机原理及接口技术
(第4版)
李朝青 36.00元 2013.07

AVR单片机嵌入式系统原理
与应用实践(第2版)
马潮 56.00元 2011.08

以上图书可在各地书店选购,或直接向北航出版社书店邮购(另加3元挂号费)
地　　址: 北京市海淀区学院路37号北航出版社书店5分箱邮购部收 (邮编: 100191)
邮购电话: 010-82316936　　邮购Email: bhebssd@126.com
投稿电话: 010-82317035　　传真: 010-82317022　　投稿Email: emsbook@gmail.com